中国北方万名农村技术人员培训教材

园艺植物栽培学

张兆合　傅传臣　张凤祥　主编

中国农业科学技术出版社

图书在版编目（CIP）数据

园艺植物栽培学/张兆合，傅传臣，张凤祥主编.—北京：中国农业科学技术出版社，2011.12

ISBN 978-7-5116-0724-9

Ⅰ.①园⋯　Ⅱ.①张⋯　②傅⋯　③张⋯　Ⅲ.①园林植物-栽培技术-中等专业学校-教材　Ⅳ.①S688

中国版本图书馆 CIP 数据核字（2011）第 229845 号

责任编辑	闫庆健　鲁卫泉
责任校对	贾晓红　郭苗苗
出 版 者	中国农业科学技术出版社
	北京市中关村南大街 12 号　邮编：100081
电　　话	（010）82106632（编辑室）　（010）82109704（发行部）
	（010）82109703（读者服务部）
传　　真	（010）82106632
网　　址	http://www.castp.cn
经 销 者	新华书店北京发行所
印 刷 者	北京昌联印刷有限公司
开　　本	787mm×1092mm　1/16
印　　张	14.25
字　　数	356 千字
版　　次	2011 年 12 月第 1 版　2011 年 12 月第 1 次印刷
定　　价	25.00 元

◀━━ 版权所有·翻印必究 ━━▶

《园艺植物栽培学》编委会

主　　编　　张兆合　　傅传臣　　张凤祥
副 主 编　　郑智龙　　朱　誉　　王　巍　　索延星
编 写 者　　王晓雯　　刘　青　　孙怀玺　　索延星
　　　　　　李　青　　张春辉　　张广杰　　张兆合
　　　　　　傅传臣　　张凤祥　　郑智龙　　朱　誉　　王　巍

序

国运兴衰，系于教育；教育振兴，全民有责。党中央、国务院始终高度重视职业教育工作。胡锦涛总书记在"十七大"报告中指出：要大力发展职业教育。温家宝总理提出中央财政在"十一五"期间将拿出 100 亿元用于加强职业教育的基础能力建设。职业教育是创造生产力、提升生产力、服务产业建设、新农村建设、产业发展的基础，也是夯实执政基础的有力保障。按照面向现代化、面向世界、面向未来的要求，适应全面建设小康社会、建设社会主义新农村、建设创新型国家的需要，坚持育人为本，全面实施素质教育，推动教育事业在新的历史起点上科学发展，加快从教育大国向教育强国、从人力资源大国向人力资源强国迈进，为中华民族伟大复兴和人类文明进步作出更大贡献。

职业教育肩负着四个方面的历史使命，一是肩负着为建设人力资源强国培养数以亿计有职业道德、有中高级职业技能劳动者的历史使命；二是肩负着我国现代化、工业化、信息化、城市化、国际化过程中为"三农"服务的历史使命；三是肩负着承接普及九年义务教育之后，加快普及高中阶段教育，解决功能性文盲的历史使命；四是肩负着服务产业发展、经济结构调整、发展方式转变、产业升级的历史使命。我国现代化建设的新形势，国际国内经济发展方式的转变，新农村建设步伐的加快，西部大开发战略的实施，迫切需要我们加快发展面向农村的职业教育，培养大批优秀专业实用技术人才，以增强农业职业教育服务经济社会发展的能力和水平。

编者为全面贯彻落实全国教育工作会议精神和教育规划纲要，加快发展面向农村的职业教育，加强农业职业教育基础能力建设，加快社会主义新农村建设步伐，提高学生的职业道德、职业技能、就业与创业能力，为农民、农村、农业发展服务，由商丘中等专业学校组织有关专家学者编写了《中国北方万名农村技术人员培训教材》系列丛书，本套教材拟分职业道德篇、职业技能篇、就业与创业篇。为职业教育所需，笔者首先编写了职业技能篇：《果树栽培学》《畜牧养殖学》《农作物栽培学》《园艺植物栽培学》。该培训教材，在编写过程中根据中等专业学校农艺专业教学改革和技能型人才培养要求进行组稿。主要供北方中等专业学校、中等职业学校农艺专业和农民技术人员使用。教材理论部分浅显易学，各论部分特色鲜明，立足地区，突出了教材的适用性、实用性，着重实践教学，力求阐明农业、畜牧业、园林花卉、果树、蔬菜、食用菌等生产中的基本理论和基本生产管理技术，紧密联系生产实际，从而体现了中职教育的教学特点。每个单元后面附有思考与实践题目，以便于学员实习与练习。在教学过程中可根据当地实际情况和教学要求，酌情选择内容。

本书教材编写过程中得到一些科研院校和专家学者的鼎力支持，在此对他们的辛勤劳动表示感谢。

衷心希望《中国北方万名农村技术人员培训教材》系列丛书的普及与推广，能为广大农村技术人员带来精神动力,为加快社会主义新农村建设,实现农民增收、农业增效、农业综合能力增强、粮食增产、农村发展与繁荣、农民教育的普及之目标,作出更大的贡献。

张兆合
2011 年 8 月

目 录

第一篇 果树栽培技术

第一章 绪 论 (3)
第一节 发展果树生产的意义及果树生产现状 (3)
第二节 果树生产中存在的问题及发展建议 (4)

第二章 果树分类 (6)
第一节 栽培学分类 (6)
第二节 生态适应性分类 (8)

第三章 果树形态构造及栽培生物学原理 (9)
第一节 果树形态构造 (9)
第二节 果树的生长发育 (10)
第三节 果树的生命周期 (12)
第四节 果树与环境条件 (14)

第四章 苗木培育及建立果园 (16)
第一节 建立苗圃 (16)
第二节 实生苗培育 (17)
第三节 自根苗培育 (19)
第四节 嫁接苗培育 (21)
第五节 建立果园 (25)
第六节 果树定植 (26)

第五章 苹果 (31)
第一节 生物学特性 (31)
第二节 土肥水管理 (33)
第三节 苹果主要树形及整形修剪技术 (34)
第四节 苹果的花果管理 (36)

第六章 梨 (39)
第一节 梨主要生物学特性 (39)
第二节 梨栽培管理技术 (41)

第七章 桃 ············ (45)
　第一节 桃生物学特性 ············ (45)
　第二节 整形修剪 ············ (48)
　第三节 防止油桃裂果技术 ············ (51)

第二篇　园林花卉栽培技术

第一章 园林花卉分类 ············ (55)
　第一节 栽培学分类 ············ (55)
　第二节 生态适应性分类 ············ (56)
　第三节 按观赏部位分类 ············ (58)
　第四节 按栽培方式分类 ············ (59)
　第五节 按开花季节分类 ············ (59)

第二章 露地花卉生产技术 ············ (61)
　第一节 露地花卉生产概述 ············ (61)
　第二节 露地花卉的栽培管理 ············ (62)
　第三节 一二年生花卉栽培 ············ (64)
　第四节 宿根花卉 ············ (70)
　第五节 球根花卉栽培 ············ (74)
　第六节 露地木本花卉栽培 ············ (78)
　第七节 水生花卉 ············ (83)

第三章 用材树种 ············ (86)
　第一节 泡桐 ············ (86)
　第二节 杨树 ············ (89)

第三篇　蔬菜栽培技术

第一章 绪论 ············ (95)
　第一节 我国蔬菜栽培历史及发展 ············ (95)
　第二节 当前蔬菜生产中不可忽视的问题 ············ (95)
　第三节 实现蔬菜平衡生产,周年供应的基本途径 ············ (96)

第二章 蔬菜栽培生物学基础 ············ (97)
　第一节 蔬菜作物起源与分类 ············ (97)
　第二节 蔬菜作物的生长发育规律 ············ (98)
　第三节 种子 ············ (99)
　第四节 播种 ············ (100)
　第五节 育苗 ············ (101)

第三章 保护地栽培 ············ (104)
　第一节 保护地的类型与性能 ············ (104)

第二节　保护地蔬菜栽培技术 …………………………………………（110）
第四章　露地番茄栽培 ……………………………………………………（117）
　第一节　概述 ………………………………………………………………（117）
　第二节　番茄主要栽培品种 ………………………………………………（117）
　第三节　夏番茄栽培技术 …………………………………………………（120）
　第四节　病虫害防治 ………………………………………………………（122）
第五章　露地辣椒 …………………………………………………………（126）
　第一节　辣椒的类型与品种 ………………………………………………（126）
　第二节　辣椒露地栽培方式 ………………………………………………（127）
　第三节　育苗 ………………………………………………………………（127）
　第四节　鲜食辣椒栽培技术 ………………………………………………（128）
　第五节　辣椒病虫害防治 …………………………………………………（131）
第六章　露地黄瓜 …………………………………………………………（135）
　第一节　黄瓜主要栽培品种 ………………………………………………（135）
　第二节　黄瓜栽培技术 ……………………………………………………（136）
　第三节　病虫害防治 ………………………………………………………（138）
第七章　西瓜栽培 …………………………………………………………（141）
　第一节　西瓜优良品种 ……………………………………………………（141）
　第二节　西瓜育苗技术 ……………………………………………………（143）
　第三节　西瓜嫁接技术 ……………………………………………………（145）
　第四节　小拱棚双膜覆盖优质高效栽培技术 …………………………（148）
　第五节　病虫害防治 ………………………………………………………（150）
第八章　大葱 ………………………………………………………………（159）
　第一节　大葱优良品种 ……………………………………………………（159）
　第二节　茬次安排 …………………………………………………………（160）
　第三节　大葱栽培技术 ……………………………………………………（160）
　第四节　病虫害防治 ………………………………………………………（163）

第四篇　食用菌栽培

第一章　平菇 ………………………………………………………………（169）
　第一节　平菇的生活条件 …………………………………………………（169）
　第二节　平菇栽培技术 ……………………………………………………（170）
第二章　金针菇 ……………………………………………………………（173）
　第一节　金针菇的生活条件 ………………………………………………（173）
　第二节　金针菇栽培技术 …………………………………………………（174）
第三章　双孢蘑菇 …………………………………………………………（178）
　第一节　双孢蘑菇的生活条件 ……………………………………………（178）

第二节　双孢蘑菇栽培技术 ……………………………………………………… (179)
第四章　香菇 …………………………………………………………………………… (183)
　　第一节　香菇的生活条件 ………………………………………………………… (183)
　　第二节　香菇栽培技术 …………………………………………………………… (184)
　　第三节　加工与保鲜 ……………………………………………………………… (189)
第五章　鸡腿菇 ………………………………………………………………………… (191)
　　第一节　鸡腿菇的生活条件 ……………………………………………………… (191)
　　第二节　鸡腿菇栽培技术 ………………………………………………………… (192)
第六章　草菇 …………………………………………………………………………… (194)
　　第一节　草菇的生活条件 ………………………………………………………… (194)
　　第二节　草菇栽培技术 …………………………………………………………… (195)
第七章　猴头菇 ………………………………………………………………………… (198)
　　第一节　猴头菌对生活条件的要求 ……………………………………………… (198)
　　第二节　猴头菇栽培技术 ………………………………………………………… (199)
第八章　白灵菇 ………………………………………………………………………… (201)
　　第一节　白灵菇生活条件 ………………………………………………………… (201)
　　第二节　白灵菇栽培技术 ………………………………………………………… (202)
第九章　食用菌杂菌及病虫害防治 …………………………………………………… (205)
　　第一节　食用菌杂菌及其防治 …………………………………………………… (205)
　　第二节　食用菌病害及其防治 …………………………………………………… (209)
　　第三节　食用菌虫害及其防治 …………………………………………………… (213)
参考文献 ………………………………………………………………………………… (217)

第一篇 果树栽培技术

中国北方万名农村技术人员培训教材

第一章 绪 论

第一节 发展果树生产的意义及果树生产现状

原产我国的果树种类很多。各地都有自己的特产，驰名国内外的名、特、优、稀、新树种和新品种，是我国果品出口创汇的大宗商品。新中国成立以来，我国果树产业发展很快，尤其近20多年来发展迅速，栽培面积和果品产量成倍增长。

一、发展果树生产的意义

果树是以生产能生食的果实或种子为主的或用其植物作砧木的木本、藤本或多年生草本植物，是农业生产的三大类作物（粮食、蔬菜、果树）之一。果树产业是一项集经济效益、社会效益和生态效益于一体的产业，发展果树生产，对合理利用土地、增加经济收益，改善人民生活，美化环境具有十分重要的意义。

二、我国果树生产现状

（一）果树栽培面积

近年来，我国果业生产突飞猛进，取得了举世瞩目的成绩。据FAO统计，1999年我国果树总面积为993.33万公顷，占世界果树总面积的20.39%，居世界首位；人均果树面积为79.50平方米，是世界人均果树面积82.96平方米的95.8%。在树种面积方面，列世界第一位的有：苹果、柑橘、梨、桃、柿子、核桃等；列第二位的有：芒果、板栗和柚子。

（二）水果产量

1999年全国水果总产量6 238万吨，占世界水果总产量39 687.3万吨的15.7%；2002年水果总产提高到6 951.98万吨，稳居世界首位（从1993年后已跃居世界第一水果产量大国）。从各果区水果产量占全国地位来看，占全国10%以上的省份有山东、河北和广东；占5%~10%的有陕西、福建、广西壮族自治区；占3%~5%的有湖北、浙江、辽宁、山西、四川等省。

（三）水果单产

单位面积产量可代表生产水平。世界水果先进生产国每公顷产量为25~45吨，我国一般只有8~9吨，相差甚远。但随我国产区调整，综合管理水平的提高，许多树种单产水平在稳步提高。

（四）出口创汇

1997年，我国果品总产值（不含流通、加工值）达850亿元，超过糖料、棉花、林业而排在粮食、蔬菜之后，名列第三位。

（五）品质显著提高

全国苹果优质果率在30%以上，高档果率10%以上。果品市场形势鼓励果农生产优质无公害果品，在改进传统技术基础上，采用高新配套技术（授粉、套袋、铺反光膜、喷高壮素、光洁剂，合理使用农药、冷链贮运等），生产市场对路、经济价值高的果品，各地全力建设优质果品示范园，带动优质果品的大面积生产，实施名牌战略，抢占国内外市场，达到"两高一优"的目的。

第二节 果树生产中存在的问题及发展建议

一、果树生产中存在的问题

（一）被动发展，重栽轻管

有些地方为了政绩，农民并不自愿，只重视果树的栽种而忽视后期管理，或干脆不管理，其结果是导致有优良品种也结不出优质果实，效益低，最终农民对果树失去信心而拔树。

（二）技术措施得不到落实

不少地方的果农缺乏栽培技术和管理经验，出现技术空缺，导致果农虽下了不少工夫，但收效甚微，其结果是果树多年不挂果或挂果少。

（三）不重视果品品质

有些果农不明白当前的果品市场是质量效益型，而不是过去的产量效益型，在生产中只重视产量，不注重果品质量，虽然产量不低，但效益一年不如一年，增产不增收。

（四）果树分布不均衡

果树布局不合理，主要集中在一些老的果树产区，新兴的果树基地少，树种、品种结构单一。

二、今后发展果树的几点建议

（一）以市场为导向

无论以乡村为单位，还是向公司+农户发展，首先要对果品市场进行调查，依据市场分析结果，再选择树种和品种。调查时要客观全面，不能受主观影响或偏听偏信，造成判断失误。此外，现在市场好并不意味着将来市场好，一定要考虑到3年以后的市场前景。

（二）发挥地理区位优势

例如，河南省处北方落叶果树适宜区最南边，交通发达，运输极为便利。同样的品种，在河南省的成熟期比河北、山东要早上市 7~15 天，比北京、东北、西北早上市 20 天左右。河南就要抓住成熟早这一优势，抢占南方（长江以南对北方果品需求量极大）和北方的市场。

（三）选择适宜的发展模式

制约果树发展的因素很多，但组织形式是主要因素之一。我国的农村土地虽分包给了农户，但种植规划比较困难。要在确保粮食生产的前提下，发展果树生产，成为农民发家致富的有效途径。目前，推行的土地流转制度（小块并大块，多块并一块）和集体林权制度改革，为果树生产带来了机遇。实行合作化生产，建立果树专业合作社，走统一规划、统一树种、统一技术指导、统一销售、统一贮藏与加工这条路，也是发展果树最有效的途径。

（四）转变观念，依靠科技发展果树

各地都在发展果树，市场竞争更趋激烈，所以，发展果树的起点标准一定要高：一是要选择优良的树种和品种。二是栽培技术要先进，如设施栽培、果实套袋、无公害等新技术的应用。三是果品质量一定要高。

（五）选择适合加工的果树品种

增加果品附加值，可进行深加工，要根据各种果树品种的加工生产要求，选择不同的品种有计划地发展。如建立起果汁加工生产的龙头企业，可适宜发展制汁的桃、苹果、草莓、梨等品种。各地应根据当地的自然条件，有针对性地选择果树品种。

思考与实践

1. 发展果树生产有何意义？
2. 果树生产中存在哪些问题，如何克服？

第二章 果树分类

果树种类繁多，特性各异。所有栽培果树都是由原始野生植物经人类长期栽培驯化不断选择而来。目前，世界果树包括野生的约有60科，2 800种左右，其中，较重要的约300种，分布世界各地。研究果树分类的目的在于研究果树的种和品种的分类、亲缘演化关系、命名、栽培历史和地理分布，从而为合理栽培和利用果树提供理论依据。

第一节 栽培学分类

我国是世界栽培植物的八大原产中心之一，植物资源丰富，素有世界园林之母之称。我国是多种果树的原产地，并有悠久的栽培历史，世界绝大部分果树在我国均有分布。在长期的生产实践中，形成了众多的品种和类型。由于栽培历史和利用发展情况不同，品种数量差异甚大，品种间特征和特性的差异程度也不一致。一般说来，栽培历史越长，利用和发展越深的种类，品种愈多，经济性状的分化愈多样。对于较简单的种类，由于品种数量不多，在种的基础上，分为若干品种即可。

一、木本落叶果树

这是指叶片在秋季和冬季全部脱落，第二年春重新长出，有明显的生长期和休眠期的果树。

（一）仁果类

苹果、沙果、海棠果、梨、木瓜等。主要食用部分为花托，心皮形成果心，包着种子或种子长在花托顶端。

（二）核果类

桃、李、杏、梅、樱桃等。主要食用部分为果皮，包括外果皮、中果皮和内果皮，食用其中的一部分或全部，内果皮有时质地坚硬，形成果核，包着种子，有时整个果皮均为肉质，直接包着种子。

（三）坚果类

核桃、山核桃、长山核桃、栗、阿月浑子、银杏、扁桃等。主要食用部分为种子，含水分较少，多含淀粉或脂肪。

（四）浆果类

可进一步分为灌木、小乔木、藤本和多年生草本4类。果实多汁或肉质，种子多数，分散于果肉中，或种子少数而较大，为果肉所包围。如葡萄、草莓、猕猴桃等。

（五）柿枣类

柿、枣、酸枣、君迁子等。

二、常绿果树

树冠终年常绿，春季新叶长出后老叶逐渐脱落，无明显的休眠期。

（一）柑果类

柑橘、甜橙、酸橙、柠檬、柚、葡萄柚等。果皮厚薄不一，外果皮有多数油胞，中果皮呈海绵状，内果皮形成瓤囊，内有多数汁胞和种子，主要食用部分为汁胞或整个瓤囊。

（二）浆果类

杨桃、蒲桃、莲雾、番木瓜、人心果、番石榴、枇杷等。果实多汁或肉质，种子小而数多，分散于果肉中。

（三）荔枝类

荔枝、龙眼、韶子等。主要食用部分为假种皮，果皮肉质或壳质，平滑或有突疣或肉刺。

（四）核果类

橄榄、杨梅、油梨、余甘等。外果皮肉质肥厚，内果皮骨质，形成果核，如橄榄；外果皮革质，中果皮和内果皮均为肉质，为食用部分，如油梨。

（五）坚（壳）果类

腰果、椰子、槟榔、澳洲坚果、香榧、巴西坚果、苹婆等。主要食用部分为种子，含水分较少，多含淀粉或脂肪。

（六）荚果类

酸豆、角豆树等。果实为荚果，食用部分为肉质的中果皮，外果皮壳质，内果皮革质，包着种子。

（七）聚复果类（多果聚合成或为心皮合成的复果）

树菠萝、面包果、番荔枝、刺番荔枝等。果实由多花或多心皮组成，形成多花或多心皮果。

三、多年生草本果树

香蕉、菠萝等。

四、藤本果树（蔓生果树）

西番莲、南胡颓子等。

第二节 生态适应性分类

根据生态适应性，果树可分为寒带果树、温带果树、亚热带果树和热带果树4大类。

一、寒带果树

耐寒性强，能抗-40℃的低温，如山葡萄、秋子梨、榛子、醋栗等。

二、温带果树

耐涝性较弱，喜冷凉干燥的气候条件，如苹果、梨、桃、李、核桃、枣等。

三、亚热带果树

具有一定的抗寒性，对水分、温度变化的适应能力较强，可分落叶性亚热带果树（如扁桃、猕猴桃、无花果、石榴等）和常绿性亚热带果树（如柑橘类、荔枝、杨梅、橄榄、苹婆等）。

四、热带果树

对短期低温有较好的适应能力，喜温暖湿润的气候条件，可分一般热带果树（如番荔枝、人心果、番木瓜、香蕉、菠萝等）和纯热带果树（如榴莲、山竹子、面包果、可可、槟榔等）。

思考与实践

将本地区的各种果树按照上述分类方法试行分类。

第三章 果树形态构造及栽培生物学原理

第一节 果树形态构造

果树树体分地上部和地下部两大部分。地上部包括主干和树冠，地下部为根系。学习和掌握果树树体的组成及其相互间的关系，才能正确运用农业科技，控制果树生长结果，获得高产稳产。

一、地上部

（一）树干

树干是树体的中轴，分为主干和中心干两部分。从根颈以上到第一主枝之间的部分称为主干；它是果树地上部分的主轴和支柱。其主要作用在于下接根系，上承树冠，为水分、养分上下运输的唯一通路。主干的高度叫干高。主干以上到树顶之间的部分称为中央领导干，简称中心干。有些树体虽有主干，但没有中心干（如开心式的桃树等）。

（二）树冠

主干以上由茎反复分枝构成树冠骨架。树冠由骨干枝、枝组和叶幕组成。

1. 骨干枝

树冠内比较粗大而起骨架作用的枝，称为骨干枝。骨干枝主要指中心干、主枝、侧枝（副主枝）等构成树冠骨架的永久性枝。直接着生在树干上的永久性骨干枝，称为主枝。根据发生的先后不同，由下而上依次称为第一主枝、第二主枝、第三主枝等。主枝上的主要分枝称为侧枝。主枝是一级枝，侧枝是二级枝，依此类推。主枝的作用在于帮助主干和中央领导干做好养分和水分的运输工作，并分担树冠向外发展，起到扩大树冠的作用。由中央领导干、主枝、侧枝等各级骨干枝，先端向同一方向继续延长生长，进一步扩大树冠的一年生枝条，叫做延长枝或枝头。

2. 枝组

枝组亦称枝群、单位枝或结果枝组，它着生在各级骨干枝上，是构成树冠、叶幕和生长结果的基本单位。

二、根系

果树根系通常由主根、侧根、须根三部分组成。主根由种子胚根发育而成。由主根上产生的各级粗大根，统称为侧根，直接着生在主根上的称为一级根，一级根上再发生的根称为二级根，其余依次类推。各级根上着生大量细小根称为须根。无性繁殖的植株则无主根。

第二节　果树的生长发育

在果树的一生中，有两种基本的生命现象，即生长和发育。生长是指果树个体器官、组织和细胞在体积、重量和数量上的增加。发育是指果树细胞、组织和器官的分化形成过程，也就是果树发生形态、结构和功能上的变化。果树的生长和发育是交织在一起的，没有生长就没有发育，没有发育也不会有进一步的生长。

一、根的生长发育

根系是果树的重要器官，是其整体赖以生存的基础。土壤管理、灌水和施肥等重要的田间管理，都是为了创造根系生长发育的良好条件，以增强根系代谢活力，调节植株地上、地下部平衡协调生长，从而实现优质、高产、高效的目的。因此，根系生长优劣是果树能否发挥优质潜力的关键。

幼树期垂直根优先生长，当树冠达到一定大小时水平根迅速向外伸展，至树冠最大时根系分布范围达到最广。自春季气温回升至冬初地温下降，多年生果树的根系生长一般呈现出两个生长高峰。

多数植物的根系夜间生长量大，新根发生也多，白天的生长量相对较小。

二、芽的生长发育

果树的芽是其茎或枝的原始体，芽萌发后可形成地上部的叶、花、枝、树干、树冠，直至一棵新植株。因此，芽实际上是茎或枝的雏形，在果树生长发育上起着重要作用。

（一）芽的类型

根据位置不同可分为顶芽、侧芽及不定芽。

根据芽萌发后形成的器官不同可分为叶芽和花芽，在花芽中，萌芽后既开花又抽生枝和叶者称为混合芽。如苹果、梨、葡萄、柿等；与此相反，桃、梅、李、杏、杨梅等的花芽只开花，不抽生枝叶，称为纯花芽。

根据芽形成后的状态可分为休眠芽和活动芽。

（二）芽的特性

1. 芽的异质性

枝条或茎上不同部位生长的芽由于其形成时期、环境因子及营养状况等不同，造成芽的生长势及其他特性上存在差异，称为芽的异质性。

2. 芽的早熟性和晚熟性

有些果树的芽，当年形成，当年即可萌发抽梢，称为芽的早熟性，如柑橘、李、桃和大多数常绿果树等；具有早熟性芽的树种一年可抽生 2~3 次枝条，一般分枝多，进入结果期早。另外一些树种当年形成的芽一般不萌发，要到第二年春才萌发抽梢，这种现象称为芽的晚熟性，如苹果、梨等果树。

3. 萌芽力和成枝力

果树枝条上芽的萌发能力称为萌芽力。萌芽力高低一般用枝条上萌发的芽数占总芽数的百分率表示，如葡萄、桃、李、杏等萌芽力较苹果、核桃强。果树萌芽力强的种类或品种往往结果早。多年生果树，芽萌发后有长成长枝条的能力，称为成枝力，常用长枝数占总萌发芽数的百分比来表示。

4. 潜伏力

潜伏力包含两层意思：其一为潜伏芽的寿命长短，其二是潜伏芽萌芽力与成枝力的强弱。一般潜伏芽寿命长的果树其寿命也长，植株易更新复壮。

三、叶的生长发育

叶是最重要的营养器官。绿色植物的光合作用几乎全靠叶的功能。叶由叶片、叶柄和托叶三部分构成。

叶幕是指在树冠内集中分布并形成一定形状和体积的叶群体。叶幕形状有层形、篱形、开心形、半圆形等。果树常用树冠叶幕整体的光合效能来表示生产效能。

（一）叶的类型

果树的叶按发生先后可分子叶和营养叶（真叶）。子叶为原来胚的子叶，早期有贮藏养分的作用。营养叶主要进行光合作用。

（二）叶片的衰老与脱落

落叶果树在冬季严寒到来前，其大部分氮素和一部分矿质营养元素从叶片转移到枝条或根系，使树体贮藏营养增加，以备翌春生长发育所需，而叶片则逐渐衰老脱落。落叶现象则是由于离层的产生而引起的。

四、花的生长发育

果树生长到一定阶段，就在一定部位形成花芽，先后开花、结果、产生种子。花是形成果实、种子的前提，花和果实、种子都是重要的园艺产品。

花芽分化是指植物生长锥由分化叶芽的生理和组织状态转向分化花芽的生理和组织状态的过程，是植物由营养生长转向生殖生长的标志。花芽分化主要包括生理分化和形态分化两个阶段。

五、开花坐果与果实发育

（一）开花与授粉受精

当花中雄蕊的花粉粒和雌蕊中的胚囊（或二者之一）已经成熟，花被展至最大时，称为开花。从一朵花开放到最后一朵花开毕所经历的时间，称为开花期。开花后，花粉从花药散落到雌蕊柱头上的过程，称为授粉。授粉的方式可分为自花授粉、异花授粉和常异花授粉。

（二）受精与坐果

花粉粒落到柱头上，萌发形成花粉管后可通过花柱到达胚囊，实现精卵结合的此过程叫受精。不同植物实现这一过程的时间长短相差很大，受精快的植物、花粉寿命较短，授粉慢的植物则花粉寿命较长。如枣的花粉只能存活1~2天，苹果花粉7天左右。植物开花完成授粉、受精后，由于花粉的刺激作用，使受精子房可以连续不断地吸收外来同化产物，进行蛋白质的合成，加速细胞的分裂，开花后的幼果能正常发育而不脱落的现象，称为坐果。

（三）果实的发育

果树开花完成授粉受精后，由于细胞的分裂与膨大，从幼小的子房到果实成熟，其体积增加了30万~300万倍。果实的生长过程表现为细胞数目的增加和细胞体积的膨大。当果实细胞数目一定时，果实的大小主要取决于细胞体积的增大，而细胞体积增大主要取决于碳水化合物含量的增长。因此，果实膨大期大量光合产物积累与水分的充足供应，对细胞体积的增大十分重要。

第三节　果树的生命周期

随着季节和昼夜的周期性变化，果树的生长发育也发生着节奏性的变化，这就是果树生长发育的周期性。果树从生到死生长发育的全过程称为生命周期。果树中有两种不同的年龄时期：实生果树的年龄时期和营养繁殖树的年龄时期。

一、实生果树的生命周期

实生果树就是用种子繁殖的果树。在有性繁殖情况下，实生果树的生命周期可分为童期（幼年阶段）和成年期两个阶段。

（一）童期

指从种子播种后萌发开始，到实生苗具有分化花芽潜力和开花结实能力为止所经历的时间，是有性繁殖的果树必须经过的个体发育阶段，童期长短因树种而异，枣、葡萄、桃、杏等童期较短，一般为2~4年；山核桃、荔枝、银杏等的童期则需9~10年或更长时间。

（二）成年期

从植株具有稳定持续开花结果能力时起，到开始出现衰老特征时结束为成年期。此期一般连续多年自然开花结果，成年期果树应加强肥水管理，合理修剪，适当疏花疏果，最大限度地延长盛果期年限，延缓树体衰老，实现丰产优质。

二、营养繁殖果树的年龄时期

营养繁殖果树即是用扦插、压条、分株、嫁接等方法繁殖的果树，在实际生产中通常按果树生长和结果的明显转变，而划分为5个时期。

（一）生长期

生长期一般来讲是指从苗木定植到首次开花结果为止的这一段时期。该期特点：只进行营养生长，树体迅速扩大，开始形成骨架；新梢生长量大，节间较长，叶片较大，一年之中有两次或多次生长，组织不够充实并因此而影响越冬能力；在幼树期根系生长均快于地上部分。此期采取的技术措施：深翻扩穴，增施肥水，培养强大根系，轻修剪多留枝，适当使用生长调节剂等措施。

（二）结果初期

指从第一次结果到有一定经济产量为止。该期特点：生长旺盛，离心生长强大，分枝大量增加并继续形成骨架；根系继续扩展，须根大量发生；由营养生长占绝对优势向与生殖生长的调节，保持新梢生长、根系生长、结果和分化花芽的平衡。产量逐年上升，无大小年现象。此期采取的技术措施：应加强肥水的供应，实行细致的更新修剪，均衡配备营养枝，结果枝和育花枝，做到尽量维持较大的叶面积，控制适宜的结果量。

（三）结果盛期

指从有经济产量起到经过高产稳产期，到产量开始连续下降的初期止。该期特点：此期出现大小年之分的情况较为频繁，高产稳产的能力有所下降；新梢生长量明显减少；果实的品质、形状、大小、色泽、含水量有所下降，而含糖量上升，体内的贮藏物质降低；虽可以萌发形成新梢枝，但形成量较少。此期采取的技术措施是：大年要注意疏花疏果，配合深翻改土，增施水肥，适当通过重剪利用新枝条；小年促进新梢生长和控制花芽形成量，从而平衡树势。

（四）结果后期

指从产量明显下降到无经济效益为止。该期特点：产量明显下降，地上地下分枝太多，根叶距离相应拉长，输导组织衰老，末端枝条和根系大量死亡。根的生长也因土壤肥力降低和自身积累有毒物质而削弱，以致树体衰老枯死，根系缩小。果实品质差，骨干根生长逐步衰退，并逐步走向死亡，根系的分布范围逐渐缩小。此期采取的技术措施是：以大年疏花疏果为重点，配合深翻改土增施肥水和更新根系，适当重剪回缩和利用更新枝条，以复壮树势。小年应促进新梢生长和控制花芽形成量。

（五）衰老期

果树无经济产量到树体最终死亡为衰老期。该期特点是：骨干枝、根大量死亡。更新复壮可能性较小，生产上所言果树寿命并不是指自然寿命，而是根据其经济效益状况，提前砍伐，需要重新建园。

三、年生长周期

年生长周期是指每年随着气候变化，果树的生长发育表现出与外界环境因子相适应的形态和生理变化，并呈现出一定的规律性。年生长周期变化在落叶果树中有明显的生长期和休眠期之分；常绿果树在年生长周期中无明显的休眠期。

四、昼夜生长周期

所有的活跃生长着的植物器官在生长速率上都具有生长的昼夜周期性。影响果树昼夜生长的因子主要有温度、植物体内水分状况和光照。其中，植物生长速率和湿度关系最密切。在水分供应正常的前提下，果树地上部在温暖白天的生长较黑夜快，一天中生长速率有两个高峰，通常一个在午前，另一个在傍晚。与此相反，根系由于夜间地上部营养物质向地下部运送较多，及夜间土壤水分和湿度变化较小，利于根系的吸收、合成，因此，生长量与发根量都多于白天。果实生长昼夜变化主要遵循昼缩夜胀的变化规律。其中，光合产物在果实内的积累主要是前半夜，后半夜果实的增大主要是吸水。

第四节　果树与环境条件

在果树生产中，要取得最佳的生产效果，一方面应选用具有优良遗传性状的果树品种；另一方面要通过采用先进栽培技术、栽培设施，为果树的生长创造最佳的环境条件。而要创造最佳的生长发育条件，就必须了解果树生长的环境条件以及果树的要求。随着绿色食品生产的发展，还必须重视环境污染对果树生产的影响。

一、温度

温度是影响果树生存的主要生态因子之一，温度对果树的生长发育以及其他生理活动具有明显的影响。果树由于长期生活在温度的某种周期性变化之中，形成了对周期性温度变化的适应性。因此，温度影响着果树的地理分布，其中主要是指年平均温度。

二、水分

水是植物生存的重要因子，是组成植物体的重要成分，是光合作用的原料，是植物体内各种物质进行运输的载体。植物体内的生理活动都是在水参与下才能正常进行。果树枝叶和根部的水分含量约占50%。水含量的多少与其生命活动强弱常有平行的关系，在一定的范围内，组织的代谢强度与其含水量呈正相关。

三、光照

光是绿色植物生长的必需条件之一。不同果树种类对光照的要求程度不同，大多数果树只有在充足的光照条件下才能枝繁叶茂，光照过多或不足都会影响植物正常的生长发育，进而造成病态。通过改进栽培技术改善果树对阳光的利用，以及利用人工光照栽培，以满足果树对光的要求。提高光能利用率，是果树栽培的重要目的。一般说来，光照强度、光照时数（即光周期）、光质（光的组成）等直接影响果树的生长发育、产量和品质的形成。

四、土壤与营养条件

土壤是果树栽培的基础，果树的生长发育要从土壤中吸收水分和营养元素，以保证其正常的生理活动。良好的土壤结构才能满足果树对水、肥、气、热的要求，是生产高产优质的果品的物质基础。

五、空气

影响果树生长发育的气体条件主要有氧、二氧化碳及一些危害果树生长的有害气体。在露地生产的条件下，气体的影响相对较小。而对设施栽培的果树，尤其应注意二氧化碳和有害气体的调节。

思考与实践
1. 果树的根系有何特点？栽培中如何利用？
2. 营养繁殖果树的年龄时期有哪些？各期的特征及栽培措施是什么？
3. 各种环境因素对果树生长发育有何影响？

第四章 苗木培育及建立果园

第一节 建立苗圃

苗圃的任务是用先进的科学技术，在较短的时间内，以较低的成本，根据市场需求，培育一定数量，适应当地自然条件，丰产优质的苗木。为保证苗木的数量和质量，应不断改进育苗技术和提高管理水平，切实做到经济有效地繁殖苗木。

一、苗圃地选择

苗圃地选择，应考虑以下条件。

（一）地势

苗圃地一般以海拔高度较低的平原地区较好，但必要时也可在高海拔地区适量建园，应选地面平坦、整齐开阔、背风向阳、排水良好、地下水位较低的地方。一般以 2°~5° 的缓坡地较好。

（二）土壤

以土层深厚、疏松肥沃、有机质丰富的沙壤土为宜。

（三）水源充足

种子萌芽或插条生根发芽，必须保持土壤湿润，而幼苗生长期间根系浅，耐旱力弱，对水分要求更为突出，如果不能保证水分及时供应，会造成停止生长，甚至枯死。因此，苗圃地一定要有较好的灌溉条件。

（四）交通便利

要求生产出的苗木便于外运。

（五）无检疫性和危险性病虫害

防止侵入新的病虫害，及时防治危险性病虫害。

二、苗圃地区划

专业性苗圃地一般要划分为几个小区。

（一）母本区

包括良种母本园和优良砧木园，主要供应良种接穗、砧木和其他繁殖材料。

（二）播种区

本区是培育实生幼苗的区域，播种繁殖是整个育苗工作的基础和关键。播种区应设在地势平坦、排灌方便、土质优良、土层深厚、土壤肥沃、背风向阳、管理方便的区域，如果是坡地，要选择最好的坡段。

（三）营养繁殖区

该区是培育扦插苗、压条苗、分株苗和嫁接苗的区域。在选择这一作业区时，与播种区的条件要求基本相同。

（四）移植区

又叫小苗区，是培育各种移植苗的作业区。由播种区和营养繁殖区中繁殖出来的苗木需要进一步培养成较大的苗木时，便移入该区继续培养。由于移植区占地面积较大，一般设在土壤条件中等、地块大而整齐的地方。同时依苗木的生长习性不同，再进行合理分区安排。

（五）引种驯化区

本区用于栽植从外地引进的果树新品种，目的是观察其生长、繁殖、栽培情况，从中选育出适合本地区栽培的新品种。

第二节　实生苗培育

一、实生苗的特点和利用

凡用种子繁殖的苗木称为实生苗。其繁殖方法简单，易于大量繁殖，且苗木根系发达，生长旺盛，对环境适应性强，生长迅速，寿命长，产量高。实生苗结果晚，变异性大，很难保持原来母本的性状。因此，实生苗多用作嫁接苗的砧木。也可直接用作种植果苗。所有能产生种子的果树都可以繁殖实生苗。

二、实生苗的培育

（一）种子的采集和贮藏

种子采集总的要求是：品种纯正、无病虫害、充分成熟、籽粒饱满、无混杂。采种时期，依当地的气候和果树种类而不同。采种用的果实，必须在充分成熟时采收，不宜过早。过早采收，种子成熟度差，发芽率低。

种用果实采收后，若其果肉无应用价值，待其变软腐烂时取出种子，其堆放厚度不宜超过35厘米，并经常翻动，以免堆内温度过高。果肉有利用价值的，可结合加工取种。冲洗种子的水温不能超过45℃。种子堆放在通风处阴干，避免暴晒。晾干的种子应进一步精选，清除杂物、瘪粒、破粒、畸形籽和病虫籽，使纯度达到95%以上，并行干燥贮藏。在贮藏过程中，影响种子生理活动的主要条件是种子含水量、湿度、温度和通气状况。海棠、杜梨等种子含水量在13%～16%，李、杏、毛桃等种子含水量在20%～24%，板栗、龙眼等种子可保持在30%～40%以上。空气相对湿度应保持在50%～80%，气温以0～8℃为宜。特别在温度、湿度较高的情况下要注意通气。

（二）种子的后熟、层积及生活力鉴定

北方落叶果树的种子大都有自然休眠的特性，种子休眠主要是因为种胚尚未成熟或尚未通过后熟，不能立即发芽，需要在低温、通气及湿润条件下经过一段时间的处理，种胚才能完成后熟。

层积处理是一种保藏和人工促进种子后熟的方法，它又是许多春播果树种子播前不可缺少的工作。层积过的种子易发芽，芽齐，幼苗长势好。反之，则发芽率极低或根本不发芽。种子后熟所需温度为1～10℃，以1～3℃最佳。温度低于0℃则不利于胚向成熟方面转化，温度太高也不适宜。种子后熟时还需要一定的湿度和充足的空气。

为了确定种子质量和计划播种量，应在层积或播种前对种子生活力进行鉴定。常用的方法有：一是外部性状鉴定法，一般生活力强的种子，种皮不皱缩、有光泽，种仁饱满，种胚和子叶具有品种固有色泽，不透明，有弹性，用指按压时不破碎，无霉烂味。二是染色法，用40℃温水浸种1小时，剥去内外种皮，将胚浸入0.1%～0.2%靛蓝胭脂红水溶液或5%红墨水中，在室温下3～5小时，能发芽的种子不会着色，凡是种子已染色的即失去生活力。三是发芽试验，用一定数量的种子，在适宜的条件下，使其发芽，计算发芽率。

（三）播种

1. 播种时期

一般分为春播和秋播。冬季不太严寒，土质较好，湿度适宜的地区以秋播为宜。秋播可以省去沙藏过程，翌春出苗早，生长期较长，苗木生长旺。各地应在土壤结冻前完成秋播。冬季干旱，土壤黏重，严寒大风地区应春播。春播在土壤解冻后及时进行。河南省宜在3月春播，11月秋播。

2. 播种量

单位面积的用种量称为播种量。理论上的播种量可按下列公式计算。

$$每亩播种量（千克）= \frac{每亩计划出圃成苗数}{每千克种子粒数 \times 发芽率 \times 种子纯净度}$$

实际播种量往往大于理论计算，因为育苗中各个环节都会影响苗木出圃量。

3. 播种方法

分直播和床播两种。直播是将种子直接播在嫁接圃内，直接嫁接出圃。床播是将种子播在预先准备好的苗床中，出苗后移至苗圃地再行嫁接。播种方法有撒播、点播和条播3种。小粒种子用撒播，点播多用于大粒种子，条播大小种子均可适用。大粒种子播种时还应注意安放姿势，如核桃种子要侧放，使缝合线与地面垂直，板栗以腹面向下横卧，此时发芽出苗最易。

4. 播种深度

播种深度应根据种子大小、土壤质地、气候条件等综合考虑。一般播深为种子大小的1～5倍，黏土可稍浅，沙土地宜较深，干旱地宜深，春播者稍浅。海棠、君迁子、杜梨、葡萄1.5～2.5厘米，李、樱桃4厘米左右，桃、杏4～5厘米，板栗、核桃5～6厘米。

（四）播后管理

播后进行地面覆盖麦秸等，防止土壤板结，提高地温，幼苗出土后，及时去除覆盖物，以免幼苗弯曲、黄化。有2~3片真叶时，可间苗移栽，并早定苗。移栽前浇水，挖苗时不伤根，随挖随栽，最好在阴天或傍晚时移栽，栽后立即浇水。

幼苗生长期间要中耕除草，追肥3~5次，前期以氮肥为主，后期以磷钾肥为主。若当年秋季进行嫁接，则在苗高30~40厘米时及时摘心，以利加粗茎生长，并把嫁接部位的萌蘖抹除。在生长盛期，每1~2周灌水一次。并加强病虫害防治。

第三节 自根苗培育

一、自根苗的特点和利用

自根苗是由果树营养器官形成不定根或不定芽而发育成的苗木，通常采用扦插、压条、分株的繁殖方法获得，亦称无性繁殖苗或营养繁殖苗。自根苗能保持母株的优良性状和特性，变异小，进入结果期早。一般根系较浅，寿命较短。繁殖方法简单，应用广泛。可直接用作果苗，也可作砧木苗。

葡萄、石榴、无花果、猕猴桃等常用扦插繁殖，枣、石榴、草莓等常用分株繁殖，葡萄也可压条繁殖。自根苗也可用作砧木。

二、自根苗的繁殖原理

（一）不定根和不定芽的形成

自根苗的繁殖方法主要是利用植物营养器官的再生能力发根或发芽而成长为独立的植株。不定根主要是由根原基的分生组织分化而来。根原基在形成层和髓射线的交叉点上以及形成层内侧。节部的根原基多，最易发根，是不定根形成的主要部位。不定芽是由薄壁细胞分化而来，中柱鞘和形成层也会形成不定芽。不定根和不定芽发生的部位均有极性现象，例如，扦插的插条总是在上部发芽抽生新梢，下部则生根，因此，扦插时枝条不要颠倒。

（二）影响生根的因素

1. 内在因素

不同树种、品种其发根、萌芽的难易有不同，葡萄易生根，苹果、桃、李生根困难。葡萄中的欧洲种、美洲种较山葡萄发根力强。同一树龄的一年生枝较多年生枝易生根。葡萄枝插则易生根，而根插则不易萌芽。同一枝条上其养分状况也影响生根。节上比节间易生根。

2. 外界条件

影响生根的外界条件主要有温度、湿度、光照、土壤及通气条件等。扦插、压条生根最适宜的土温为15~25℃，湿度以土壤最大持水量的60%~80%为宜，空气湿度大利于成活，常用洒水、喷雾或塑料薄膜覆盖来提高空气湿度，以提高成活率，光照对根系发生有抑制作用，因此，插条基部要深埋土中，结构疏松、通气良好的沙壤土、土壤pH值6~7易生根。

（三）促进生根的方法

1. 机械处理

可在新梢停止生长至扦插前，在选定插条的基部环剥、刻伤、缢伤等机械处理，增加枝条内含物。在扦插时，加大插条下端伤口，或在基部纵划几刀，加强细胞分裂及根原基形成的能力。

2. 加温处理

利用温床和冷床加温催根，将插条倒插于湿沙中，基部温度保持在20～25℃，喷水保湿，气温8～10℃，能提高扦插成活率。

3. 使用植物生长调节剂

常用的植物生长调节剂有吲哚乙酸、吲哚丁酸、萘乙酸，浓度为5～100毫克/千克，浸插条基部12～24小时，能促进生根。另外，高锰酸钾、硼酸等0.1%～0.5%溶液，及蔗糖、维生素B_{12}水溶液浸插条基部数小时至24小时，也能促进生根。

三、自根苗的繁殖方法

（一）扦插繁殖

扦插繁殖是利用优良母树上的营养器官插到土壤或其他基质中，使之生根、发芽形成新的植株的繁殖方法。常用的扦插方法有枝插及根插。枝插又分为硬枝扦插和绿枝扦插。

1. 硬枝扦插

用充分成熟（养分充足充实）的一年生枝条扦插。

2. 绿枝扦插

用当年生尚未木质化或半木质化的新梢在生长期进行扦插，叫绿枝扦插，又称嫩枝扦插、软枝扦插。剪成具3～4个芽的插条，扦插于土中长成的苗木，称为扦插繁殖苗木，简称"扦插苗"。

3. 根插

根插时，选根的直径0.4～1厘米，剪成7～15厘米的根段，进行沙藏，春季扦插。苹果、枣、柿、梨、核桃均可用根插。但根插时千万不可倒插。

（二）压条繁殖

压条繁殖是将母株上的枝条压于土中或生根材料中，使其生根后与母树分离而长成新的植株的繁殖方法。凡在枝条不与母树分离的状态下，将枝条采用直接培堆泥土埋压后或环剥净枝条皮层后用生根材料（塘泥、锯屑、牛粪、稻谷壳等）包裹着生根，生根后剪或锯离母树而经假植长成的苗木，称为压条繁殖苗木，简称"圈枝苗"。采用压条繁殖成活率高，且可保持母树优良的性状，技术操作易于掌握，但其缺点是易造成母树衰弱。

1. 直立压条法

又称培土压条法。冬季或早春萌芽前将母株基部离地面15～20厘米处剪断，促使发生多数新梢，待新梢长到20厘米以上时，将基部环剥或刻伤，并培土使其生根。培土高度约为新梢高度的一半。当新梢长到40厘米左右时，进行二次培土，一般两次培土即可。秋季扒开培土，分株起苗。桃、李、石榴、无花果以及苹果和梨的矮化砧等均可采用此法繁殖。

2. 水平压条法

将枝蔓开沟压入10厘米左右的浅沟内，顶梢露出地面，待各节抽出新梢后，随新梢的增高分次培土，使新梢基部生根，而后分别切离母株。葡萄和苹果矮化砧多用此法。

3. 空中压条法

春季3~4月，选一二年生枝条，在欲使其生根的基部环剥或刻伤，然后用塑料布卷成筒套在刻伤部位，先将塑料筒下端绑紧，筒内装入松软肥沃的培养土，并保持一定湿度，再将塑料筒上端绑紧，待生根后与母株分离。

（三）分株繁殖

分株繁殖是利用根际部萌蘖芽条，使其分离母树后而长成新的植株的繁殖方法。凡是果树的根上易发生根蘖或靠近根部的茎上易发生分蘖，经分离后长成苗木，称为分根苗或分蘖苗，简称"根蘖苗"。采用根蘖苗应先将根蘖苗的根系培育旺盛粗壮生长后，才分离母树，否则因根蘖苗依赖母树体内养分，在自身根系少而不完整的情况下，一旦分离母树定植，往往会因根系吸收养分和水分的不足而引起地上枝叶萎蔫枯死，影响成活率。

1. 根蘖分株法

适用于根上容易发生不定芽而自然长成根蘖苗的树种，如枣、山楂、樱桃、石榴、杜梨等。为促使多发生根蘖苗，于休眠期或萌发前将母株树冠外围部分骨干根切断或刻伤。生长期加强肥水管理，使苗旺盛生长，根系发达。

2. 葡匐茎分株法

草莓的葡匐茎节间着地后，下部生根，上部发芽，切离母体即成新苗。

第四节　嫁接苗培育

一、嫁接苗的特点和利用

嫁接繁殖也是营养繁殖的一种方法，是将砧木和接穗，采用嫁接技术而培育长成新的植株的繁殖方法。凡是通过嫁接技术将优良果树某植株上的枝或芽接到另一果树植株的枝、干或根上，接口愈合长成的苗木，称为嫁接繁殖苗木，简称"嫁接苗"。采用嫁接繁殖方法可使砧木的优良性状或特性得以发挥，从而增强了该种果树的某些抗逆性和适应性，同时可保持母树接穗品种的优良性状，从而达到生长快，早果优质丰产稳产的目的。对于无核果树品种和采用扦插、压条、分株不易繁殖的果树品种都可以采用嫁接繁殖来大量繁殖苗木。目前，嫁接繁殖苗木是果树生产十分普遍采用的较广泛推广的苗木繁殖方法。

二、嫁接繁殖的原理

（一）嫁接愈合过程

果树嫁接能否成活，能否愈合是成活的首要条件，主要取决于砧木和接穗间能否密切接触，产生愈伤组织，并分化形成新的输导组织而相互结合。愈伤组织细胞进一步分化，将砧木和接穗的形成层连接起来，向内形成新的木质部，向外形成新的韧皮部，将两者木质部的导管与韧皮部的筛管沟通，砧穗上下营养交流，两个异质部分结合成一个整体，而成为一新的植株。

(二) 影响嫁接后成活的因素

果树嫁接后，影响成活的因素很多，主要有以下几个方面。

1. 砧木和接穗的亲和力

亲和力是指砧木和接穗嫁接后，在内部组织结构、生理和遗传特性方面差异程度的大小。无论用哪种嫁接方法，不管在什么样的条件下，砧木和接穗间必须具备一定的亲和力才能嫁接成活。

2. 外界条件

嫁接成活在一定程度上受气温、土温、湿度、光照、空气等条件的影响。各种果树形成愈伤组织的最适温度有所不同，一般以 20~25℃ 为宜。空气湿度大，通气好，愈合也好，强光直射能抑制愈伤组织的产生，黑暗有促进作用。

3. 砧木及接穗的质量

砧木与接穗贮藏较多的营养，一般较易成活。嫁接时宜选用生长充实的枝条作接穗。

4. 嫁接技术与管理水平

嫁接技术的优劣直接影响接口切削的平滑程度和嫁接速度。若削面不平滑，影响愈合。嫁接时速度快而熟练，可避免削面风干或氧化变色，则嫁接成活率高，管理水平高，易成活。

三、砧木和接穗的选择

(一) 砧木选择的条件

①与接穗品种亲和力好。
②对当地气候、土壤适应性强。
③对接穗品种生长结果有良好影响。
④对病虫害抵抗力强。
⑤来源丰富，繁殖容易。

(二) 接穗选择的条件

①适应当地生态条件，市场前景好的良种。
②结果三年以上，性状稳定，无检疫性病虫害的母树。
③树冠外围中上部，枝芽饱满的一年生枝。

四、嫁接的主要方法

我国是世界上采用嫁接繁殖果树最早的国家之一，其嫁接方法很多，大致可分为枝接、芽接、根接三大类。

(一) 枝接

是用植株的一段枝条作接穗进行嫁接，适用于较粗的砧木，包括腹接、劈接、皮下接、插皮接、切接、舌接、靠接、桥接等。枝接多在农历谷雨前，芽未萌发时进行。黄河流域以南的河南省，在冬季也可埋土枝接，枝接的最主要优点是接苗生长快，但用接穗多。

1. 劈接

（1）砧木处理　在无节处剪断或锯断，将断口修整平滑，断面中央向下垂直劈开深3~5厘米的伤口。

（2）接穗处理　选取8~10厘米长的接穗，下端削成两面等长的平滑斜面，削面长3~5厘米，上端留2~4个饱满芽，顶芽留在外侧。

（3）结合　把削好的接穗插入劈口内，使接穗和砧木紧密吻合，插入接穗时，要"露白"，并立即包扎。

2. 插皮接

要求砧木直径在2厘米以上，在接穗发芽以前、砧木离皮以后进行，一般在4月中旬至5月上旬为宜。

（1）砧木处理　选择砧木光滑的部位，向上斜削一刀，露出形成层，沿切口向下直划一刀长1.5~2.0厘米，然后左右拨开皮层。

（2）接穗处理　在接穗上选取2~4个饱满芽，上端剪平，并在下端芽的下部背面一刀削成3~5厘米长的平滑大切面，并在削面两侧轻轻削两刀，露出形成层为宜，然后在大切面尖端的另一面再削一个小切面，以便插入湿布包好待用。

（3）结合　将接穗大切面朝里插入，砧木的韧皮部和木质部之间，深达接穗大切面的一半以上，露白0.5~1厘米，用嫁接膜包扎。

3. 切接

切接方法与劈接相近，适用于较细的砧木。

（1）砧木处理　离地4~8厘米选平滑处剪断砧木，修平剪口，在断面边缘向上斜削一刀，露出形成层，然后沿形成层笔直下切2.0厘米。

（2）接穗处理　在芽下0.5厘米处削1.5~2.0厘米的削面，不带或稍带木质部，在长削面对面尖端削长约1厘米的小切面，芽留在小切面，在芽上方0.5厘米处剪断即可。

（3）结合　将大切面朝里，小切面朝外插入砧木切口，使接穗与砧木形成层对齐，两边对齐，然后用塑料布条绑紧。

（二）芽接

是在砧木接口处仅嫁接一个芽片，这是应用最广的一种方法，春、夏、秋三季只要树皮离皮，均可进行，但以秋季应用最多。芽接有"T"形芽接、嵌合芽接、方块芽接等多种方法。

1. "T"形芽接

适用于一年生小砧木，在皮层易剥离时进行。

（1）砧木处理　离地面5~8厘米处，选光滑处横切一刀，深达木质部，在横切口下纵切一刀，伤口呈"T"形，然后用刀尖向左右拨开成三角形切口。

（2）接穗处理　在选好的芽上方0.5厘米处横切一刀，深达木质部，在芽下方1厘米处向上斜削一刀，使芽片成盾形。

（3）结合　将削好的芽片插入砧木的三角形伤口内，芽片上端与砧木横切口紧密相接，并做好绑缚。

2. 方块芽接

适用于核桃、柿等厚皮树种。

（1）砧木处理　在砧木光滑处按芽片大小剥除一块树皮。
（2）接穗处理　在芽的上下左右处各切一刀，深达木质部，取下方形芽片。
（3）结合　将芽片贴在削好的砧木切口上，四边切口对齐贴紧绑膜包扎。

（三）根接

果树是以砧木树种的根系为砧木，嫁接所需树种接穗的苗木繁育技术。苹果、梨、桃、李等树种均可采用根接法繁殖。它具有嫁接时间长，原料来源广，成活率高，长势旺等特点，是果树育苗一种好办法，但从栽培果树上采取根系，易消弱树势。

1. 根接时间

可在1月到3月中旬，利用深冬、早春农闲时期，在室内进行嫁接。

2. 原料准备

选择亲合力强的树种作砧木，如嫁接苹果用海棠、山梨、杜梨的根等。

（1）砧木来源　将起苗后残留的根、果树根蘖苗的根或野生砧木的根挖出，选择粗细适中带须根的根系，保温存放。

（2）接穗来源　利用冬剪下来的水分充足、芽眼饱满、无病虫害的1~2年生枝条作接穗。

3. 根接方法

以劈接为主（也可用倒腹接、插皮接、贴枝装根等办法）。把砧木剪成10厘米长的根段，将根段上端剪平，沿平面中间垂直劈2.5~3厘米长的口；选取有2个饱满芽的接穗，下端削成2厘米上宽下窄的楔形；将接穗削面插入根段劈口内，使根与接穗的形成层对准密接，勿错位；而后用塑料条捆扎严紧，接好后移至室外沙藏贮存。

4. 沙藏贮存

开挖深60厘米的储存沟，长度和宽度根据需要而定。沟底铺10厘米厚的湿沙，湿沙以手握成团落地即散为好。将接好的根穗移入贮存沟，用湿沙灌满盖严，4月上旬伤口愈合，即可育苗。如果春接春育，根枝接好后，可置于温床促进愈合，2周后再育苗。

5. 注意事项

（1）在嫁接和根穗保存过程中，要遮光保湿，严防根穗失水，确保质量。
（2）接好的成品移动时，要轻拿轻放，勿碰撞接穗，确保接穗不移位。
（3）育苗时要先将苗畦灌水保墒，待水渗下去后再下地育苗，切勿浇水过早影响成活。

五、嫁接后的管理

1. 检查成活与补接

芽接后15天、枝接35~40天即可检查成活情况，同时解开包扎膜，秋季嫁接可在翌年萌芽前解膜。

2. 适时剪砧

芽接和腹接可结合检查成活率在7~10天时进行剪砧。

3. 除萌

剪砧后，及时抹除砧木萌蘖，但要适当留一些起到辅养作用，不要抹净。

4. 设立支柱

当嫁接苗高15厘米左右时设立支柱保证苗木直立生长。

5. 施肥

嫁接前 10～15 天施速效肥一次；嫁接成活剪砧后，视不同果树种类和苗木生长情况施肥，一般每月一次，薄肥勤施，前期以氮肥为主，后期控施氮肥，增施磷、钾肥。9 月上旬后停止施肥。

6. 加强管理

及时中耕除草、水分管理及病虫防治等。

第五节　建立果园

一、园地选择

园地选择必须以生态区划为依据，选择果树最适生长的气候区域。在灾害性天气频繁发生，而目前又无有效办法防止的地区不宜选做园地。选择园地时必须考虑两大方面的因素，即自然因素和社会因素。

（一）自然条件

自然条件包括拟建园地区的气候、土壤、地形、地势、水源等。

（二）社会条件

主要包括市场需求情况、交通和运输、经济状况、劳动力状况、传统的生产模式和生产技术水平等。

二、园地规划设计

合理进行园地规划设计是保证高质量建园的基础，园地规划设计合理与否，直接关系到以后若干年果树的生长发育状况、种植园操作管理时的方便程度、工作效率和经济效益。

（一）小区的划分

小区也叫作业区，是果园土壤耕作和栽培管理的基本单位。平地果园条件较为一致，小区面积以 50～150 亩为宜；山坡与丘陵地果园地形复杂，土壤、坡度、光照等差异较大，耕作管理不便，小区面积 15～30 亩即可；统一规划而分散承包经营的小果园，可以不划分小区，以承包户为单位，划分成作业田块。

小区形状在平地果园应呈长方形，以便于机械化作业，其长边尽量与当地主风方向垂直，以增强抗风能力；山地果园小区的形状以带状为宜，或随特殊地形而定，其长边最好在同一等高线上，以便整修梯田和保持水土。

（二）道路

果园应规划有必要的道路，以满足生产需要，减轻劳动强度，提高工作效率。道路的布局应与栽植小区、排灌系统、防护林、贮运及生活设施等相协调。面积在 120 亩以上的果园，应设置 2～3 级道路系统。干路路面宽 6～8 米，能保证汽车或大型拖拉机对开；支路连接干路和小路，贯穿于各小区之间，路面宽 4～5 米，便于耕作机具或机动车通行；小路是小区内为了便于管理而设置的作业道路，路面宽 1～3 米，也可根据需要临时设置。

（三）灌排系统

1. 灌溉系统

灌溉方式有渠灌、喷灌、滴灌和渗灌等。

2. 排水系统

平地果园的排水方式主要有明沟排水与暗沟排水两种。

（四）配套设施

果园内的各项生产、生活用的配套设施，主要有管理用房、宿舍、库房（农药、肥料、工具、机械库等）、果品贮藏库、包装场、晒场、机井、蓄水池、药池、沼气池、加工厂、饲养场和积肥场地等。

（五）防护林的设置

根据林带的结构和防风效应可分为3种类型，紧密型林带、稀疏型林带和透风型林带。

（六）果树树种和品种选择

在选择树种、品种时，应根据区域化、良种化的要求，因地制宜地确定发展果树的种类、品种。

（七）授粉树的配置

果树属异花授粉植物，绝大多数种类和品种自花不实，或自花结实率很低。进行异花授粉后，坐果率提高，果形端正，外观和品质更好。因此，建园时必须配置授粉树。

1. 授粉树应具备的条件

①必须与主栽品种花期一致，且能产生大量发芽率高的花粉；②与主栽品种授粉亲和力强，最好能相互授粉；③授粉树的生长结果习性要与主栽品种相匹配，即与主栽品种长势相仿，树体大小接近，能同时进入结果期，开花期基本一致；④进入结果期较早或与主栽品种同时进入结果期，且无明显的大小年结果现象。

2. 授粉树的配置比例

①授粉品种丰产性强，果实品质优良，可以加大授粉品种比例，甚至实行等量栽植；②授粉品种花粉质量好，授粉结实率高，为了保持主栽品种较高比例，可适当少栽授粉品种，但不能少于15%。若授粉效果稍差，应保持在20%以上；③主栽品种不能为授粉品种提供花粉时，还应增加品种，解决授粉品种的授粉问题。

3. 授粉树的配置方式

授粉树的配置方式，应根据授粉品种所占比例、果园栽培品种的数量和地形等确定，通常采用的配置方式有：①中心式；②行列式；③复合行列式等。

第六节　果树定植

定植是指将育好的果苗移栽于果园中的作业，定植后植株将在固定的位置一直生长到生命周期结束或将近结束。而将果苗从一个苗圃移栽于另一个苗圃，则称之为移植或假植。定植是种植园生产的开始。

一、定植时期

一般落叶果树在秋季植株落叶后或春季发芽前定植为宜。

二、定植密度

定植密度是指单位土地面积上栽植果树的株数，也常用株行距大小表示。为最大限度地利用光热和土地资源，必须合理密植。密植的合理性在于果树生育期里群体结构既能保证产品产量高，又能保证产品品质优良，同时，还便于田间操作管理。

（一）果树种类、品种和砧木

栽植密度是：一般普通型品种（乔化砧）＜短枝型品种（乔化砧）；普通型品种（半矮化砧）＜普通型品种（矮化砧）。同一种矮化砧，用作中间砧比自根砧树冠大，则其栽植密度应减小。

（二）气候和土壤条件

一般而言，光热水条件好，土壤深厚而肥沃，任何植物的生长潜能都会得到更充分的展示，表现冠幅较大，因此在这种条件下应适当稀植。相反条件下，则任何植物的冠幅均较小，应适当密植，以群体株数多获得高产。但有时气候和土壤条件很差时，也不宜过密。如在干旱的地区，密植时作物的水分需求得不到保证，群体产量与质量也不高；在寒冷地区如葡萄，越冬需埋土防寒，则必须留出较大的行间距，以便于取土。

（三）栽培方式

果树栽培方式多种多样，可采用支架栽培、地面匍匐栽培、篱壁式栽培，同样的品种，定植密度也不同。例如，葡萄篱架栽培的密度一般为 1 666~5 000 株/公顷，而棚架栽植的密度只有 625~2 500 株/公顷。

（四）栽培技术水平

通常栽植密度越大对技术水平要求越高，密植以后应当有相应的技术措施做保证，否则，会因定植密度过大造成茎叶（枝干）徒长，群体和植株冠内通风透光不良，最终导致果产品的产量低，质量差，经济效益不好。果树建园的定植密度可参考下表。

北方主要果树栽植密度参考表

果树种类	砧木与品种组合（架式）	栽植距离（米）		每亩株数	备注
		行距	株距		
苹果	普通型品种（乔化砧）	4~5	3~4	33~56	山地、丘陵
		5~6	3~4	28~44	平地
	普通型品种（矮化中间砧）	4	2	83	山地、丘陵
	短枝型品种（乔化砧）	4	2~3	56~83	平地
	短枝型品种（矮化中间砧）	3~4	1.5	111~148	山地、丘陵
	短枝型品种（矮化砧）	3~4	2	83~111	平地

（续表）

果树种类	砧木与品种组合（架式）	栽植距离（米）		每亩株数	备注
		行距	株距		
梨	普通型品种（乔化砧）	4~6	3~5	33~56	
	普通型品种（矮化砧）短枝型（乔化砧）	3.5~5	2~4	33~95	
桃	普通型品种（乔化砧）	4~6	2~4	28~83	
杏	普通型品种（乔化砧）	4~6	3~4	28~56	
李	普通型品种（乔化砧）	4~6	3~4	28~56	
葡萄	小棚架	3.0~4.0 4.0	0.5~1.0 1.0	166~444	
	自由扇形、单干双臂	2.0~2.5 2.5	1.0~2.0 2.0	134~333	
	高宽垂	2.5~3.5 3.5	1.0~2.0 2.0	95~267	
樱桃	大樱桃	4~5	3~4	33~56	
核桃	早实型品种	4~5	3~4	33~56	
	晚实型品种	5~7	4~6	16~33	
板栗	普通型品种（乔化砧）	5~7	4~6	16~33	
	短枝型品种（乔化砧）	4~5	3~4	33~56	
柿	普通型品种（乔化砧）	5~8	3~6	14~44	
枣	普通型品种	4~6	3~5	22~56	
	枣粮间作	8~12	4~6	9~21	
山楂	普通型品种（乔化砧）	4~5	3~4	33~56	
石榴	普通型品种	4~5	3~4	33~56	
猕猴桃	T形架	3.5~4	2.5~3	55~76	
	大棚架	4	3~4	42~55	
草莓	普通型品种	0.25~0.35 0.35	0.15~0.18 0.18	7 000~10 000	

三、定植方式

定植方式即指定植穴或单株之间的几何图形。生产上常用的定植方式如下：

（一）长方形定植

是生产上广泛采用的定植方式。特点是行距大于株距，株距一般稍小于或等于冠幅，通风透光良好，便于机械耕作。一般以南北行向定植为好。

（二）正方形定植

行距和株距相等。植株呈正方形排列，便于横向、纵向作业管理，但密植时易郁闭，稀植时土地利用不经济，不利于间作和机械化操作。

（三）带状定植

即宽窄行定植，一般双行或 3~4 行成一带。带内的行距较小，带间距较大，便于带间操作管理。在果树生产上应用较少。

（四）三角形定植

即相邻行的植株位置相互错开，与隔行植株相对应，相邻三株呈一正三角形或等腰三角形。这种定植方式较适宜密植，但生产管理不方便。

（五）等高定植

即同一行树沿着等高线定植，适于山地丘陵地果园。

（六）计划定植

又称变化定植，为了充分利用土地，一些多年生果树，在幼树时树冠还不大，栽植密度可大些，待果树长大后，果园出现郁闭时进行有计划地间伐。

四、种苗准备与处理

1. 品种核对

栽植前必须对苗木进行品种核对、登记、挂牌，发现差错及时纠正，以免定植混乱。

2. 苗木分级

对苗木分级可保证定植后的苗木整齐，整个果园树相整齐，同时，还可以剔除弱苗、病苗、伤苗等。

3. 苗木处理

对于远距离运输的苗木，在运输途中可能会失水，应用清水浸根一昼夜。另外，为促进生根，可在定植前用生长素类的生长调节剂蘸根处理。

4. 苗木消毒

对于从外地调运的苗木均要进行消毒处理，以减轻病虫害的发生，尤其是检疫性病虫害的扩散。

5. 苗木假植

苗木不能立即定植时，应先假植起来。假植方法：在避风、背阴、易排水的地点挖南北向假植沟，深 60~80 厘米，宽 100 厘米，苗木向南倾斜 45° 放入沟中，将苗木埋土 1/3~1/2，使根系与土壤密接，浇透水。

五、整地技术

1. 土壤改良

我国目前主要在山地、丘陵地、沙滩地等理化性质不良的土地上发展果树生产。为达到优质、丰产的栽培目的，就要对园地的土壤进行改良。改良的方法一般有：深翻改土、增施有机肥、种植绿肥等。

2. 定点挖穴（沟）

定植穴的直径和深度一般为 0.8~1.0 米，密植果园可挖定植沟，沟的深度和宽度一般为 0.8~1.0 米。挖定植穴（沟）时，表土和心土要分开放。定植穴（沟）全部挖好后即可回填土，先将穴（沟）内挖出的表土和部分心土与秸秆、树叶、杂草等有机物混匀填入穴

（沟）的下层，边填边踩实，填至距地面30～40厘米深度时，再取行间的表土与精细的优质农家有机肥（15～20千克/株）混匀后填入穴（沟）内，填至距地面5～10厘米高度，最后浇透水，使穴（沟）内的土壤充分沉实。挖定植穴和回填土最好能在定植前1个月或更早完成。

六、定植技术

先整理定植穴（沟），将高处铲平，低处填起，并使深度保持25厘米左右，在穴中间做一土丘，栽植沟内可培成龟背形的一个小垄，然后拉线核对定植点并打点标记。将苗木放于定植点上，目测对齐行株距，根系要自然舒展，过长根可剪断，一人扶苗，一人填土，保持苗木的根颈部位与地面平。填土时根系周围要用表土，并且边填土边轻轻抖动苗木，保证根系与土壤密接，填完土后踩实，然后做浇水盘浇透水。最后，待水完全下渗后再填一层半干土封穴（可将苗木周围封成一小土堆，以保护苗木），以减少水分蒸发。

七、定植后管理

果树从一个环境转移到另一个环境，其本身要有一个适应过程，加之根系又受到不同程度的损伤，根系吸收水分和地上部失水的平衡被打破，植株易失水萎蔫甚至干枯死亡。此外，土壤温度、湿度、盐碱地等对定植缓苗都有影响，春季的低地温、多风，夏季的高温、干旱，对定植缓苗都不利，定植后管理就是减轻这些危害，促进缓苗。

（一）浇水

果树定植后应及时浇水。

（二）中耕除草

待水下渗后，土壤不黏时，应及时进行中耕。

（三）防风、防寒

定植浇水后，土壤较松软，遇大风易倒伏，尤其大型果树，为防风应用支架固定。

在北方，秋季定植的幼树，入冬前可以压倒埋土防寒，春季再扒土扶直；也可以培土堆或用农作物秸秆、塑料薄膜等包扎树干。无论哪一种果树，在越冬前灌足封冻水，对于其越冬都是非常有利的。

思考与实践

1. 在建立苗圃时，应考虑哪些条件？
2. 果园规划设计主要包括哪些内容？
3. 如何培育实生苗、自根苗？
4. 果树嫁接主要有哪些方法？熟练掌握各种嫁接技术。
5. 在果树嫁接中如何选择砧木和接穗？
6. 能独立进行果树的定枝。

第五章 苹 果

第一节 生物学特性

一、根系生长特性

果树根系的年生长动态即取决于树种、品种、树龄、树势、砧穗组合和当年生长结果情况，同时，也与外界环境如土壤温度、水分、通气及营养贮存水平等密切相关。在不同深度的土层内根系的生长也有所不同，上层根（40厘米以上）开始活动较早，下层根较晚。夏季上层根生长量较小，下层根则生长量较大，到秋季上层根的生长又加强。

二、芽、枝和叶生长特性

（一）叶芽的萌发和发育

萌芽物候期标志着休眠或相对休眠期结束和生长的开始。

当春季昼夜平均温度10℃左右时，叶芽即开始萌动，一般金冠、红星萌芽温度为10℃，而富士则为12℃。贮藏养分充足的植株萌芽早，萌芽率高；树冠外围和顶部生长健壮的枝条比树冠内膛和下部的枝条萌芽早；同一枝条上，中上部较充实的芽萌发早。

（二）枝梢生长和枝类组成

1. 枝梢生长

苹果叶芽萌发成新梢，枝条的生长表现为加长生长和加粗生长。苹果的枝芽异质性、顶端优势、枝芽的方位等是影响新梢生长发育强度的主要因子，新梢的加长、加粗生长都受这3个内因的制约。

2. 枝类组成

按枝条的发生习性和功能可以将苹果枝条分为长枝、中枝、短枝、徒长枝和果枝几种类型。

三、开花结果习性

（一）结果枝类型

苹果结果枝类型通常分为4种，即短果枝（5厘米以下）、中果枝（5~15厘米）、长果枝（15厘米以上）及健壮长梢的腋花芽枝。苹果不论幼树或成年树，除少数品种外，一般皆以短果枝结果为主。成花难易因品种而异，一个健壮的长梢一般3~4年才可形成花芽，所以幼树提早结果必须"轻剪长放"。

（二）萌芽开花时期

苹果花芽是混合花芽，伞形花序，每花序有5~6朵小花，同一花序中，中心花优先开放。一般昼夜平均温度达8℃以上，花芽即开始萌动。

（三）授粉、受精与结实

苹果要经过授粉及受精过程才能正常结实。苹果多数品种自花结实率很低，建园时需配置授粉品种进行异花授粉，以保证授粉受精，提高坐果率。

花期的温度是影响授粉受精的一个重要因素。花粉发芽和花粉管生长的最适温度为10~25℃，不同品种的适宜温度也不同。花期较早品种的适宜温度都低于花期较晚的品种。苹果花粉管在常温下需48~72小时乃至120小时可达到胚囊，完成受精作用需1~2天。花前或花期晚霜可能影响产量。盛开的花在-3.9~-2.2℃就可能受冻。雌蕊在低温下最先受冻，花粉较耐低温。

（四）落花落果

苹果多数品种花果脱落一般有三次高峰。第一次是落花出现在开花后、子房尚未膨大时，此次落花的原因是花芽质量差，发育不良，花器官（胚珠、花粉、柱头）败育或生命力低，不具备授粉受精的条件。第二次是落果，出现在花后1~2周，主要原因是授粉受精不充分，子房内源激素不足，不能调运足够的营养物质，子房停止生长而脱落。第三次落果出现在花后4~6周（5月下旬至6月上旬），又称六月落果。此次主要是同化营养物质不足、分配不均而引起，如贮藏营养少，结果多，修剪太重，施氮肥过多，新梢旺长，营养消耗大，当年同化的营养物质主要运输到新梢，果实内胚竞争力比新梢差，果实因营养不足而脱落。除以上三次落果外，某些品种在采果前1个月左右，果实增大，种子成熟，内部生长抑制物质乙烯、脱落酸含量增加，伴随着衰老的加剧，出现"采前落果"，尤以红星表现较突出。

四、花芽分化

对于无性系果树，要求尽早完成从营养生长向生殖生长的转化，每年稳定地形成数量适当、质量好的花芽，才能保证早果、高产、稳产和优质。苹果的花芽是混合花芽，一般着生在短枝、中枝的顶端，有些品种长梢上部的侧芽也可形成花芽。不论哪种情况，花芽均在枝条停止生长后才开始分化，所以短果枝分化最早，而中长果枝则生长停止愈迟分化愈晚，顶芽则比侧芽分化早。苹果的花芽分化可分为生理分化期、形态分化期和性细胞形成期。缺氮形成花芽很少，苹果在雄蕊或雌蕊分化期施氮可提高胚珠的生活力。

五、果实发育与果实品质

（一）果实发育过程

从细胞学角度划分，果实的全部发育过程可分为细胞分裂和细胞膨大两个阶段。

（二）果实品质

果实品质主要包括果实大小、果实形状、果实风味、果实色泽和果实硬度等。

第二节　土肥水管理

土壤是果树生长与结果的基础，是水分和养分供给的源泉。土壤深厚、土质疏松、通气良好，则土壤中微生物活跃，就能提高土壤肥力，从而有利于根系生长和吸收，对提高果实产量和品质有重要意义。

我国苹果园土壤有机质含量严重不足，因而土壤对矿质养分丰缺的缓冲性大大降低，矿质养分失衡，果实品质下降，严重情况下出现生理性病害，如缺钙苦痘病、枝干锰中毒等。科学施肥是提高产量、改善品质的关键措施。

一、苹果需肥特点

（一）苹果对矿质营养的需要量

苹果对矿质元素年吸收总量的排列顺序为钙＞钾＞氮＞镁＞磷。根据养分的分配情况，若果实负载量增加，就要相应增加磷、钾的供应，以保证果实的消耗及花芽分化的需要。

（二）养分吸收、需求和分配的季节规律

苹果需氮可分三个时期。第一个时期从萌芽到新梢加速生长为大量需氮期，此期充足的氮素供应对保证开花、坐果、新梢及其叶片的生长非常重要，此期前半段时间氮素主要来源于贮藏在树体内的氮素，后期逐渐过渡为利用当年吸收的氮素。第二个时期从新梢旺长高潮后到果实采收前为氮素营养的稳定供应期，此期稳定供应少量氮肥对提高叶片光合作用的活性起重要作用，此期供氮过多影响品质，过少影响产量。第三个时期从采收至落叶为氮素营养贮备期，此期含量高低对下一年优质器官的分化起重要作用。对磷素而言，一年中苹果树的需求量基本上没有高峰和低谷，而是平稳需求。钾素则以果实迅速膨大期需求量最大。

二、施肥量控制

苹果施肥应坚持以有机肥为主，配合施用各种化学肥料的原则，使苹果园有机质含量超过1%，最好能达到1.5%以上。化学肥料的施用要注意多元复合，最好施用全素肥料，目前苹果生产在化肥施用上存在着重氮、磷、钾，轻钙、镁及微量元素的倾向，应注意克服。

我国渤海湾地区棕黄土地幼树期为2:2:1或1:2:1，结果期为2:1:2。黄土高原地区土壤含磷量低，又多为钙质土，磷易固定，施磷后增产效果明显，三要素的比例为1:1:1。肥料利用率一般氮50%、磷30%、钾40%，土壤供肥量按氮为吸收量的1/3，磷、钾约为吸收量的1/2进行计算。若在生产中推广应用生物磷钾肥，可大大提高磷、钾的利用率。

三、施肥时期

苹果树施肥一般分作基肥和追肥两种。具体施肥的时间，因品种、树体的生长结果状况以及施肥方法有所变化。不同时期，施肥的种类、数量和方法也都有所不同。基肥施用以有

机肥料为主的，以秋季施入最好。追肥是果树生产中不可缺少的施肥环节。追肥时期和数量应因树因地灵活安排。花前追肥，3月下旬至4月上旬果树萌芽前进行。花后追肥，5月中下旬开花2周进行。果实膨大和花芽分化期追肥，一般6月中下旬生理落果后进行。果实生长后期追肥，一般在8月下旬至9月进行，必要时可以与基肥同时施用。此期宜氮、磷、钾肥配合追施，但对结果多、树势偏弱的树，应加强氮肥的施用。叶面施肥是利用叶片、嫩枝及果实具有吸收肥料的能力，将液体肥料喷于树体的施肥方法。应注意的是幼叶比老叶、叶背面比正面吸收肥料快、效率高，因此，叶面施肥要重点喷叶的背面，要喷得细致、均匀、周到。

第三节　苹果主要树形及整形修剪技术

由于矮化密植已成为苹果栽培的主要方式，近几年来，苹果的整形修剪技术发生了重大变化。树冠由大冠变小冠，结构由复杂变简单，修剪时期由重视休眠期变为休眠期与生长期并重，修剪方法由重视短截变为重视长放，修剪程度由重变轻。苹果树形很多（见下图），栽植密度是影响树形选择的主要因素。

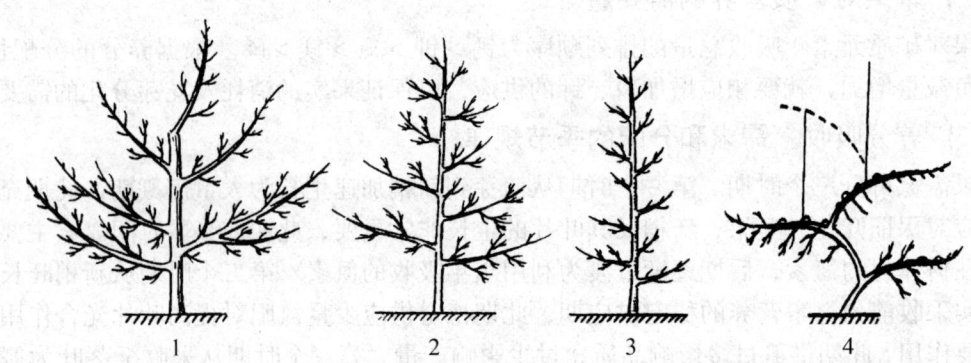

苹果树形示意图
1. 小冠疏层形　2. 自由纺锤形　3. 细长纺锤形　4. 折叠式扇形

一、疏散分层形

疏散分层形为乔化稀植苹果树的主要树形。其基本结构为：主干高50~70厘米，全树有主枝5~7个。第一层有3主枝邻接或邻近，相距20~40厘米，在1~2年内选定。主枝的开张角为60°~70°。第二层有1~2个主枝，第三层有2个主枝（3杈枝落头）。第一层主枝（基部3主枝）距第二层主枝层间距100~120厘米，第二层与第三层的间距可为50~70厘米。基部三主枝各有侧枝2~4个，上层主枝各有侧枝1~3个。中心干全长2~2.5米。树高在4~5米，冠径5~7米。从一年生苗定植算起，平均每年留成一个主枝，到落头完毕，需13~15年。

二、小冠疏层形

小冠疏层形是疏散分层形的改良树形，树体变小，适宜于株行距3~4米×4~5米的栽植密度。树体结构：干高50~60厘米，树高3~4米，冠幅约2.5米，具有中央领导干，干可直可曲。全树主枝5~6个，呈3-2-1排列，第一层有3个主枝，第二层有2个，第三层有1个，三层以上为开心式。层间距较小，1~2层间80~100厘米，2~3层间50~60厘米，层内距15~20厘米。或者主枝分两层，即第一层有3个，第二层有2个，层间距80~100厘米，层内距20~30厘米。第一层三主枝上可配置1~2个背侧枝，二层以上主枝不留侧枝。各主枝角度较开张，以60°~80°为宜，下层主枝角度大于上层，各主枝上合理配置中小型枝组。

整形修剪技术要点：苗木定植后至春季发芽前，于地上60~80厘米饱满芽处定干，剪口下20厘米为整形带，选择整形带内的饱满芽，用刻芽技术促使芽体萌发、抽枝。当年冬剪时选出第一层主枝和中央领导干，长枝一律轻截或中截，可在第二年扩大树冠，增加枝叶量。对辅养枝缓放，增加短枝量。第二年春拉开主枝及辅养枝角度，主枝基角60°~80°，辅养枝可拉平呈90°。

从第二年冬剪开始，每年按整形的要求选留主侧枝和二层主枝。4年后，树冠基本成形，在修剪中以轻剪缓放为主，对主侧枝延长头如有空间进行轻短截，否则一律缓放不短截。辅养枝、临时枝、过渡层枝以缓放促发短枝，提早结果为主，疏除过密、过强的徒长枝及背上枝。5年后开始大量结果，及时有计划地清理辅养枝，分期分批地控制和疏除。

三、自由纺锤形

自由纺锤形适于株行距2~3米×4米的栽植密度。树体结构：主干较高，60~70厘米，中干直立挺拔，树高3米左右，冠幅2.5~3米，中干上均衡配有主枝10~15个，主枝不留侧枝，主枝间距15~20厘米，平展地向四面八方延伸，互相插空分布，下部主枝长约1.5米，往上主枝逐渐短、小，同方向主枝间距应大于50厘米。下部主枝开张角度70°~90°，其上留稍大枝组；上部主枝角度稍小，其上留稍小枝组。全树呈下大上小的纺锤形，各级主轴间（中干—主枝—枝组轴）从属关系分明，差异明显，各为母枝的1/3~1/2，当主枝粗度为中心干的1/2时应及时更新回缩。

整形修剪技术：自由纺锤形只有主枝，不留侧枝，简化整形手续，缩短了成形时间，树体紧凑，树冠开张，树势缓和，适于密植。

要求苗木健壮，苗高1米左右。定干要高，一般80~100厘米。萌芽前在剪口下30厘米的枝段内按所需主梢发生位置进行芽上双重刻伤（深刻两道），促发长梢，以拉开主枝枝距，称为"高定干，低刻芽"，当年即可抽生3~5个主枝。如果是壮苗，高度在100~120厘米以上，建园质量高，缓苗期短，栽后可不定干，完全靠定位双重芽上刻伤，以发所需主枝，并在夏季进行适当调整。如果苗木质量差或矮弱苗，应进行重短截，待重发后第一年新梢长到80厘米以上时即可摘心，促发二次枝，作为主枝预备枝。

为尽早培养树形，促发下部新生枝条，保持中央干优势，结合夏季修剪，及时抹除过密新梢，并对上部将来选为主枝的2~3个过强新梢（长到15~20厘米）摘心，抑制其新梢旺长，控上促下，均衡势力。

二年生以后缓苗期已过，中干一般较强，为了防止中心干上主枝脱空，对中干留40~50厘米短截，下部选方向适宜的进行双重刻芽促梢，并控制剪口下的竞争枝。上部新梢过强时，用夏季摘心或短截方法控制其生长。中心干势力中庸时，可不短截，有选择性地在发枝处进行秋、春两次刻芽，解决主枝布局问题。

对于主枝，前期基本不短截或轻短截，单轴延伸，拉平缓放。势力不均衡时，可做适当调整。太旺主枝可于萌芽前刻芽，促发短枝，防止下部光秃。对于主枝枝组的培养，幼树阶段重点是两侧和背下，背上枝组矮小，枝量要少。结合夏季修剪，及时抹除背上过多芽，一般20～30厘米选留一个，待保留芽生长到15～20厘米时进行捋梢或扭梢，及时培养成小型结果枝组。

经3～4年后，树冠基本形成，及时疏除直立、过旺、过大、过密枝，保持中心干的优势，对主枝应拉枝开角，缓和势力，主枝延伸枝过长、过大时，及时回缩更新或疏除。主枝角度小时要继续拉枝，以缓放、轻短截为主，结合夏季管理（捋梢、扭梢、摘心等），及时培养中结果枝组，主枝上枝组不可太密，一般1米范围内留10个左右小枝组为宜，过多者及时疏除。疏除中心干的竞争枝和主枝延长头的过密枝条，保持单轴延伸，防止上部和外围势力过强。

四、细长纺锤形

细长纺锤形比自由纺锤形还要细小，因而更适于矮化密植的需要，适宜株距2米左右、行距3～4米的栽植密度。树体结构：一般树高2～3米，冠径1.5～2.0米，在中心领导干上均匀分布势力相近的小主枝15～20个，下部略长而上部略短，全树瘦长，整个树冠呈细长形圆锥形。

整形修剪技术要点：一年生时，春季发芽前定干80～100厘米，若苗木粗壮，根系发达，建园基础好，可在100～120厘米处定干，在60～80厘米双重刻芽，促发分枝培养侧生主枝，对上部过强过密、方向不适宜的芽及早抹除。上部新梢生长15～20厘米时摘心，控上促下，维持势力均衡。

二年生时，选上部生长较壮枝条，作中心领导干的延长枝，若生长过强，可剪留50厘米，在其下部选留4～5个生长中庸的枝条培养侧生小主枝，只长放，不短截，以缓和势力，其余枝条作辅养枝处理，并采取多留长放不截的方法，及时疏除长势过旺过强的枝条，所有选留的主枝一律拉平，并结合春季刻芽和生长季背上抹芽、扭梢等夏季管理。

三年生时，在中央领导干上部选一个较壮的枝条作为延长枝，在延长枝下部每年选4～5个与下部侧生枝不重叠的小主枝，若不足可用双重刻芽或秋、春二次刻芽法促发分枝，每年对所有小主枝和辅养枝全部拉平（70°～90°），并采用萌芽前刻芽方法促发短枝，提早结果。3～4年后，树冠基本形成，枝量太多时及时疏除辅养枝。基部主枝太粗（主干1/3左右时）及时更新回缩。

纺锤形的树体培养过程遵循冬夏结合、以夏为主的原则，充分利用拉枝、抹芽、刻芽、扭梢、环剥等措施，才能成形快、结果早、树势稳定、优质、丰产。

以上几种小冠树形是目前国内外常用的几种树形，而我国以小冠疏层形和纺锤形应用较多，比较普遍。

第四节 苹果的花果管理

一、保花保果

坐果率是形成产量的重要因素，而落花落果是造成产量低的重要原因之一。据山东农学院在烟台调查，丰产苹果品种青香蕉的坐果率为22.4%，而产量低的品种元帅只有8.46%，因此，通过实行保花保果措施提高坐果率，是获得果树丰产的关键环节，特别对初果期幼树和自然坐果率偏低的树种品种，尤为重要。各地果园引起落花落果的原因较为复杂，因此，必须抓住主要原因，制定相应措施，才能有效地提高坐果率，其途径主要包括以下几方面。

（一）加强综合管理，提高树体营养水平

良好的肥水管理条件、合理的树体结构、及时防治病虫害、防止花期冻害、避免旱涝等，是保证树体正常生长发育，增加果树贮藏养分积累，改善花器发育状况，提高坐果率的基础措施。

（二）配置授粉品种

苹果有自花不实的特性，栽培单一品种时，往往花而不实，低产或连年无收。因此，建园时必须配置一定比例的授粉品种。

（三）花期放蜂

苹果属虫媒花，一般情况下，授粉受精主要靠昆虫，特别是蜜蜂。通常每公顷果园放3~4箱蜂即可，蜂箱间距以不超过500米为宜。放蜂期间果园切忌喷农药，阴雨天气影响放蜂效果。

（四）人工辅助授粉

在缺乏授粉品种或花期天气不良时，进行人工授粉显得格外重要。

二、疏花疏果

对开花多、坐果量大的树适时进行疏花疏果，是提高果实品质，减少病害浸染，预防大小年，保证树体健壮，提高抗寒性的重要措施。

（一）负载量的确定

某一树种的适宜负载量是较为复杂的，因为它依品种、树龄、栽培水平、树势和气候条件而不同。通常确定果实的适宜负载量应考虑3个条件：一是保证当年果实数量、质量及最好的经济效益；二是不影响翌年必要花果的形成；三是维持当年的健壮树势并具有较高的贮藏营养水平。就我国目前苹果主产区的技术条件、经济基础和生态条件等方面考虑，苹果每亩产量以1 500~2 500千克为宜。

1. 经验确定负载量法

辽宁省苹果产区提出"因树定产，按枝留果，看枝疏花，看梢疏果"的方法。山东苹果产区对苹果留果量有"满树花，半树果；半树花，满树果"的谚语。

2. 叶果比法

果树上叶片总数与果实个数的比值，一般乔砧、大果形品种如富士、红星等果叶比达到1:(60~80)，中小果形品种可适当减少；矮化砧、短枝型品种叶片光合能力强，大果型品种叶果比也应达到40左右。

3. 梢果比法

当年所发新梢与果实个数之比值，一般认为梢果比应控制在3~4比较合适。

4. 平均果间距留果法

此法的最大优点是直观，便于掌握。果间距由品种果实大小确定，一般大果型品种如富

士、秦冠、元帅系品种等为30~35厘米，中果型品种20~30厘米，小果型品种可缩至为15厘米。

（二）疏花、疏果的方法

从节约树体营养的角度而言，疏花比疏果效果好，早疏果比晚疏果好。但在生产实践中，为了保证充分坐果和产量，疏花、疏果要根据花量、花序初生叶的发育状况以及花期天气而定。疏花疏果主要包括人工疏除和化学疏除两种方法。

（三）果实套袋

果实套袋是改善果实外观品质、提高商品价值的一项重要措施。

1. 袋型选择

目前，生产中应用的主要有纸袋和塑料袋，纸有双层纸袋（规格18厘米×14.5厘米）和单层纸袋（规格19厘米×15厘米）。

2. 强化套袋前管理

一是严格疏花疏果，否则留果太多，果实变小、果形不正，都会影响套袋效果。二是强化病虫害防治，严防病虫入袋为害，关键是开花前后病虫害的防治工作。套袋前，树上喷一次杀菌杀虫剂，时间不能超过7天，遇雨或超过7天应重喷后再套袋。

3. 套袋和除袋时间

果实套袋的时间依品种或目的而异。为防止金冠苹果果锈，可于谢花后10天开始进行，其余品种如元帅系和富士系，套袋的适宜时间为落花后30~40天。摘除纸袋一般于采收前20~30天进行。双层纸袋先撕开外层袋，2~3天后去掉内层袋。一天内除袋的时间，宜在果面温度较高时进行，阴天则可全天摘除。晴天10:00以后除树冠东侧和北侧袋，15:00以前除树冠上部和西部袋。除袋时间，尤其是除内袋时间，一定要严格掌握，否则易发生日灼。纸袋摘除后，果面应喷洒一次杀菌剂。

（四）果实采收与采后处理

采收成熟期的确定极其重要，因其对果实的质量及耐贮性影响很大。采收过早，果实个小、色差、味淡；采收过晚则果肉发绵，不耐贮藏。因此，正确判断果实成熟度，适时采收，才能获得产量高、质量好和耐贮运的果实。根据不同用途，果实成熟度一般分为3种，即可采成熟度、食用成熟度和生理成熟度。

果实采收后，要严格按标准进行分级、包装等商品化处理，以提高商品竞争能力。水果采后的贮藏、保鲜，是缓解市场压力、实现周年均衡供应的重要手段，而果实运输则是扩大营销范围、占领异地市场的重要环节。

思考与实践

1. 苹果对肥水需求有哪些特点？怎样科学合理地进行肥水管理？
2. 试述目前生产上苹果主要有哪些树形，怎样独立进行整形修剪？
3. 根据所学知识，在自己果园内能独立确定苹果的负载量，并把握好疏花疏果的技术环节？
4. 试述苹果落花落果的时期和原因，如何提高苹果的坐果率？
5. 目前生产上为什么进行苹果果实套袋？怎样进行果实套袋？

第六章 梨

梨为世界五大水果之一，仅次于苹果和柑橘，在国内名列第三位，也是我国传统的优势果树。我国是梨属植物的中心发源地之一。梨在我国栽培有3 000多年的历史。目前，主要分布在安徽、河北、山东、辽宁、江苏、四川、云南、河南等地。

梨属于蔷薇科（Rosaceae）梨属（Pyrus. L）植物，共有30多个品种，从栽培上划分为两大栽培种类群，即西方梨和东方梨。西方梨或称欧洲梨（European pear），也称西洋梨，起源于地中海和高加索，除主栽于欧洲和北美洲外，也是南美洲、非洲和澳洲生产栽培的主要种类。东方梨也称亚洲梨（Asian pear），起源于我国，包括沙梨、白梨、秋子梨、新疆梨、川梨及野生的褐梨、杜梨、豆梨等原始种，主要栽培于中国、日本、韩国等亚洲国家。我国著名的有安徽砀山梨、河南宁陵金顶谢花酥梨、河北鸭梨、山东长把梨、莱阳梨、新疆库尔勒香梨等等。

第一节 梨主要生物学特性

一、生长特性

（一）根系

梨为深根系果树，根系分布的深度和广度和稀密状况受砧木、品种、土质、土层深浅和结构、地下水位、地势、栽培管理等影响较大。梨树根系的垂直分布深2～3米，以20～60厘米之间最密，80厘米以下根很少，到150厘米根更少。水平分布一般为冠幅的2倍左右，少数可达4～5倍。水平分布则愈近主干，根系愈密，愈远则愈稀，树冠外一般根渐少，并多细长少分叉的根。

（二）地上部分

梨树体高大，寿命长。秋子梨最高可达到30米，白梨次之，沙梨比白梨稍矮。梨干性强，层性明显，萌芽力强，成枝力弱，先端优势强。在一枝上一般可抽生1～4个长梢，其余均为中短梢。

梨树多中短枝，极易形成花芽，所以，一般情况下梨树均可适期结果。枝长放后，枝逐年延伸而生长势转缓，因而枝上盲节相对增多。处在后部位置的中短枝常因营养不良，甚至枯死，形成缺枝脱节现象和树冠内膛过早光秃。梨树隐芽多而寿命长，有利于更新和复壮。

在生长期内，长梢有 2~3 个生长高峰，有明显春秋梢之分。梨树新梢的加粗生长是枝条侧分生组织即形成层分生活动的结果，多与加长生长相伴进行，但加粗生长开始时活动微弱，后逐渐加强，且停止也较晚。

二、花芽分化

花芽分化分为生理分化期、形态分化期和性器官形成期 3 个时期。

第一时期的分化与叶芽没有区别。如果第一分化期后芽的营养状况好，则进入花芽形态分化时期，反之仍然是叶芽。

三、结果特性

（一）结果枝类型

一般以短果枝结果为主，中、长果枝结果较少。结果枝的结果能力与枝龄有关，梨树以 2~6 年生枝的结果能力较强，7~8 年以后随年龄增大而结果能力衰退。梨树果台上一般可发 1~2 个果台副梢，发生果台副梢的多少和类型与种类品种、树势、树龄、枝的强弱等有关。但多数品种在一般情况下均易形成短果枝群，能连续结果。

（二）花和花序

梨的花芽为混合花芽，一个花芽形成一个花序，由多个花朵构成。大部分花芽为顶生，初结果幼树和高接树易形成一些侧生的腋花芽。一般顶生花芽质量高，所结果实品质好。梨花序为伞房花序，每花序有花 5~10 朵。梨花序基部的花先开，先端中心花后开，先开的花坐果好。

（三）开花与结果

与苹果相比，梨具有开花量大、落花重、落果轻、坐果率高等特点。多数秋子梨、日本梨及西洋梨中个别品种坐果率较高，一般每花序可坐 3 个果以上；其他大部分品种可坐双果以上；少数品种可坐 1 个果。影响坐果多少的因素很多，气候、土壤、授粉受精、营养、树势状况等都影响梨的坐果。

梨自花结果率多数很低，多数梨品种均要配置授粉品种。梨以开花当天授粉效果最好，3 天后授粉基本不能受精。

（四）果实发育

梨果是由花托、果心和种子三部分组成。其中，种子的发育直接影响其他两部分的发育。

四、对环境要求

（一）温度

不同种的梨对温度的要求不同。秋子梨最耐寒，可耐 -35~-30℃，白梨可耐 -25~-23℃，沙梨及西洋梨可耐 -20℃ 左右。不同的品种亦有差异，如苹果梨可耐 -32℃，日本梨中的明月可耐 -28℃，比其他同种梨耐寒。

梨树开花要求 10℃ 以上的气温，14℃ 以上时开花较快。梨花粉发芽要求 10℃ 以上气温，24℃ 左右时花粉管伸长最快，4~5℃ 时花粉管即受冻。梨的花芽分化以 20℃ 左右气温为最好。

果实在成熟过程中，昼夜温差大，夜温较低，有利于同化物质积累，从而有利于着色和糖分积累。我国西北高原、南疆地区夏季日较差多在 10~13℃ 之间，所以自东部引进的品种品质均比原产地好，耐贮运力亦增强。

（二）光照

梨树喜光，全年需日照 1 600~1 700 小时，一般以一日内有 3 小时以上的直射光为好。光照不足，影响果实大小、果形、色泽、风味、果皮厚度、石细胞数量和花芽分化。

（三）水分

梨的年需水量为 353~564 毫米，但种类品种间有差别。沙梨需水量最多，在年降水量 1 000~1 800 毫米地区，仍生长良好；白梨、西洋梨主要产在 500~900 毫米雨量地区；秋子梨对水分不敏感。梨比较耐涝。

（四）土壤

梨对土壤要求不严，沙、壤、黏土都可栽培，但仍以土层深厚、土质疏松、排水良好的沙壤土为好。

第二节　梨栽培管理技术

一、选择优良品种

梨品种资源十分丰富，据不完全统计，全世界有 2 000 多个，我国有 1 200 余个。现就近年来新引进品种简介如下。

黄金梨、大果水晶、丰水、金二十世纪、爱甘水、新高、南水、圆黄、晚秀、红安久、红巴梨。

二、土肥水管理

梨树每生产 100 千克果实需 N 0.23~0.45 千克、P_2O_5 0.2~0.32 千克、K_2O 0.28~0.4 千克，且 N:P:K = 1:0.5:1 效果最好（见下表）。

每生产 100 千克梨果的需肥量

试验地点	品种	N	P_2O_5	K_2O	N:P_2O_5:K_2O
日本	金二十世纪	0.47	0.23	0.48	1:0.5:1
中国	秋白梨	0.5~0.6			1:0.5:1
吉林延边	苹果梨	0.35	0.175	0.175	1:0.5:0.5
山东		0.225	0.1	0.225	1:0.5~0.7:1
昌黎果树所	密植鸭梨	0.3~0.5	0.15~0.2	0.3~0.45	1:0.5:1

（一）施肥时期

1. 基肥

秋施基肥断根早、发根多，肥效较好，而从多年改土、壮树的效果来看，仍以采后施肥为好。

2. 追肥

一般梨树每年追肥3次。第一次在萌芽至开花前,以氮肥为主,占全年用量的30%左右;第二次在幼果膨大期(疏果结束至套袋完成),氮、磷、钾配合,氮用全年用量的40%左右,钾50%~60%,磷用全年用量(如果基肥未施用磷肥);第三次于7月末施用,氮、钾配合。每次追肥后一定结合灌水,以利根系吸收。追肥的次数和数量要结合基肥用量、树势、花量、果实负载情况综合考虑,如基肥充足、树势强壮,追肥次数和用量均可相应减少。

3. 叶面喷肥

在叶片生长25天以后至采收前,结合防治病虫,可掺入尿素、硼砂、磷酸二氢钾、硫酸亚铁等叶面肥进行喷施,能提高叶片的光合作用。

(二) 灌水

梨是需水量较多的树种,对水的反应亦比较敏感。我国北方梨区,干旱是主要矛盾之一。据研究测定,梨树每生产1千克干物质需水300~500千克,生产果实30吨/公顷,全年需水360~600吨,相当于360~600毫米降水量。凡降水不足的地区和出现干旱时均应及时灌水,并加强保墒工作。早春漫灌可降低地温,对萌芽开花不利。有条件的地区应改用喷灌、滴灌,或者采用开沟渗灌。

梨树的主要灌水时期有萌芽至开花前、花后、果实膨大期、采后和封冻灌水。特别是果实发育期,如土壤含水量不足应及时补充水分。

三、整形修剪

(一) 主要树形

我国梨区成年大树多采用主干疏层形,近年来为适应密植栽培和优质生产,树形发生了较大变化,目前,生产上常用的树形如下。

1. 多主枝开心形

适于3米×5米和4米×6米密度的梨园。干高60厘米,主干上配备4~5个主枝,主枝开张角度50°~60°,其上直接生中小枝组和短果枝群,无中心干,树高3.0米左右。该树形光照好,骨架牢固,丰产,易管理。

2. 单层一心形

适用于4米×6米和5米×7米密度的梨园。干高60厘米。具有明显的中心干。在中心干的下部错落着生一层主枝。主枝有3~4个。层内距50~60厘米。主枝与中心干夹角55°~65°。每个主枝上着生2个侧枝。其余为中小枝组。在中心干上不再培养主枝。而是每隔40~50厘米配置一个大型枝组。树高在3.5米。该树形是原疏散分层形的改良树形,主从分明,适用于作大树改造的树形。

3. 丫字形

适于1~2米×4~5米密度的梨园。干高40厘米。主干上着生伸向行间的两大主枝。主枝基角40°~50°,腰角55°~60°,梢角75°~85°。每个主枝上直接着生中型和小型枝组和短果枝群。树高控制在2.5米左右。该树形成形快,结果早,有利于管理和提高果品质量。

4. 棚网架树形

适于4~5米×6~7米密度的梨园。干高50~60厘米，主干上着生4个主枝，主枝向四角伸展，基角50°，腰角70°，主枝上直接着生枝组。引缚于网架上。棚网距地面2.0米左右，网线构成50厘米×50厘米网格，棚网架栽培，树冠扩展快，成形早，早期叶面积总量大，枝条利用率高，树势稳定，树冠内光照条件良好，生产出的果实个大均匀，果实品质好，但架材成本较高。

（二）主要修剪特点

一是根据梨树冠大、极性明显、干性较强的特点，以及枝条硬脆、开张角度小的特性，必须重视控制顶端优势，限制树高，重视生长期开张角度，平衡骨干生长势；二是根据梨萌芽率高而成枝力低的特点和枝条基部有盲节的现象，为保证早期结果面积，并防止中、后期衰弱，应在修剪中适当增加短截量，减少疏枝量，少用重短截，尽量利用各类枝；三是根据多数梨以中、短枝及短果枝群结果为主的习性，必须注意培养中、大型枝组，精细修剪短果枝群。

四、花果管理

（一）辅助授粉

梨多数品种自花不实，需异花授粉才能结实，即使配置了一定比例授粉品种，当花期遇到大风、连阴雨、花期低温等不良天气时，影响传粉昆虫活动，授粉不良，造成坐果率降低、果实畸形等问题。因此，梨园除配置好授粉品种外，应采用蜜蜂或壁蜂传粉和人工授粉，才能确保产量，提高果实品质。具体方法参照苹果。

（二）人工疏花疏果

疏花应从冬季修剪开始，花芽量过多时，应疏弱留壮，少留腋花芽；花芽萌动至盛花期均可继续疏花，主要疏除发育不良、开花晚及过密的花序。凡是留用的花序，应留基部1~2朵花，疏去其余的花，以节省养分。留花要力求分布均匀，内膛、外围可少留，树冠中部应多留；叶多而大的壮枝多留，弱枝少留；光照良好的区域多留，阴暗部位少留。

在花期过后7~10天，未授粉的花落掉，即可开始疏果。一般在5月上旬开始，最好在25天内疏完，要一次疏果到位。具体操作可参考苹果一节。

（三）果实套袋

生产上多采用全木浆黄色单层袋和内层为黑色、外层为黄色的双层纸袋。果实套袋宜在疏果后至果点锈斑出现前进行。套袋早晚对果品外观质量影响较大，过晚果点变大、锈斑面积增大；过早则影响幼果膨大。套袋开始时间以盛花后25天左右为宜，持续25~30天套完。

着色品种应于果实采收前30天左右除袋，以保证果实着色。其他品种可在果实时连同袋一同摘下。

五、适期采收

采收时期早晚对梨果的外观和内在品质、产量及耐贮性都有很大影响。采收过早，果个尚未充分膨大，物质积累过程尚未完成，不仅产量低，而且果实品质差，同时由于果皮发育不完善，易失水皱皮。采收过晚，果实过度成熟，易造成大量落果，贮藏中品质衰退也较快。过早过晚采收都可能使某些生理病害加重发生。

思考与实践
1. 梨需肥水有哪些特点？怎样科学合理地进行肥水管理？
2. 试述梨目前生产上主要有哪些树形，其树体结构有哪些特点？
3. 目前生产上为什么进行梨果实套袋？怎样进行果实套袋？
4. 根据从本章所学知识，制订梨园周年管理工作历。

第七章 桃

桃原产我国黄河上游海拔1 200～2 000米的高原地带，据记载，距今有4 000年的历史。我国北起黑龙江，南到广东，西自新疆库尔勒、西藏拉萨，东到滨海各省都有桃树栽培。桃属于蔷薇科（Rosaceae）桃属（*Amygdalus Linn*）。桃亚属共有6个种，即桃、新疆桃、甘肃桃、光核桃、山桃和陕甘山桃。

桃是我国主要落叶果树之一，在我国桃果被视为吉祥之物，素有"仙桃"、"寿桃"之称，是深受广大人民喜爱的水果。桃供应期长，适应性较强，幼树生长快，有"三早"的优点：早结果、早丰产、早收益，管理得当，易获丰产，即使粗放管理也有一定的收成。

第一节 桃生物学特性

一、生长结果习性

桃树栽后2～3年开始结果，4～5年进入盛果期，经济寿命15～25年。

（一）根

桃树为浅根性果树。水平根主要分布在10～40厘米土层中。以树冠外围附近最为集中。垂直根不发达，其分布受土壤条件影响较大，在土壤黏重、排水不良、地下水位高的桃园，根系分布主要集中在5～15厘米的浅土层中。

（二）枝

桃树干性弱，枝条生长量大。幼树生长旺盛，一年中可有2～3次生长高峰，形成2～3次副梢，树冠形成快。进入盛果期后树势缓和，短枝比例提高。

结果枝按长度分为徒长性结果枝、长果枝、中果枝、短果枝和花束状果枝5类（图7-1）。主要结果枝类型和特性见下表。

桃叶芽萌发后，经过约1周的缓慢生长期（叶簇期）后，随气温上升进入迅速生长期。生长弱的枝停止生长早；生长中庸的枝有1～2次生长高峰；生长强旺的枝可以有2～3次生长高峰。同时，旺长枝的部分侧芽萌发形成副梢（二、三次枝），早期副梢亦能形成花芽。桃的枝组分为大、中、小3个类型。大型枝组有10个以上的结果枝，长度≥50厘米，结果多，寿命长；中型枝组有5～10个结果枝，长度30～50厘米，一般7～8年后衰老；小型枝组的结果枝数少于5个，长度≤30厘米，结果少，寿命短，一般3～5年后衰老。

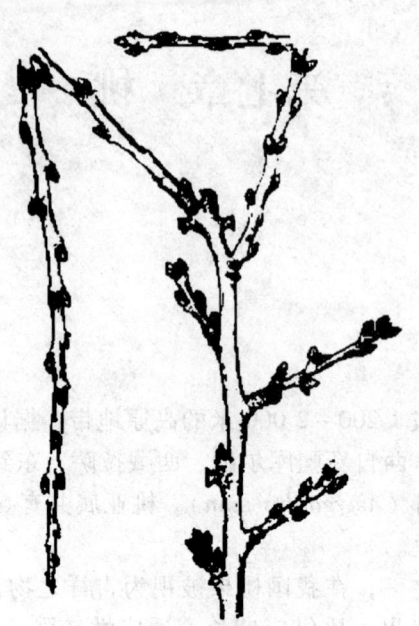

图 7-1 桃的结果枝

主要结果枝种类及特性

结果枝种类	长、粗度（厘米）	生长及花芽特性	功能
徒长型结果枝	长 60~80，粗 1.0~1.5	上部有少量副梢，花芽质量较差，坐果率低。但有的品种结实较好	培养大、中型结果枝组
长果枝	长 30~59，粗 0.5~1.0	一般无副梢，复花芽多，花芽比例高、充实，坐果能力强，是多数品种的主要结果枝	结果同时发出的新梢能形成新的长果枝
中果枝	长 15~29，粗 0.3~0.5	单、复花芽混生。坐果率高，是多数品种的主要结果枝	结果同时发出长势中庸的结果枝
短果枝	长 5~14，粗 0.3~0.5	顶芽为叶芽，其余多为单花芽，为北方品种群的主要结果枝	结果后能形成新的结果枝
花束状结果枝	长度 <5	顶芽为叶芽，其余均为单花芽，结果后发枝能力差，易衰亡结果后发枝差，易枯死	

（三）芽

桃芽按性质可分为花芽、叶芽和潜伏芽。桃花芽为纯花芽，花芽充实、着生节位低、排列紧凑及复花芽多是桃树丰产性状之一。

（四）花芽分化

桃花芽分化属夏秋分化型，主要集中在 7~9 月，其过程分生理分化期、形态分化期、休眠期和性细胞形成期 4 个阶段。

桃花芽生理分化期出现在形态分化前 5~10 天。桃树新梢缓慢生长期与花芽生理分化期相符，此期树体营养竞争相对较小，增施氮、磷肥，进行夏季修剪，改善光照条件有利于花芽分化。

（五）花

桃花为子房上位周位花，多数 1 芽 1 花。从花冠形态上分为两种类型，一类是蔷薇型花，花冠大，开花后花瓣平展；另一类是铃型花，花冠小，开花后花瓣不平展。

桃花多数品种为完全花，是自花授粉结实率较高的树种。但有的品种只有正常的雌蕊，雄蕊败育，称为雌能花品种，如深州水蜜、丰白、仓方早生等，建园时应配置授粉树。

（六）坐果及果实发育

桃子房中有 2 个胚珠，在受精后 2~4 天较小的胚珠退化，较大的继续发育成种子。个别子房未经授粉受精或授粉受精不充分而形成的单性结实果，俗称"桃奴"。"桃奴"果个小，没有商品价值。

桃果实发育分 3 个阶段，在两个迅速生长期之间有一个缓慢生长期，构成双 S 形生长曲线。

二、对环境条件的要求

（一）温度

桃树适宜冷凉温和的气候，通常在年平均温度 8~17℃，生长期平均气温 13~18℃ 的地区均可栽培。

桃的生长适温是 18~23℃，果实成熟适温 24.5℃；温度过高，果顶先熟，味淡，品质下降，枝干也易灼伤。夏季土温高于 26℃，新根生长不良。

冬季严寒和春季晚霜是桃栽培的限制因子，一般品种在 -22~-25℃ 时可能发生冻害。有些花芽耐寒力弱的品种，如五月鲜、深州蜜桃等，在 -15~-18℃ 时即遭冻害。因此，寒冷地区桃树的经济寿命比较短，桃树盛果期后不久即死亡。桃花芽萌动后，-1.7~-6.6℃ 即受冻，开花期 -1~-2℃、幼果期 -1.1℃ 受冻。

（二）光照

桃树喜光，对光照反应敏感。光照不足影响花芽分化，可导致产量降低，树冠内部光秃，结果部位上移、外移。所以，宜采用开心树形，栽植密度也不能过大。但夏季直射光过强，可引起枝干日灼，影响树势。一般南方品种群的耐阴性高于北方品种群。

（三）水分

桃树对水分反应敏感，尤其早春开花前后和果实第二次迅速生长期必须有充足的水分。春季雨水不足，萌芽慢，开花迟，在西北干旱地区易发生抽条。桃树不耐涝，桃园连续积水两昼夜就会造成树体落叶，甚至死亡。

（四）土壤

桃树适宜在土质疏松、排水良好的沙壤土或沙土地上栽培。要求土壤含氧量在 15% 左右，土壤黏重易患流胶病。在肥沃土壤上营养生长旺盛，易发生多次生长，并引起流胶。在

pH 值 4.5~7.5 范围内均可生长，最适宜 pH 值为 5.5~6.5 的微酸性土壤。在碱性土中，当 pH 值在 7.5 以上时，由于缺铁易发生黄叶病。桃树栽培忌重茬。

第二节　整形修剪

桃树与其他果树相比宜采用开心树形，如采用有中心干树形也要注意扶持中心干的生长势。桃萌芽率高，潜伏芽少且寿命短，多年生枝下部光秃后更新较难，所以，要注意树冠内部的通风透光及下部枝组的更新复壮。桃成枝力强，成形快，结果早，容易造成树冠郁闭，必须注重生长期修剪。桃树耐修剪性强，无论是休眠期还是生长季修剪，修剪量都比较大，可以通过修剪控制树冠的大小。

一、常用树形及整形过程

（一）自然开心形

通常留 3 个主枝，不留中干，又称三主枝自然开心形。具有整形容易、树体光照好易丰产等特点。

1. 基本结构

干高 30~50 厘米。主干以上错落着生 3 个主枝，相距 15 厘米左右。主枝开张角度 40°~60°，第一主枝角度可张开 60°，第二主枝略小，第三主枝则张开 120°，第一主枝最好朝北，其他主枝也不宜正朝南，以免影响光照。主枝直线或弯曲延伸。每主枝留 2 个平斜生侧枝，张开角度 60°~80°，各主枝第一侧枝顺一个方向，第二侧枝着生在第一侧枝对面，第一侧枝距主枝基部 50~70 厘米，第二侧枝距第一侧枝 50 厘米左右。在主枝上培养大、中、小型枝组（图 7-2）。

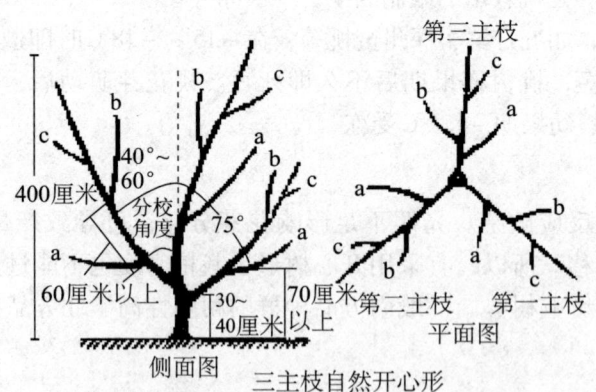

图 7-2　桃树三主枝自然开心形示意图
a. 第一侧枝；b. 第二侧枝；c. 第三侧枝

2. 整形过程

定干高度 60~80 厘米，整形带 15~30 厘米，带内有 5 个以上饱满芽。春季萌芽后抹去整形带以下的芽，在整形带内选 4~5 个新梢。当新梢长到 30~40 厘米时，选3个生长健壮、相距15厘米、方位和角度符合要求的3个新梢作为主枝培养。其他枝缓放，辅养树体。

第一年冬季修剪时，留作三个主枝的一年生枝剪留60~70厘米。春季萌芽后，在顶端选择健壮外芽萌发的新梢作主枝的延长梢。同时，在延长梢下部选择方位、角度合适的新梢培养第一侧枝。

第二年冬季修剪时，3个主枝延长枝剪留50~70厘米，第一侧枝剪留40~50厘米。春季萌芽后，继续选留主枝延长枝，同时，在延长枝下部、第一侧枝的另一侧选择新梢培养第二侧枝。

第三年冬季修剪时，主枝延长枝继续剪留50~60厘米，侧枝延长枝剪留40厘米左右。春季萌芽后继续以前的操作。这样到第四年冬季修剪时，树形基本形成。

桃树的年生长量大，在生长季当主枝或侧枝的延长枝长度达到60~80厘米进行剪梢处理，以促进分枝，增加尖削度，并在分枝的副梢中选择角度开张、健壮的代替原头。采用此法可以加快整形进度。

整形过程中，在主、侧枝培养大、中、小型枝组，使枝组均匀分布在骨干枝上。树形形成时要达到骨干枝均衡牢固、占满空间，结果枝组疏密适当、圆满紧凑。

（二）二主枝开心形

树体结构与自然开心形相近，只是留两个主枝，更适合在较高栽植密度下采用。

1. 基本结构

干高40~50厘米，主干上着生两个主枝，长势相近，反向延伸。主枝开张角度45°~60°，每个主枝上着生2个侧枝。第一侧枝距主干50~60厘米，在另一侧着生第二侧枝，第二侧枝距第一侧枝40~50厘米。侧枝以平斜生为宜，侧枝与主枝夹角在45°~70°，在主侧枝上配置结果枝组（图7-3）。

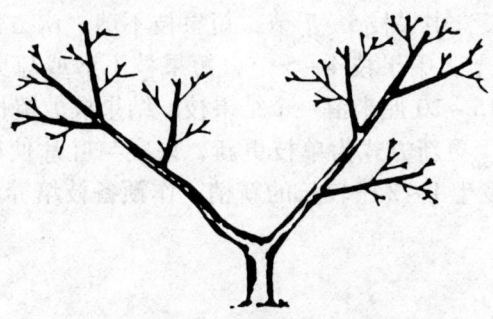

图7-3 桃树二主枝自然开心形示意图

2. 整形过程

定干高度60厘米，在整形带内选留两个对侧的新梢培养主枝。两个主枝一个朝东，一个朝西。第一年冬季修剪时主枝剪留50~60厘米，第二年选出第一侧枝，第三年在第一侧枝选出第二侧枝。其他枝条按培养枝组的要求修剪，到第四年树体基本成形。

二、结果树修剪技术

（一）骨干枝修剪

主侧枝延长枝一般栽后第一年剪留50厘米左右，第二年剪留50~70厘米，盛果期留

30厘米左右。侧枝延长枝的剪留长度为主枝延长枝的2/3~3/4。当树冠达到应有大小的时候，通过缩放延长枝的方法进行控制树冠大小和树势强弱。

骨干枝的角度可通过生长季拉枝、用副梢换原头等方法进行调整。

（二）结果枝组修剪

结果枝组在主枝上的分布要均衡，一般小型枝组间距20~30厘米，中型枝间距30~50厘米，大型枝间距50~60厘米。结果枝组的配置以排列在骨干枝两侧向上斜生为主，背下也可安排大型枝组。主枝中下部培养大中型枝组，上部培养中型枝组，小型枝组分布其间。结果枝组性状以圆锥形为好，优点是光照良好，结果部位外移慢，生长结果平衡。

枝组的培养方法主要是一年生健壮枝通过短截，促进分枝，培养中小型枝组。也可将强壮枝通过先放后截方法，培养大中型枝组。

枝组更新的方法是缩弱、放壮、放缩结合，维持结果空间。具体更新方法有单枝更新和双枝更新两种基本形式。单枝更新每年利用比较靠近母枝基部的枝条更新。双枝更新即在一个部位留两个结果枝，修剪时上位枝长留，以结果为主，下位枝适当短留，以培养预备枝为主。此外，目前一些地区，在北方品种群上采用三枝更新的方法，即在一个基枝上选相近的3个枝条，一个中短截结果、一个长放促发果枝、一个枝留2~3个芽重短截促生发育枝。亦称为三套枝修剪法。在大、中型枝组更新修剪上可以综合采用单、双枝和三枝更新修剪的方法，有效地控制结果部位外移速度，延长结果枝组的寿命。

（三）结果枝的修剪

初结果树的结果枝以长、中果枝居多，花芽着生节位偏高偏少，对结果枝应适当长留、多留，以缓和树势。也可利用副梢结果。

盛果期结果枝的修剪主要是短截修剪。北方品种群以轻短截为主，长果枝或花芽节位高的枝，剪留7~10节或更长，中果枝5~7节，短果枝不剪。南方品种群结果枝一般以中短截为主，长果枝剪留5~7节，中果枝4~5节，短果枝不剪或疏剪（亦称长梢修剪技术），即骨干枝和大型枝组上每15~20厘米留一个结果枝，结果枝剪留长度为45~70厘米，总枝量为短截枝的50%~60%。更新方式为单枝更新，果实与叶片使枝条下垂，枝剪部位转移至枝条基部，使枝条基部发生1~2个较长的新梢，作预备枝培养，冬剪时把已结果的母枝回缩至基部的预备枝处。

（四）生长季修剪

一般幼树、旺树每年进行3~4次，盛果期树可进行3次。

1. 春季修剪

从萌芽到坐果后进行，主要包括抹芽疏梢，除去过密的、无用的、内膛徒长的、剪口下竞争的芽或新梢；选留、调整骨干枝延长梢：对冬剪时长留的结果枝，前部未结果的缩剪到有果部位；未坐果的果枝疏除或缩剪称预备枝修剪。

2. 夏季修剪

一般可进行2次。第一次在新梢旺长期进行。主要内容有竞争枝疏除或扭梢。疏除细弱枝、密生枝、下垂枝，改善光照，节省营养。对旺长枝、准备改造利用的徒长枝，可以留5~6片叶摘心或剪梢促发二次枝，培养为枝组。对骨干枝延长枝达到要求长度的可以剪主梢留副梢，促发分枝。开张角度，缓和生长。对其他新梢可在长到20~30厘米时，通过摘心培养结果枝组,第二次夏剪在6月下旬至7月上旬进行,主要是控制旺枝生长,对尚未停长的枝条可通过捋枝、拉枝等方法控制,但修剪量不能过重。

3. 秋季修剪

在8月上中旬进行。疏除过密枝、病虫枝、徒长枝。对摘心后形成的顶生花丛状副梢,把上部副梢"挖心"剪掉,留下部1~2个副梢,改善光照条件,促进花芽分化和营养的积累。同时拉枝调整骨干枝的角度、方位和长势。对尚未停长的新梢进行摘心,可使枝条充实,提高抗寒力。

三、不同品种群修剪特点

(一)北方品种群的修剪特点

北方品种群树冠比较直立,主枝开张角度小,下部枝条易枯死而造成光秃,结果部位外移较快。因此,在整形上要注意开张主侧枝的角度,延长枝的修剪要做到轻剪缓放,待后部生长变弱时再回缩促枝短截要轻,缓和修剪,培育短枝,以利结果。北方品种群的结果枝单花芽较多,短截时要注意剪口下留叶芽。

(二)南方品种群的修剪特点

南方品种群树冠比较开张,整形时主侧枝延长枝可适当长留,开张角度不宜过大,到后期还要注意抬高角度。南方品种群生长势一般不如北方品种群强旺,以中、长果枝结果为主。修剪上可以稍重,促发较多的中长果枝。南方品种群结果枝复花芽多,坐果率高,结果枝修剪可适当短留和少留,以免结果过多,使树体衰弱。

四、放任桃树的修剪

一般群众零星栽种的桃树多放任生长,不加修剪。这种桃树多数表现主枝很多,徒长枝很多,无明显的侧枝和主从关系,下部枝组和果枝枯死很快,空膛、结果部位上移,往往结果三五年即表现衰老,被群众作为老树拔掉。如按年龄计算,这种树都在6~8龄,正是刚刚进入盛果期的时候,如果给以适当的修剪,便能继续恢复树势和盛果期,延长经济栽培时间。对这种树的修剪原则是随枝作形,理顺各类枝条的主从关系,适当回缩,促使内膛重发枝或重新形成树冠,以达到尽快恢复结果盛期的目的。

具体修剪的方法是:首先确定可以留作主枝用的3~4个大枝。而后对多余的并生大枝可1次或分2次进行疏除。暂时不能疏除的大枝,应疏去其上的徒长枝、无花枝,只保留果枝令其结果,以后再进行疏除。被当做主枝保留的大枝应向下回缩到适当的分枝处进行换头,将其上面的徒长枝和适宜分枝亦进行适度回缩,逐渐改造成侧枝或大型枝组,在两三年内基本上形成一定的树形。对于原有分枝上的各类结果枝应多留预备枝,少留结果枝,注意培养各类结果枝组。对于新发生的分枝要轻剪长放,扩大体积,尽快充实树冠下部和内膛,形成丰产的树冠结构。

第三节 防止油桃裂果技术

一、油桃裂果的原因

油桃易裂果,降低了果实的商品价值,丰产不丰收。因此,栽培油桃要采取一些必要的措施，防止或减轻裂果。桃果实发育期可分为3个时期，第一时期、第二时期不裂果或很少裂果，第三时期果实体积增大较快，主要是靠细胞体积增大来完成果实的迅速生长，所以这一时期水分非常重要，油桃裂果常发生在这一时期。水蜜桃组织松软，当遇阴雨天气或大量灌水后，果肉急剧膨胀，由于果皮韧性较大，很少裂果。加之水蜜桃含水量高，由于热容量大，对调节果实温度，防止日灼有一定作用，所以对下雨引起的骤然降温反应不敏感，裂果较少。但油桃果皮没有茸毛，果皮韧性较小，果肉硬脆，含水量较低，夏季阳光照射，果面温度较高，如遇降雨，温度骤变，果肉细胞急剧膨胀时，就会产生裂果现象。

二、防止油桃裂果的主要措施

（一）合理灌溉

滴灌是较为理想的灌溉方式，可以为油桃生长发育提供较稳定的土壤水分和空气湿度，有利于果肉细胞的平稳增大，可减轻裂果。如果是漫灌，也应在果实发育的第三时期适宜灌水，以保持土壤温度相对稳定。

（二）套袋

套袋是为油桃的果实增加了一层保护层，无论天气如何变化，果实则处于一个相对稳定的环境中，而且套袋后果实的成熟度均匀一致，增加了果肉和果皮的弹性，可减轻裂果。如有人试验，套袋的好果率可达95%，而不套袋的好果率只有37.5%。

（三）疏除细弱的结果枝

位于树冠下部细弱结果枝所结果实裂果多，修剪时可疏除这些细弱结果枝，节约养分，同时改善树体的通风透光条件。

思考与实践

1. 试述桃目前生产上主要有哪些树形，其树体结构有哪些特点？
2. 如何进行桃树各生育时期的修剪？
3. 如何防止油桃裂果？

第二篇 园林花卉栽培技术

中国北方万名农村技术人员培训教材

第一章　园林花卉分类

第一节　栽培学分类

一、草本观赏植物

（一）一二年生花卉

这一类还可细分为一年生花卉和二年生花卉。

一年生花卉是指在一个生长季内完成生活史的草本花卉。又称春播草花。即春季播种，夏秋开花，从播种到开花、结实、枯死均在一个生长季内完成。

二年生花卉是指在两个生长季内完成生活史的草本花卉。一般秋季播种，春夏开花，所以又称秋播草花。虽其生活周期不足一年，但因跨越两个年度，故称为二年生花卉。二年生花卉多为长日照花卉，且属于冬性植物，在0~10℃的低温下，经过30~70天可通过春化阶段。多原产于温带寒温带及寒带地区。

（二）宿根花卉

宿根花卉是指个体寿命超过两年，可连续生长，多次开花、结实，且地下根系或地下茎形态正常，不发生变态的一类多年生草本花卉。依其落叶性不同，宿根花卉又有常绿宿根花卉和落叶宿根花卉之分。

（三）球根花卉

球根花卉也属于多年生草本花卉，是宿根花卉的一种特殊类型。其特点是地下根系或地下茎发生变态，膨大成为球形或块状，成为植物体的营养贮藏器官，助其渡过逆境，待环境适宜时，再度生长、开花。根据其地下变态部分的形态结构不同，球根花卉可分为鳞茎、球茎、根茎、块根、块茎等5类。

根据球根花卉种植季节不同，又可分为春植球根花卉和秋植球根花卉。例如，郁金香、百合、风信子等属于秋植球根花卉；而唐菖蒲、大丽花、美人蕉等属于春植球根花卉。

（四）兰科花卉

兰科花卉为多年生草本，地生或附生。多数属都具有假鳞茎，假鳞茎中含有大量的养分和水分。兰科花卉中观赏价值较高的有兰属、石斛属、卡特兰属、贝母兰属、齿瓣兰属、蝴蝶兰属、万带兰属等。

（五）水生花卉

水生花卉要求生育环境中具有一定量的水，在无水或干旱的条件下生长不良，甚至死亡。如荷花、睡莲、凤眼莲、萍蓬草等。

（六）蕨类植物

观叶植物，包括很多种，如铁线蕨、肾蕨、巢蕨、长叶蜈蚣草、卷柏、观音莲座蕨、金毛狗等。蕨类植物大量做切花用，也可盆栽或庭院中栽植。

二、木本观赏植物

（一）落叶木本植物

如月季、玫瑰、牡丹、腊梅、樱花、榆叶梅、银杏、丁香、红叶李、西府海棠、碧桃、木槿、柳树等。

（二）常绿木本植物

如雪松、侧柏、苏铁、雪杉、云杉、罗汉松、女贞、变叶木等。

（三）竹类

观赏栽培的主要是紫竹、南天竹、佛肚竹、矮竹、方竹等。

三、地被植物

地被植物，一般是指那些株形低矮或匍匐生长的植物，可以用来覆盖裸露地面，多数是草本植物，也有小灌木。

（一）草坪草

主要的是禾本科草和莎草科草，少量有豆科或其他科的植物。适宜于温暖地区应用的草坪草有结缕草、沟叶结缕草、早熟禾等。

（二）地被植物

包括草本、蕨类植物，也包括小灌木、藤本植物。常用的有白三叶、多变小冠花、鸡眼草、直立黄芪、紫花苜蓿、葛藤、爬地柏、虎耳草等。

四、仙人掌及多浆植物

仙人掌及多浆植物是茎、叶肥厚多汁，具有发达的贮水组织，抗干旱、抗高温能力很强的一类植物。因其形态奇特，也具有很高的观赏价值。仙人掌科常见的有仙人掌、白毛掌、黄毛掌、仙人球、金虎、昙花、令箭荷花、蟹爪兰等。多浆植物类常见的有：落地生根、仙人笔、生石花、十二卷、龙舌兰、虎尾兰等。

第二节　生态适应性分类

生态适应性即是植物在特定的生态环境的深刻影响下，所形成的特有的生长发育的内在规律，根据耐寒性、喜光性、对水分、对土壤的需求特性等生态适应性进行分类，将园艺植物分为不同的种类。

观赏植物的生态适应性分类

（一）依对温度条件的适应性分类

1. 耐寒花卉

具有较强的耐寒力，能忍耐0℃以下的温度，在北方能露地栽培、自然安全越冬的花卉，这类花卉又称为露地花卉。一般原产于温带及寒带。

2. 不耐寒花卉

这类花卉多原产于热带及亚热带或暖温带。

3. 半耐寒花卉

指耐寒力介于耐寒花卉与不耐寒花卉之间的一类花卉。它们多原产于暖温带，生长期间能短期忍受0℃左右的低温。在北方需加防寒措施方可露地越冬。如大部分秋播草花、部分常绿木本花卉等。

（二）依对光照条件的适应性分类

1. 阳性花卉

该类花卉必须在完全的光照下生长，不能忍受若干蔽荫，否则生长不良。如多数露地一二年生花卉、宿根花卉以及仙人掌科、景天科和番杏科的多浆植物。

2. 阴性花卉

该类花卉要求在适度荫蔽下方能生长良好，不能忍受强烈的直射光线，生长期间一般要求有50%~80%蔽荫度的环境条件。

3. 中性花卉

该类花卉在充足的阳光下生长最好，但亦有不同程度的耐荫能力。

4. 长日照花卉

这类花卉在其生长过程中，需要有一段时期内，每天的光照时数在12小时以上，才能由营养生长转入生殖生长阶段，形成花芽并开花。

5. 短日照花卉

这类花卉在其生长过程中，需要有一段时期内，每天的光照时数在12小时以下或每日连续黑暗时数在12小时以上，植株才能由营养生长转入生殖生长，从而形成花芽并开花。如菊花、一品红等都是典型的短日照花卉。

6. 中日照花卉

这类花卉在其整个生长过程中，对日照时间长短没有明显的反应，只要其他条件适合，一年四季都能开花。如月季、扶桑等。

（三）依对水分条件的适应性分类

1. 旱生花卉

旱生花卉具有较强的抗旱能力，在干燥的气候和土壤条件下能够保持正常的生命活动。多数原产炎热而干旱地区的仙人掌科、景天科等花卉即属此类。

2. 中生花卉

在水湿条件适中的土壤上才能正常生长的花卉。其中有些种类，具有一定的耐旱力或耐湿力。中生植物的特征是根系及输导系统较发达；叶表面有角质层，叶片的栅栏组织和海绵组织较整齐。

3. 湿生花卉

该类花卉耐旱性弱，需生长在潮湿的环境中，在干燥或中生的环境下生长不良。根据实际的生态环境又可分为阳性湿生花卉、阴性湿生花卉两种类型。

4. 水生花卉

生长在水中且观赏价值较高的植物叫水生花卉。水生植物的形态和机能特点是植物体的通气组织发达；在水面以上的叶片大；在水中的叶片小，常呈带状或丝状，叶片薄，表皮不发达；根系不发达。

（四）依对土壤酸度条件的适应性分类

1. 酸性土花卉

指那些在酸性或强酸性土壤上才能正常生长的花卉。它们要求土壤的 pH 值 <6.5。蕨类植物铁芒萁、石松等及木本花卉茶花、杜鹃、吊钟花、栀子花等都是典型的酸性土花卉。

2. 碱性土花卉

指那些在碱性土上生长良好的花卉。它们要求土壤的 pH 值大于 7.5。如蜈蚣草、铁线蕨、南天竺等。

3. 中性土花卉

中性土花卉是指在中性土壤（pH 值 6.5~7.5）里生长最佳的花卉。大多数花卉都属于此类。

第三节 按观赏部位分类

一、观花花卉

植株开花繁多，花色鲜艳，花型奇特而美丽，以观花为主的花卉。如茶花、月季、菊花、非洲菊、郁金香等。

二、观叶花卉

植株叶形奇特，形状不一，挺拔直立，叶色翠绿，以观叶为主的花卉。如龟背叶、花叶万年青、苏铁、变叶木等。

三、观茎花卉

植株的茎奇特，变态为肥厚的掌状或节间极度短缩呈连珠状，以观茎为主的花卉。如仙人掌、佛肚竹、文竹等。

四、观果花卉

植株的果实形状奇特，果色鲜艳，挂果期长，以观果为主的花卉。如佛手、金橘等。

五、观根花卉

植株主根呈肥厚的薯状,须根呈小溪流水状,气生根呈悬崖瀑布状,以观根为主的花卉。如根榕盆景、龟背竹等。

第四节 按栽培方式分类

一、切花栽培

使用保护地栽培,进行定植、肥水管理,采收相对集中的生产方式。切花栽培生产周期短,见效快,规模生产,能周年供应鲜花。是国际花卉生产栽培的主要部分。

二、花盆栽培

运用栽植于花盆或桶内的生产方式。北方的冬季实行温室栽培生产,南方实行遮阳栽培生产。是国内花卉生产栽培的主要部分。

三、露地栽培

指运用种子播种、露天栽培方式,达到街头绿地、庭院装饰美化的效果。

四、促成栽培

为满足花卉观赏的需要,运用人为技术处理,能提前开花的生产栽培方式。

五、抑制栽培

为满足花卉观赏的需要,运用人为技术处理,能延迟开花的生产栽培方式。

六、无土栽培

运用营养液、水、基质代替土壤栽培的生产方式。在现代化温室内进行规模化生产栽培。

第五节 按开花季节分类

一、春花类

以2~4月期间盛开的花卉。如郁金香、虞美人、牡丹花、梅花、报春花等。

二、夏花类

以5~7月期间盛开的花卉。如凤仙花、月季花、石榴花、荷花、茉莉花等。

三、秋花类

以 8~10 月期间盛开的花卉。如大丽花、菊花、桂花等。

四、冬花类

以 11 月到翌年 1 月间盛开的花卉。如水仙花、一品红、蜡梅花等。

思考与实践

1. 将我们常见的草本观赏植物进行分类？
2. 在我们身边按开花季节，将花卉分为哪几类，常见的都有哪些？

第二章 露地花卉生产技术

第一节 露地花卉生产概述

花卉露地栽培指将花卉直播或移栽到露地栽培的方式。露地花卉又称地栽花卉,整个生长发育至开花的过程即露地栽培完成,冬季不加保护设施而自然越冬。露地花卉是指一二年生草花、宿根草花、球根草花及园林绿地栽植的木本种类花卉。

一、露地花卉栽培的特点

①我国的自然气候分热带、亚热带、温带、寒带,所形成的露地栽培花卉种类多。

②露地花卉生理现象符合自然气候特点,表现为春夏季生长发育,秋冬季种子成熟和落叶休眠。

③露地花卉对栽培条件适应性强,能自行调节水、肥、温、气栽培条件,常规栽培不影响花卉的生理活动。

④露地花卉在园林绿地中,既能直播又能移栽,利用率高,能长期展示观赏效果。

⑤露地花卉栽培管理方便,减少工序、节省劳工劳资,成本低。

二、露地花卉栽培的方式

露地花卉根据应用目的有两种栽培方式,一种是按园林绿地的要求,有花坛、花台、花境和花丛等栽培方式;另一种是圃地育苗栽培方式。

1. 直播栽培方式

将种子直接播种于花坛或花池内而生长发育至开花的过程称直播栽培方式。选择一二年生草花,特别是主根明显、须根少、不耐移植的花卉,运用直播方式将种子播种于花坛或花池内,使其萌芽、生长发育,达到开花观赏的目的。如虞美人、花菱草、香豌豆、牵牛、茑萝、凤仙花、矢车菊、飞燕草、紫茉莉、霞草等。

2. 育苗移栽方式

先在育苗圃地播种培育花卉幼苗,长至成苗后,按要求定植到花坛、花池或各种园林绿地中的过程,称育苗移栽方式。近年来,人们在园林绿化种植中普遍采用袋苗移栽。就是在苗圃采用营养袋(常用带孔的黑塑料薄膜袋)盛上培养土,点播花卉种子或通过扦插培育花卉苗木，用袋苗移栽，成活率高，见效快，应用广泛。在大型展览、节目活动等布置花坛时，可采用营养袋苗摆设花坛。

第二节 露地花卉的栽培管理

一、整地作畦

播种或移植前，做好整地工作。整地深度视花卉种类及土壤状况而定。一二年生花卉生长期短，根系较浅，为了充分利用表土的优越性，一般翻20厘米左右；球根花卉需要疏松的土壤条件，需翻30厘米左右。多年生露地木本花卉在栽植时，除应将表土深耕整平外，还需要开挖定植穴。大苗的穴深为80~100厘米，中型苗木为60~80厘米，小型苗木为30~40厘米。作畦方式，依地区及地势不同而有差别，通常有高畦和低畦之分。高畦多用于南方多雨地区及低湿之处，其畦面高于地面20~30厘米，畦面两侧为排水沟，便于排水；低畦多用于北方干旱地区，畦两面有畦埂高出，能保留雨水及便于灌溉。

二、间苗

一二年生草花均用种子繁殖，从播种到开花生长迅速，花期集中。在这期间，为使花卉长势一致、高矮一致、花期一致，间苗工作非常重要。

在育苗过程中，将过密苗拔去称间苗，也称疏苗。苗床出苗后，幼苗密生、拥挤，茎叶细长、瘦弱，不耐移栽。当幼苗出芽、子叶展开后，根据苗的大小和生长速度进行间苗。间苗去密留稀、去弱留壮，使幼苗之间有一定距离，分布均匀。间苗常在土壤干湿适度时进行，并注意不要牵动留下的根系。间苗应分2~3次进行，每次间苗量不宜过大，最后一次间苗称定苗。间苗的同时应拔除杂草，间苗后需对畦面进行一次浇水，使幼苗根系与土壤密接。间苗后，苗床空气流通，光照充足，防病虫，同时，扩大幼苗的营养面积，使幼苗生长健壮。

三、移植及定植

露地花卉栽培中，大部分花卉均先育苗，经几次移植，最后定植于花坛或绿地。包括一二年生草花、宿根花卉、木本花卉。

（一）移植

移植包括起苗和移植两个过程。由苗床挖苗称起苗。幼苗或生长期苗起苗时需带土团，休眠期木本花卉可不带土团。移植时可在幼苗长出4~5片真叶或苗高5厘米时进行，要掌握土壤不干不湿，避开烈日、大风。选择阴天或下雨前进行，若晴天在傍晚进行，需遮阳管理，减少蒸发，缩短缓苗期，提高成活率。

（二）定植

将幼苗或宿根花卉、木本花卉，按绿化设计要求栽植到花坛、花境或其他绿地称定植。定植前要根据花卉的要求施入肥料。定植时要掌握苗的株行距，不能过密，也不能过稀，按花冠幅度大小配植，以达到成龄花株的冠幅互相能衔接又不挤压。

四、灌溉

灌溉用水以清洁的河水、塘水、湖水为好。井水和自来水可以贮存 1~2 天后再用。新打的井用水之前应经过水样化验,水质呈碱性或含盐质,已被污染的水不宜应用。

五、修剪与整形

通过修剪与整形可使花卉植株枝叶生长均衡,协调丰满,花繁果硕,有良好的观赏效果。

修剪包括摘心、抹芽、折枝、捻梢、曲枝、剥蕾和修枝。

(一) 摘心

是指摘除正在生长中的嫩枝顶端。摘心可促使侧枝萌发,增加开花枝数,使植株矮化,株形圆整,开花整齐。也有抑制生长,推迟开花的作用。需要进行摘心的花卉有一串红、百日草、翠菊、金鱼草、福禄考、矮牵牛等。但对于以下几种情况下不应摘心,如植株矮小,分枝又多的三色堇、雏菊、石竹等,主茎上着花多且朵大的球头鸡冠花、凤仙花等,以及要求尽早开花的花卉。

(二) 抹芽

是指剥去过多的腋芽或挖掉脚芽,限制枝数的增加或过多花朵的发生,使营养相对集中,花朵充实花朵大。如菊花、牡丹等。

(三) 折枝捻梢

折枝是将新梢折曲,但仍连而不断。捻梢指将梢捻转。折枝和捻梢均可抑制新梢徒长,促进花芽分化。牵牛、茑萝等用此方法修剪。

(四) 曲枝

为使枝条生长均衡,将长势过旺的枝条向侧方压曲,将长势弱的枝条顺直,可得抑强扶弱的效果。如大丽菊、一品红等。木本花卉用细绳将枝条拉直或向左或向右方向拉平,使枝条分布均匀。如金橘、代代、佛手等。

(五) 剥蕾

剥去侧蕾和副蕾。使营养集中主蕾开花,保证花朵的质量。如芍药、牡丹、菊花等。

(六) 修剪

剪除枯枝、病弱枝、交叉枝、过密枝、徒长枝等。分重剪和轻剪。重剪是将枝条由基部剪除或剪去枝条的 2/3 部分,轻剪是将枝条剪去 1/3 部分。月季、牡丹冬季休眠时用重剪方法较多。生长期的修剪用于轻剪方法较多。

六、防寒越冬

我国北方冬季寒冷,冰冻期又长,露地生长的花卉采取防寒措施才能安全越冬。

(一) 覆盖法

在霜冻来到之前,在畦面上覆盖干草、落叶、马粪、草帘等,直到翌年春,晚霜过后去除覆盖物,如二年生花卉、宿根花卉及球根花卉等。

（二）培土法

冬季将地上部分枯萎的宿根、球根花卉或部分木本花卉，壅土压埋或开沟覆土植物茎进行防寒，待春暖后，将土扒开，使其继续生长。

（三）熏烟法

当低温来临或霜冻来临时，在圃地点燃干草或木锯末粉发烟能减少地面散热，防止地温下降。烟粒吸收热量使水分凝结成液体而放出热量，也可使气温升高，防止霜冻。

（四）灌水法

冬灌水防止冻害，这是老农谚。冬灌后能提高土的导热量，使深土层的热量容易传导到土面，从而提高近地表空气温度。在严冬来临前灌冬水。

第三节 一二年生花卉栽培

一、凤仙花

凤仙花（*Impatiens balsamina*）别名指甲花、金凤花、急性子。属凤仙花科凤仙花属，为一年生草本花卉。

（一）形态特征

株高20～60厘米。茎表面光滑，节部明显膨大，呈肉质状多汁，颜色因花色不同而不同，茎呈青绿色、红褐色和深褐色。单叶互生，呈披针形至宽披针形，先端锐尖，叶缘有小锯齿，叶柄肉质多汁。花两性，多朵或单朵着生于叶腋间。总状花序，花冠侧垂生长，具短梗。花瓣5片，花萼3片，左右对称，雄蕊5个。花色有白、水红、粉、玫瑰红、洋红、大红、紫、雪青等色，花型有蔷薇型和茶花型之分，还有单瓣、复瓣和重瓣等不同变种。株型有的分枝向上直立生长，有的开展，有的向侧下方呈拱形生长，故品种繁多。蒴果呈纺锤形，上面密被白色茸毛。种子球形，褐色，6～10月陆续成熟，千粒重9.5克，种子寿命5～6年。花期5～9月（图2-1）。

图2-1 凤仙花

（二）生态习性

凤仙花原产于我国南方及印度、马来西亚一带，我国南北各地均有栽培。喜温暖，不耐寒，怕霜冷。喜阳光充足、长日照环境。喜湿润而排水良好的土壤，耐干性较差，遇缺水会凋萎而造成叶片脱落。对土壤质地要求不严，表现适应性强，如肥水条件良好则能繁茂生长。

（三）繁殖方法

采用播种繁殖。播种期为3～4月，可先在露地苗床育苗，也可在花坛内直播。能自播繁衍，上年栽过凤仙花的花坛，次年4～5月会陆续长出幼苗，可选苗移植。

(四) 栽培要点

幼苗期需间苗 2～3 次，3～4 片真叶期移栽定植。定植后应注意浇水，雨水过多应注意排涝，否则根、茎易腐烂。苗期应勤施追肥，可 10～15 天追施 1 次氮肥为主，氮、磷、钾结合的液肥。依照花期的迟早需要进行 1～3 次摘心。采收种子应在果皮开始发白时即行摘果，避免碰裂果皮而弹失种子。凤仙花因其花色品种极为丰富，是花坛、花境中的优良用花，也可栽植为花丛和花群。

二、鸡冠花

鸡冠花（*Celosia, cristata*）别名红鸡冠、鸡冠海棠。属苋科青葙属，为一年生草本花卉。

(一) 形态特征

株高 30～50 厘米，茎直立，少分枝，单叶互生，卵形或线状披针形，全缘，绿色或红色。穗状花序单生茎顶，花序梗扁平肉质似鸡冠，红色或黄色，花小，小苞片，萼片红色或黄色，胞果卵形，种子细小，亮黑色（图 2-2）。

(二) 生态习性

原产印度，我国广泛栽培。喜光，喜炎热干燥的气候，不耐寒，不耐涝，能自播。花期 7～9 月。

(三) 繁殖方法

每年 5 月，待气温较高时将种子播于露地苗床，因种子细小，覆土宜薄，若苗床湿润则 3 天后就可发芽出土。

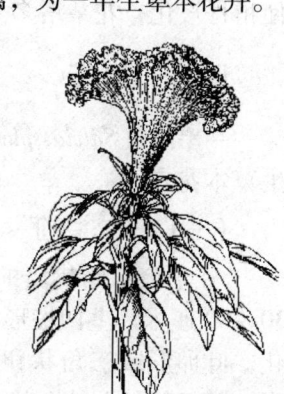

图 2-2 鸡冠花

(四) 栽培要点

幼苗期不宜过湿过肥，避免徒长。6 月中旬定植园地，株距 30 厘米。茎叶旺盛生长期，必须追施肥水，注意适时抹去侧芽，以利顶生花序的发育。

鸡冠花花序形状奇特，色彩丰富，花期长，植株又耐旱，适用于布置秋季花坛、花池和花境，也可盆栽或作切花。

三、万寿菊

万寿菊（*Tagetes erecta*）别名臭芙蓉、蜂窝菊、臭菊花、万盏灯。属菊科万寿菊属，为一年生草本花卉。

(一) 形态特征

茎粗壮，株高 60～100 厘米，全株具异味，单叶羽状全裂对生。裂片披针形，具锯齿，上部叶时有互生，裂片边缘有油腺、锯齿有芒。头状花序着生枝顶，径达 10 厘米，黄色或橙色。总花梗肿大、瘦果黑色，冠毛淡黄色（图 2-3）。

(二) 生态习性

原产墨西哥，我国南北均可栽培。喜光、喜温暖、湿润环境，不耐寒，不择土壤，花期 7～10 月，果熟期 9～10 月。

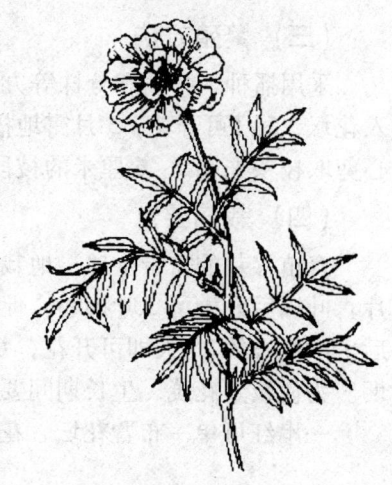

图 2-3 万寿菊

(三) 繁殖方法

采用播种和扦插法繁殖。播种法：采收9月以后开花所结果实，当总苞发黄时即可摘取，晒干脱粒，干藏备用。翌年4月初于露地苗床播种，发芽迅速。幼苗生出2~3片真叶时分苗移苗1次。6月初即可定植。

扦插法：在6~7月采取嫩枝长5~7厘米扦插，可略为遮阳，极易成活。

(四) 栽培要点

万寿菊适应性强，在一般园地上均能生长良好，极易栽培。定植后浇透水，以后除过分干旱时适当浇水外，一般可不浇水不施肥。唯苗期至开花前应反复摘心2~3次促其分枝，使植株矮化，花朵增多。万寿菊花大色美，可布置花坛也可盆栽。

四、一串红

一串红（*Salvia splendens*）别名爆竹红、西洋红、墙下红。属唇形科鼠尾草属，为一年生草本花卉。

(一) 形态特征

在华南露地栽培的可多年栽培和生长，呈亚灌木状。株高30~80厘米。茎四棱形，幼时绿色，后期呈紫褐色，基部半木质化。叶卵形或三角状卵形，长5~8厘米，先端渐尖，边缘有锯齿，叶柄较长。轮伞状花序，密集成串着生，每序着花4~6朵。花萼钟状，和花冠同为红色。花丝突出于唇形花冠之外，花柱比花丝略长。小坚果卵形，似鼠粪，黑褐色，千粒重2.8克，种子寿命1~4年。有一串白、一串紫、矮一串红、丛生一串红等（图2-4）。

图2-4 一串红

(二) 生态习性

原产于南美巴西。性喜温暖湿润气候，不耐寒，怕霜冻。喜阳光充足环境。对土壤要求不严，在疏松而肥沃的土壤上生长良好。

(三) 繁殖方法

采用播种、扦插和分株等方法繁殖。分批播种可分期开花，冬季温室播种育苗，4月栽入花坛，5月可开花；3月露地播种，可供夏末开花。为加大花苗繁殖量，4~9月可结合摘心剪取枝条先端5~6厘米的枝段进行嫩枝扦插，可供陆续栽植。

(四) 栽培要点

育苗移栽的需带土球，地栽行株距要有30厘米左右。无论地栽或盆栽，当幼苗长出4片真叶以后开始留2叶摘心，促使萌发侧枝。以后再长出4枚叶片再行摘心，反复摘心，最后1次摘心约25天即可开花，每增加1次摘心就延迟10天左右开花，故可通过摘心控制花期。为使枝繁花茂，生长期间要及时供水防止干旱，并应每隔10~15天追施1次有机液肥。

一串红可单一布置花坛、花境或花台，也可作花丛和花群的镶边。

五、半枝莲

半枝莲（*Portulaca grandlifora*）别名太阳花、龙须牡丹、日晒花。属马齿苋科马齿苋属，为一年生草本花卉。

（一）形态特征

植株低矮，高10～15厘米，茎近匍匐生长，肉质多汁，其上疏生细毛。叶互生或散生，肉质，有两种叶形者：一为棍棒状圆柱形，二为倒卵状椭圆形。花单生或簇生于枝顶，每枝着花1～4朵，单朵花径2.5～4厘米，单瓣或重瓣，基部叶状苞片8～9枚，密生白色茸毛，单瓣者花瓣5枚，倒卵形，顶端微凹。花色有红色、黄色、紫色、白色、粉色、橙色和复色、杂色的。日出开花，日落闭合，阴天少开。果为蒴果，内含种子多数，成熟后蒴果顶盖开裂。种子细小，银黑色，千粒重0.1～0.14克，种子寿命3～4年。花期6～10月（图2-5）。

（二）生态习性

原产南美巴西。性喜温暖和充足阳光，不耐寒冷。喜疏松的砂质土，耐瘠薄和干旱。

（三）繁殖方法

播种和扦插法繁殖。3～4月间精细整地后直播于花坛或花境。成苗后可摘取嫩枝扦插，不必遮阳，只要土壤湿润即可插活。能自播繁衍。华南冬季温暖，常有茎枝不死，来春萌出新枝即可摘取扦插繁殖。

（四）栽培要点

播种苗如过于稠密，应做好间苗、除草工作。事先育苗的可裸根移栽花坛。播种或栽苗前适施基肥，生长期中不需施肥太多，可较粗放管理。半枝莲植株低矮，繁花似锦，花色丰富而鲜艳，是栽植毛毡式花坛的良好材料，也可作大面积花坛、花境的镶边。

图2-5 半枝莲

六、矮牵牛

矮牵牛（*Petunia hybrida*）别名碧冬茄、番薯花。属茄科矮牵牛属，在北方为一年生花卉。在南方可作多年生栽培。

（一）形态特征

茎稍直立或卧倒，株高30～60厘米，全身被短毛。上部叶对生，中下部互生，卵圆形，先端尖，全缘。花单生于枝顶或叶腋，花冠喇叭状，花径5～6厘米，花筒长6～7厘米，有白色和深浅不同的红色、紫色及复色、间色镶边等品种。花萼5深裂，雄蕊5枚。蒴果卵形，成熟后呈两瓣裂。种子细小，千粒重0.16克，种子寿命3～5年。花期长，北方可从4月开到10月，南方冬季亦可开花（图2-6）。

图2-6 矮牵牛

(二) 生态习性

本种是由南美的野生种经杂交培育而成。性喜温暖，不耐寒，耐暑热，在干热的夏季也能正常开花。喜向阳和通风良好的环境条件，在阴雨较多和气温较低条件下开花不良，多不结实。要求排水良好、疏松的酸性砂质土，土壤应保持湿润，但不要过于肥沃，以免徒长倒伏。

(三) 繁殖方法

以播种繁殖为主，可春播也可秋播。露地春播在4月下旬进行，如欲提早开花需提前在温室内盆播。秋播通常于9月进行。矮牵牛种子细小，播种工作应细微进行，通常宜盆播。蒴果成熟时尖端发黄，应及时在清晨进行采收，以免蒴果开裂散失种子。一些品种不易收到种子，可采用扦插繁殖，5~6月和8~9月扦插成活率较高。采条扦插的母株应将老枝剪掉，利用根际处新萌出来的嫩枝作插穗较好。扦插繁殖还利于保持优良品种特性。

为保存大花重瓣优良品种的繁殖材料，每年秋季花谢后，应挖一部分老株放入温室贮存越冬。

(四) 栽培要点

矮牵牛根系受伤后恢复较慢，故在移苗定植时应多带土团，最好采用营养袋育苗，脱袋定植。露地定植株距为30~40厘米，对主茎应行摘心，促使侧枝萌发，增加着花部位。

矮牵牛是花坛美化的优良草花，其可贵之处还在于夏季仍不断开花。单瓣品种适应性较强，更适宜布置花坛。大花重瓣品种多用作盆栽造型。长枝种还可作为窗台、门廊的垂直美化材料。

七、羽衣甘蓝

羽衣甘蓝（*Brassica oleracea*）别名叶牡丹、花包菜。属十字花科甘蓝属，为二年生草本花卉。

(一) 形态特征

无分枝，高约30厘米（不计花序）。叶片倒卵形，宽大，集生茎基部，背有白粉。不包心结球，呈黄白、紫红、绿等色，叶缘皱缩，细圆柱形。细波状。总状花序着生茎顶，花淡黄色。

(二) 生态习性

原产西欧，我国中、南部广泛栽培。喜光，耐寒，要求园地土层肥沃且疏松，花期4月，果熟期5~6月。

(三) 繁殖方法

7月中旬将种子播于露地苗床。发芽迅速，出苗整齐。

(四) 栽培要点

幼苗经间苗及1~2次移植后，必须追施液肥。当植株冠径达20厘米时，约11月中旬定植园地，株距40厘米。此时勤施淡液肥，促使生长茂盛。幼苗也可在11月份上盆，成活后，勤施肥水。

羽衣甘蓝叶色鲜艳美丽，是著名的冬季露地草本观叶植物。用于布置冬季花坛，花境亦可盆栽观赏。

八、虞美人

虞美人（*Papaver rhoesa*）别名丽春花、赛牡丹、小种罂粟花。属罂粟科罂粟属，为二年生草本花卉。

（一）形态特征

株高 40~60 厘米，茎枝细弱，全身披短硬毛。叶互生，羽状深裂，裂片披针形，叶缘具粗锯齿，叶片主要着生于分枝基部。花蕾单生于长花梗的顶端，未开时弯曲下垂，开后花梗直立，花瓣 4 枚相互稍重叠而组成圆盘形花冠，边缘呈浅波状，花径 5~6 厘米。花色多样，有红色、深红色、紫红色、粉色、白色和复色等品种。每花只开 1~2 天，但因花枝较多，每株可开 20 天左右。蒴果杯形，顶部截平。种子褐色，极微小，千粒重 0.33 克，种子寿命 3~5 年。花期 5~6 月（图 2-7）。

（二）生态习性

原产于欧亚大陆的温暖地区，喜温凉气候，较耐寒而怕暑热，在盛夏到来前完成其开花结实阶段，伏天枯死。喜阳光充足环境，要求排水良好，疏松而又肥沃的沙壤土。

图 2-7 虞美人

（三）繁殖方法

播种繁殖。我国大部分地区作二年生草花栽培，可于 9 月中下旬播种，覆盖保护越冬，来年春天即可开花。东北和西北一些夏季凉爽的地区，4 月初直接在露地撒播，可在夏初开花。能自播繁衍，但效果不好。

（四）栽培要点

直播的花坛，出苗后应细心间苗 2 次，每穴保苗 2~3 株，使之簇状生长，穴距 30~40 厘米，开花后仍可布满畦面。肥水管理要特别细心，不宜大肥大水，以防止纤细的枝茎长得太高。注意排除积水，避免湿热而造成落花落蕾。不宜连作，否则易出现开花前死苗。

虞美人是较受人欢迎、观赏价值较高的花卉，是春季美化花坛、花境及庭院的精细草花，特别适合成片栽植，但花期较短。花后应及时栽种其他花草来代替。

九、牵牛花

牵牛花（*Pharbitis nil*）别名喇叭花、朝颜。属旋花科牵牛属，一年生蔓生草本花卉。

（一）形态特征

茎长达 3 米，全株被粗硬毛。单叶互生，近卵形或心形，浅裂。花单生成 2 朵着生叶腋，有总梗，花大，径达 10 厘米，花冠漏斗状，顶端 5 浅裂，呈红、紫红、蓝、白等色，还有红色或蓝色花冠镶以白色边缘的。蒴果球形（图 2-8）。

图 2-8 牵牛花

(二) 生态习性

原产亚洲热带，现各地有栽培。喜光，耐旱，不择土壤，不耐寒，能自播。花期6～10月，果熟期8～10月。

(三) 繁殖方法

4月中旬将种子播于露地苗床，若气温适宜，很易发芽。

(四) 栽培要点

幼苗子叶较大，经间苗后，小苗约具5片真叶时带土掘取，定植园地，株距约50厘米。当幼苗长有10枚叶片时进行摘心，枝叶生长旺盛期必须追施肥水。茎长而攀援，花大，晨开午闭，适用于布置花架、花篱及各种小型的垂直绿化装饰。

十、茑萝

茑萝（*Quamoclit pennata*）别名游龙草、羽叶茑萝。属于旋花科茑萝属，为一年生蔓生草本花卉。

(一) 形态特征

茎长达4米，光滑。单叶互生，羽状细裂状，裂片线型，约有12对；托叶与叶片同形。聚伞花序腋生，花小，花冠高脚呈碟状，深红色，外形似五角星。蒴果卵圆形（图2-9）。

(二) 生态习性

原产墨西哥等地，我国广泛栽培。喜光，喜温暖湿润园地，不耐寒。能自播。花期8～10月，果熟期9～11月。

(三) 繁殖方法

4月中旬将种子播于露地苗床，发芽整齐。

(四) 栽培要点

幼苗期生长缓慢，待长成5枚真叶后定植园地，株距约50厘米。夏秋季要追施肥水，温暖湿润则枝叶长势旺，开花盛，并能很快布满棚架。也可盆播，再翻盆育成大苗，而后定植、上架。

叶细花密，花期长，花色艳丽，是良好的夏秋季棚架绿化材料，能形成彩色的纱帐，给人以清凉舒适的感受。

图2-9 茑萝

第四节 宿根花卉

一、芍药

芍药（*Paeonia laotiflora*）别名将离、婪尾春、没骨花。属芍药科芍药属，为多年生草本宿根花卉。

（一）形态特征

高 60~80 厘米，基簇生，初生茎叶褐红色，基下部为二回三出复叶，上部渐变为单叶，叶卵状披针形，全缘。单花顶生或腋生，梗较长。萼片 4~5，根宿存土壤。花单瓣或重瓣，花色有白、黄、粉红、紫红等。离生心皮 3~5，无毛，柱头紫红色，雄蕊多数。蓇葖果，种子球形，黑褐色（图 2-10）。

（二）生态习性

原产我国北部、日本和朝鲜。耐寒，健壮，适应性强，我国北方大部分为露地越冬；喜阳光，亦耐疏荫，忌夏季酷热。好肥，忌积水，以壤土和砂质壤土栽培为宜，尤喜富含磷质有机肥的土壤。开花期因地区不同略有差异，在 4 月下旬至 6 月上旬之间，果熟期 7~8 月。

图 2-10 芍药

（三）繁殖方法

以分株为主，也可以播种和根插繁殖。

1. 分株法

即分根繁殖，此法可以保持品种特性，分根时间以秋分前后最好，若分株过迟，地温低会影响须根的生长。切忌春季分根，我国花农有"春分分芍药，到老不开花"的谚语。

分株时将全株掘起，震落附土，根据新芽分布状况，切分成数份，每份需带新芽 3~4 个及粗根数条，根长自芽往下再留 15~20 厘米，过短则影响来年开花，切口涂以硫磺粉。芍药的粗根脆嫩易折断，新芽也易碰伤，要特别小心。一般花坛栽植，可 3~5 年分株 1 次。

2. 播种繁殖

主要在杂交育种时使用。

3. 根插繁殖

秋季分株时，可将断根切成 5~10 厘米长的小段作为插条，插在已深翻平整好的苗床内，开沟深 10~15 厘米，插后覆土 5~10 厘米，浇透水。

（四）栽培要点

芍药根系较深，栽培前土地应深耕，施堆肥，筑畦后栽植，株行距为花坛 70 厘米×90 厘米，花圃 45 厘米×60 厘米，注意根系舒展，覆土时应适当压实。

芍药喜湿润土壤，又稍耐干旱，花前保持湿润可使花美而大。开花期如果干燥，花朵容易凋萎。芍药喜肥，除栽前充分施基肥外，春季开花前后各施追肥 2~3 次。开花前除去所有侧蕾，花后及时剪去残枝。对于开花时易倒伏的品种应设立支柱。

园林中常布置为专类花坛或配植花境，也可盆栽布置厅室。芍药还是重要的切花材料。

二、荷包牡丹

荷包牡丹（*Dicentra spectabilis*）别名铃儿草、兔儿牡丹。属紫堇科荷包牡丹属，为多年生草本宿根花卉。

(一) 形态特征

地下具根状茎,株高 30~60 厘米,叶对生,三回羽状复叶,以叶形略似牡丹而得名。顶生总状花序,总梗呈拱形,小花具短梗,向一侧下垂,每序着花 10 朵左右。花被 4 片,分内外两层,外层 2 片基部联合呈荷包形,先端外卷,粉红色至鲜红色;内层 2 片,瘦长外伸,白色至粉红色。果实为蒴果,种子细长,先端有冠毛。开花期 4~5 月(图 2-11)。

图 2-11 荷包牡丹

(二) 生态习性

原产我国东北和日本,耐寒性强,宿根在北方也可露地越冬。忌暑热,喜侧方遮阴,忌烈日直射。要求肥沃湿润的土壤,在黏土和沙土中明显生长不良。4~5 月开花。花后至夏季茎叶渐黄而休眠。

(三) 繁殖方法

以分株繁殖为主,也可采用扦插和种子繁殖。

(四) 栽培要点

地栽需施入大量有机肥料。分株苗多在秋季地栽,扦插和播种苗多在春季地栽。秋栽的新株需保护过冬,来年早春萌芽后应追肥 1~2 次,入夏时可将枯枝剪掉。

园林中布置在疏荫下的花境及树坛内,十分美观;也可盆栽供室内、廊下等陈放;还可剪取切花。

三、鸢尾

鸢尾(*Lris tectorum*)别名蝴蝶花、蓝蝴蝶、铁扁担。属鸢尾科鸢尾属,为多年生球根草本花卉。

(一) 形态特征

地下具根状茎,粗壮。叶剑形,基部重叠互抱成二列,长 30~50 厘米,宽 3~4 厘米,革质,花梗从叶丛中抽出,单一或二分枝,高与叶等长,每梗顶部着花 1~4 朵,花蓝紫色,外轮裂片倒卵形,外折,内有一行突起的白色须毛。内轮裂片较小,直立,花柱花瓣状,覆盖着雄蕊。蒴果长圆形,具 6 棱,种子棕褐色(图 2-12)。

(二) 生态习性

我国西南地区及陕西、江西、浙江各地,日本、缅甸皆有分布。园林中已久有栽培。耐寒力强,根状茎在我国大部分地区可安全越冬。要求阳光充足,但也耐阴。喜含腐殖质丰富、排水良好的沙壤土。3 月新芽萌发,开花期 5 月。花后地下茎有一短暂的休眠期。霜后叶片基本枯黄。

(三) 繁殖方法

以分栽根茎为主。每 2~3 年进行 1 次,于春秋二季或花后分根,将根状茎横切成段,每段带 2~3 个芽,栽植于苗圃地或盆内,极易成活。

(四)栽培要点

分根后及时栽植,注意将根茎平放在土内,原来向下颜色发白的一面仍需向下,颜色发灰的一面向上,深度以原来深度为准,一般不超过5厘米,覆土浇水即可。地栽要施足基肥,注意常保持土壤湿润。常用以布置花坛、花境及岩石园。

四、萱草

萱草(*Hemerocallis fulva*)别名萱花菜、金针菜。属百合科萱草属,为多年生宿根草本花卉。

(一)形态特征

具短粗根状茎和纺锤形块根。叶基生成丛,带状披针形,长50厘米左右,宽2.5厘米。花葶高1米左右,顶生聚伞花序,排列成圆锥状,每序着花6~12朵。花冠呈长漏斗形,花被6片,长椭圆形,先端尖,分成内外两轮,每轮3片。花色橘红色至橘黄色。蒴果背裂,内含少数黑色种子。有重瓣的千叶萱草(vfir. *kwanso*),长筒萱草(var. *longituba*),玫瑰红萱草(var. *rosea*),大花萱草(var. *flore-pleno*)等多数变种。此外还有可供食用的黄花菜多种(图2-13)。

图2-12 鸢尾

(二)生态习性

萱草原产我国中南部,各地园林多栽培,欧美近年栽培颇盛。性强健,耐寒力强,宿根在华北大部分地区可露地越冬,东北寒冷地区需埋土防寒。喜阳光,也耐半阴。对土壤要求不严,但以富含腐殖质、排水良好的湿润土壤为好。耐瘠薄和盐碱,也较耐旱。

早春新芽萌发,经霜地上部枯萎,花期6~7月,每朵花开放1天,仅日间开放。

(三)繁殖方法

以分株繁殖为主,春、秋两季均可进行。在秋季落叶后或早春萌芽前将老株挖起分栽,分开的每丛带2~3个芽,一般4~5年分株1次,分株苗当年即可开花。

扦插繁殖可割取花茎上萌发的腋芽,按嫩枝扦插的方法繁殖。夏季在蔽荫的环境下,2周即可生根。

播种繁殖宜秋播,约1个月可出苗,冬季幼苗需覆盖防寒。播种苗培育两年后可开花。

图2-13 萱草

(四)栽培要点

管理简单粗放,几乎随处可种,任其生长栽植株行距0.5米×1.0米左右,每穴3~5株,栽前要施入基肥,并经常灌水,以保持湿润。除可成片栽在园林隙地和林下外,园林中多丛植或岩石园自然栽植，还可布置花境或路旁作边缘及背景材料，也可剪取切花。

第五节　球根花卉栽培

一、大丽花

大丽花（*Dahlia pinnata*）别名大丽菊、大理花、天竺牡丹。属菊科大丽花属，为多年生块根类花卉。

（一）形态特征

具肥大纺锤状肉质块根，茎中空，高 50~100 厘米。叶对生，1~3 回羽状分裂，小叶卵形，正面深绿色，背面灰绿色，具粗钝锯齿，总柄微带翅状。头状花序，具长梗，顶或腋生。外围舌状花色彩丰富而艳丽，除蓝色外，有紫、红、黄、雪青、粉红、洒金、白、金黄等各色俱全；中心管状花，黄色。瘦果，长椭圆形，黑色（图 2-14）。

（二）生态习性

原产墨西哥高原。喜凉爽气候，不耐严寒与酷暑。忌积水又不耐干旱，以富含腐殖质的砂壤为最宜。喜光，但花期宜避免阳光过强。生长适温为 10~25℃，经霜枝叶枯萎，以其块根休眠越冬。

大丽花从萌芽到开花需 120 天以上，初夏（5~7 月）和秋后（9~10 月）两季开花，但以秋花较为繁茂。花期长，单花期 10~20 天，依品种和花期的温度而异。管状花授粉后约 1 个月种子成熟。

图 2-14　大丽花

（三）繁殖方法

通常以分根、扦插繁殖为主，也可用播种和块根嫁接。

1. 分根法

常用分割块根法。大丽花仅块根的根颈部有芽，故要求分割后的块根上必须带有芽的根颈。通常于每年 2~3 月间将贮藏的块根取出先行催芽。选带有发芽点的块根排列于温床内，然后壅土、浇水，白天室温保持 18~20℃，夜间 15~18℃，14 天发芽，即可取出分割，每 1 块根带 1~2 个芽，每墩块根可分割 5~6 株，在切口处涂抹草木灰以防腐烂，然后分栽。

2. 扦插法

大丽花的扦插在春、夏、秋三季均可进行。一般是春季截取块根上萌发的新梢进行扦插，截取梢基部留一个节的腋芽继续生长。插后约 10 天即可生根，当年秋可以开花。如为了多获得幼苗，还可以继续截取新梢扦插，直到 6 月，如管理得当，成活率可达 100%。夏季扦插因气温高，光照强，9~10 月扦插因气温低，生根慢，成活率不如春季。

3. 块根嫁接

春季取无芽的块根作砧木，以大丽花的嫩梢作接穗，进行劈接。接后埋入土中，待愈合后抽枝发芽形成新植株。嫁接法由于用块根作砧木，养分足，苗壮，对开花有利，但不如扦插简便。

（四）栽培要点

地栽大丽花应选择背风向阳，排水良好的高燥地（高床）栽培。大丽花喜肥，宜于秋季深翻，施足基肥。春季晚霜后栽植，深度为根颈低于土面5厘米左右，株距视品种而异，一般1米左右，矮小者40~50厘米。苗高15厘米左右即可开始打顶摘心，使植株矮壮，切花栽培应多促分枝。孕蕾时要抹去侧蕾使顶蕾健壮，花凋后及时剪去残花，减少养分消耗。生长期间，每10天施追肥1次，要及时设立支柱，以防风折。夏季植株处于半休眠状态，要防暑、防晒、防涝，不需施肥。霜后剪去枯枝，留下10~15厘米的根颈，并掘起块根，晾1~2天，沙藏于5℃左右的冷室越冬。

盆栽大丽花多选用扦插苗，以低矮中、小花品种为好。栽培中除按一般盆花养护外，应节制浇水，不干不浇，幼苗尤不能浇水过多，以免徒长。幼苗到开花之前须换盆3~4次，不可等须根满盆再换盆，否则影响生长。最后定植，以选高脚盆为宜。

地栽时可根据植株高矮、花期早晚、花型大小分别用于花坛、花境、花丛的栽植。

二、美人蕉

美人蕉（*Canna indica*）别名红蕉、苞米花、宽心姜。属美人蕉科美人蕉属，为多年生草本根茎类球根花卉。

（一）形态特征

高80~150厘米，具肉质根状茎，地上茎肉质，不分枝，叶片宽大，广椭圆形，绿色或红褐色，互生，全缘。总状花序，自茎顶抽出，每花序有花10余朵。两性，花萼3枚，苞片状；花瓣3片，绿色或红色，萼片状。雄蕊5枚瓣化，为主要观赏部分，其中，3枚呈卵状披针形，一枚翻卷为唇瓣形，另一枚具单室的花药。雌蕊花柱扁平亦呈花瓣状。子房下位，3室。瓣化雄蕊的颜色有鲜红色、橙黄色或有橘黄色斑点等。蒴果，种子黑色（图2-15）。

图2-15 美人蕉

（二）生态习性

原产热带美洲，我国各省普遍有栽培。生长健壮，性喜温暖向阳，不耐寒，早霜开始地上部即枯萎。畏强风。喜肥沃土壤，耐湿但忌积水。花期长，从6月可延续到11月。

（三）繁殖方法

多用分株法繁殖。每年春季3~4月将根茎挖起，每2~3芽分切1段种植。也可用种子繁殖。春季播种当年可开花。

（四）栽培要点

美人蕉适应性强，管理粗放。每年3~4月挖穴栽植，内可施腐熟基肥，开花期间再施2~3次追肥，经常保持土壤湿润。花后要及时剪去花葶，有利于继续抽出花枝。长江以南，根茎可以露地越冬，霜后剪去地上部枯萎枝叶，在植株周围穴施基肥并壅土防寒。来年春清除覆土，以利新芽萌发。北方天气严寒，入冬前应将根状茎挖起，稍加晾晒，沙藏于冷室内或埋藏于高燥向阳不结冰之处，翌年春暖挖出分栽。

美人蕉茎叶繁茂，花期长且花大色艳，是园林绿化的好材料。可成片作自然式栽植或丛植于草坪或庭园一隅，亦常种植于花坛、花境，或行植成花篱，或作室内盆栽装饰。

三、石蒜

石蒜（*Lycoris radiata*）别名蟑螂花、老雅蒜、地仙、龙爪花。属石蒜科石蒜属，为多年生鳞茎类花卉。

（一）形态特征

地下鳞茎广椭圆形，外被紫红色膜质外皮，花后抽叶，叶5~6片丛生，呈窄条形，叶面深绿色，背面粉绿色，长30~60厘米。花梃刚劲直立，先叶抽出，高约与叶相等，花5~7朵呈顶生伞形花序，花鲜红色，花被6片向两侧张开翻卷，每片呈倒披针形，基部花筒短，雌雄蕊均伸出花冠之外，子房下位，花后不易结实。同属有十多种（图2-16）。

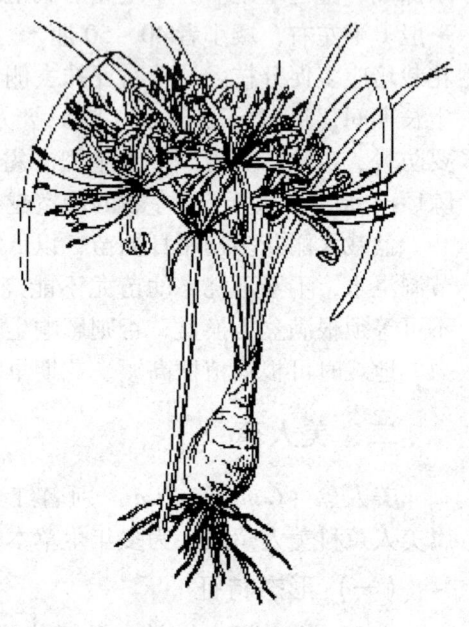

图2-16 石蒜

大多为美丽的观赏花卉。常见栽培的还有：葱地笑（*L. aurea*），又名铁色箭，叶阔线形，粉绿色，花大，橘黄色，分布于我国中南部，生于阴湿环境，花期9~10月；夏水仙（*L. squamigera*）又名鹿葱，叶阔线形，淡绿色，花淡紫红色，我国江、浙、皖等省及日本有分布，生于山地阴湿处。花期8月。

（二）生态习性

原产我国和日本，在我国秦岭以南至长江流域和西南地区均有野生分布，耐寒力强，在我国大部分地区鳞茎均可露地自然越冬。早春萌发出土，夏季落叶休眠。8月自鳞茎上抽出花葶，9月开花。南方冬季呈常绿状态，北方冬季落叶，在自然界中多野生于山村阴湿处及溪旁石隙中，喜阴湿的环境，怕阳光直射，不耐旱，能耐盐碱。要求通气、排水良好的沙质土，石灰质壤土生长也良好。

（三）繁殖方法

因不易结实，故多采用分球繁殖。入夏叶片枯黄后将地下鳞茎掘起，掰下小鳞茎分栽，鳞茎不宜每年采收，一般4~5年掘起后分栽1次。

（四）栽培要点

石蒜是秋植球根类花卉。立秋后选疏林荫地成片栽植，株行距20厘米×30厘米。石蒜适应性强，管理粗放，一般田园土栽前不需施基肥。如土质较差，于栽植前可施有机肥1次。在养护期注意浇水，保持土壤湿润，但不能积水。休眠期如不分球，可留在土壤中自然越冬或越夏，停止灌水，以免鳞茎腐烂。花后及时剪掉残花，以保持株丛整齐。

多用于园林树坛、林间隙地和岩石园作地被花卉种植，也可作花境丛植或山石间自然散栽。因开花时无叶，可点缀于其他较耐荫的草本植物之间。还可以剪取切花供室内陈放。

四、葱兰

葱兰（*Zephyranthes candida*）别名葱莲、玉帘。属石蒜科葱兰属，为多年生鳞茎类花卉。

（一）形态特征

地下具小而颈长的有皮鳞茎。株高20厘米左右。叶基生，扁线形，稍肉质，暗绿色。花葶中空，自叶丛中抽出，花单生，花被6片，白色外被紫红色晕。蒴果近球形（图2-17）。

（二）生态习性

原产墨西哥及南美各国，我国栽培广泛。性喜阳光，也能耐半荫。耐寒力强，长江流域以南均可露地越冬。要求排水良好、肥沃的沙壤土。开花期7~9月。

图2-17 葱兰

（三）繁殖方法

多不结实，鳞茎分生能力强，以春季分栽子球繁殖。

（四）栽培要点

生长健壮，管理粗放，其新鳞茎形成和叶丛生长，花芽分化渐次交替进行，故开花不断。生长旺季要每10天追肥1次，常保持土壤湿润，否则叶尖易黄枯。

株丛低矮而紧密，花期较长，最适合作花坛边缘材料和林荫地的地被植物，也可盆栽和瓶插水养。

五、晚香玉

晚香玉（*Polianthes tuberosa*）别名夜来香、井下香、夜情香。属于石蒜科晚香玉属，为多年生鳞茎花卉。

（一）形态特征

地下具长圆形鳞茎状的块茎。基生叶簇生，呈长条带状，茎生叶互生，稀疏，愈到上部愈小呈苞片状。顶生穗状花序，每序着花12~20朵，两两成对生长，自下而上陆续开放。花冠漏斗状，长4~6厘米，具浓香。花被6片，乳白色，花被筒细长，略弯曲。蒴果卵形（图2-18）。

（二）生态习性

原产墨西哥及南美。喜温暖而阳光充足的环境，不耐寒，喜肥沃、湿润的黏质壤土。

（三）繁殖方法

主要是分球繁殖。10月下旬霜降来临前，将晚香玉球茎挖

图2-18 晚香玉

出，充分晾晒，然后入室干藏，翌春3～4月将球茎取出，分大球和小球进行栽植。种植球根的深度应较其他球根为浅。球顶稍微露出土面为宜。植球后出苗较慢，需1个月左右，但苗期以后生长较快。据试验晚香玉球茎长到直径3～4厘米始能见花，故大球当年开花而小球则当年不能开花。

（四）栽培要点

晚香玉在栽植初期因出苗缓慢故浇水不宜过多。以后随着植株长大，就应及时浇水。可5～7天浇水1次。它喜大肥，栽植时应施足底肥。在花葶抽出后，可每隔2周追肥1次稀薄人粪尿液肥。冬季贮藏球茎时，要注意防止冻害和腐烂，室温应保持6～8℃。

晚香玉花香浓郁，清雅宜人，可布置花坛、花境或作盆栽。

第六节　露地木本花卉栽培

一、桃花

桃花（*Prunus persica*）别名碧桃。属蔷薇科李属，为落叶小乔木。

（一）形态特征

高2～8米，树冠开张。小枝褐色或绿色，叶椭圆状披针形，先端渐长尖，边缘有粗锯齿，花侧生，多单朵，先叶开放，通常粉红色单瓣。观赏桃花色彩变化多，且多重瓣。品种繁多，如碧桃（var. *duplex*），又名粉红碧桃，花粉红，重瓣；白花碧桃（F. *alba - plena*），花白色，重瓣；红花碧桃（f. *camelliaeflora*），又名绛桃，花深红色，重瓣；撒金碧桃（var. *versicolor*）；同一株上有红、白花朵及一个花朵有红、白相间的花瓣或条纹；紫叶桃（F. *atropurpurea*），叶紫红，花深红色；垂枝碧桃（var. *penula*），枝下垂，花重瓣，有白、淡红、深红、洋红、撒金等色；寿星桃（var. *densa*），又名矮脚桃，树形矮小，花白或红，宜盆栽（图2-19）。

图 2-19　桃花

（二）生态习性

原产我国西北、西南等地。现世界各国多栽培。喜光，耐旱，喜高温，较耐寒，但冬季温度在-23～-25℃以下时易受冻。怕水淹，要求肥沃、排水良好的沙壤土及通风良好的环境条件，若缺铁则易发生黄叶病。花期为3月中旬至4月中旬。

（三）繁殖方法

以嫁接为主，也可压条。用毛桃、山桃为砧木，嫁接方法通常采用切接和芽接方法。

（四）栽培要点

移植或定植可在落叶后至翌春叶芽萌动前进行，幼苗裸根或打泥浆，大苗及大树则应带土球。种植穴内应以有机肥作基肥，以满足其生长发育的需要。

桃花的修剪以自然开心形为主，要注意控制内部枝条，以改善通风透光条件，夏季对生长旺盛的枝条摘心，冬季对长枝适当缩剪，能促使多生花枝，并保持树冠整齐。通常每年冬季施基肥1次，花前及5~6月分别施追肥1次，以利开花和花芽的形成。常见病虫害有桃蚜、桃粉蚜、桃浮尘子、梨小食心虫、桃缩叶病、桃褐腐病等。应注意防治。片植构成"桃花园"、"桃花山"等景观，花期芳菲烂漫，妩媚鲜丽，令人陶醉。桃、柳间种于湖滨、溪畔等临水地区，可形成桃红柳绿、柳暗花明的春日胜景。为了避免柳遮桃光，应适当加大株、行距，并应将桃花栽植在较高、干燥的场所。

二、月季

月季（*Rosa chinensis*）别名月季花、长春花、月月红、四季蔷薇。属蔷薇科蔷薇属，为落叶或半常绿灌木。

（一）形态特征

高0.3~4米。茎部有弯曲尖刺，疏密不一，个别品种近无刺。奇数羽状复叶互生，小叶3~9片，多数品种椭圆形、倒卵形或阔披针形。有锯齿，托叶及叶柄合生。花多单生于枝顶。有的也多朵聚生呈伞房花序，多为重瓣，也有单瓣品种，瓣数5~80余片。果实近球形，成熟时橙红色。

月季花品种繁多，全球现有1万多个品种。按花色分，有白色、黄色、红色、橙色、复色等各种深浅不同的类型，个别品种有蓝色花和绿色花；按开花持续期分，有四季开花、两季开花和单季开花；按植株形态分，有直立型、树桩型；藤本型和微型等。

（二）生态习性

原产我国，现广泛栽培。喜光，对日照长短无严格要求，可不断开花，盛夏季节（33℃以上）暂停生长，开花少。适合温度20~25℃。在长江流域能耐寒，喜壤土及轻黏土，在弱酸、弱碱及微含盐量的土壤中都能生长，要求排水良好，喜肥。

（三）繁殖方法

以扦插、嫁接繁殖为主，也可压条、播种。扦插时期3~11月，嫁接时期以4~5月最好。生长期扦插应选用组织充实的枝条作插穗，带"踵"的短枝最好，尖端保留1~2对小叶。插壤以排水良好的黄沙、砻糠灰、蛭石均可。插后遮阳保湿，生根前浇水不宜过多，以免插条基部腐烂。

还可进行水插，春、秋季选用开花后的一年生壮枝，带叶两片插入深色玻璃瓶中，约7天换水1次，提供光照条件，30天即可生根。

嫁接用"十姐妹"、"粉团蔷薇"的扦插苗，或多花蔷薇的实生苗为砧木进行切接、芽接。切接在早春叶芽刚萌动时进行。芽接时期为5~10月。

播种多在培育新品种时采用。10~11月采收成熟的果实，用瓦盆进行湿沙贮藏，经2~3个月的充分后熟，取出果实内的种子，不使干燥，随即播于温室或温床。1~2个月出苗，当年可以开花。

（四）栽培要点

施肥是栽培管理的重要环节。栽植前翻土整地，多施有机肥为基肥，以后每年冬季修剪后，应补充施肥。春季叶芽萌动展叶后，可施稀薄液肥，促使枝叶生长。生长期多施追肥，每月2次，以满足多次开花的需要，但至晚秋时应节制施肥，以免新梢过旺而遭冻害。

修剪的主要时期在冬季,剪枝强度视所需树形而定。低干的在离地 30~40 厘米处重剪,保留 3~5 个分枝,其余部分都剪除;高干的适当轻剪,树冠内部侧枝应疏剪,病、虫、枯枝一并剪除。花谢后应及时剪除花梗,以节约养料,促使再发新梢。

月季花期长,花色丰富,适宜在分车带等街头绿地栽种,藤本月季是垂直绿化的优良材料,并可作篱、花架、花门。此外,还可盆栽,作切花。

三、樱花

樱花(*Prunus serrulata*)别名山樱花、山樱桃、福岛樱。属蔷薇科李属,为落叶乔木或小乔木。

(一) 形态特征

树皮栗褐色,有绢丝状光泽。叶卵形至卵状椭圆形,边缘具芒状齿。花 2~6 朵簇生,呈伞房花序状,花白色或粉红色。核果球形。花期 4~5 月(图 2-20)。

主要变种有:山樱花(var. *spontanea*),花单瓣,较小,白色或粉色,野生于长江流域;毛樱花(var. *pubescens*),叶、花梗及萼片有毛,其余同山樱花。具有观赏价值的有:重瓣白樱花(f. *albo-plena*),花白色,重瓣;重瓣红樱花(f. *rosea*),花粉红色,重瓣;玫瑰樱花(f. *superba*),花大,淡红色,重瓣;垂枝樱花(f. *pendula*),花条开展而下垂,花粉色,重瓣。此外,还有樱桃(P. *pseudocerasus*),花白色,果球形,熟时红色,可食。均为我国庭院中常见栽培的花木。

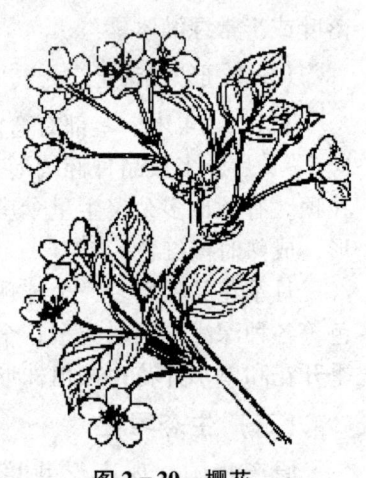

图 2-20 樱花

(二) 生态习性

主产我国长江流域,东北、华北均有分布。樱花喜光,较耐寒,喜肥沃湿润而排水良好的壤土,不耐盐碱土,忌积水。

(三) 繁殖方法

通常用嫁接法繁殖。以樱桃或山樱桃的实生苗为砧木,也可用桃、杏苗作砧木。于 3 月切接,或于 8 月芽接,接活后培育 3~4 年即可栽种。也可用根部萌蘖分株繁殖,易成活。

(四) 栽培要点

樱花栽种时,宜多施腐熟堆肥为基肥。日常管理工作要注意浇水和除草松土。7 月施硫酸铵为追肥,冬季多施基肥,以促进花枝发育。早春发芽前和花后,需剪去徒长枝、病弱枝、短截开花枝,以保持树冠圆满。常见害虫有红蜘蛛、蚧壳虫、卷叶蛾、蚜虫等,应及时防治。病害有叶穿孔病,可喷 500 倍液的代森锌。樱花花繁色艳,甚为美观,宜植于庭院中、建筑物前,也可列植于路旁、墙边、池畔。栽植樱桃,花如彩霞,果似珊瑚,红艳喜人。

四、蜡梅

蜡梅(*Chimonanthus praecox*)别名黄梅花、香梅、黄梅。属于蜡梅科蜡梅属,为落叶灌木花卉。

(一) 形态特征

小枝四棱形，老枝近圆形。单叶对生，椭圆状卵形，表面粗糙。花单生叶腋，黄色，或略带紫色条纹，具浓香，有单瓣、重瓣之分，因品种而异。隆冬腊月开花，故又称"腊梅"（图2-21）。

(二) 生态习性

原产我国中部各省，陕西秦岭、大巴山、湖北神农架等地发现有大面积野生腊梅。现各地广泛栽培。腊梅喜光而稍耐荫，较耐寒，冬季气温不低于-15℃地区，均能露地越冬。性耐旱，有"旱不死腊梅"之说。怕风，忌水湿，喜肥沃疏松、排水良好的砂质壤土。土质黏重或盐碱土，均不适宜生长。萌生性强，耐修剪。寿命长，有植株愈老开花愈盛的特性。

(三) 繁殖方法

可采用播种、嫁接、压条、分株等方法繁殖。以嫁接与分株较为常用。

(四) 栽培要点

腊梅的栽植，宜选向阳高燥之地或筑台植之，入土不宜偏深。冬季施1次基肥，腐熟饼肥或粪肥均可。5~6月追施1~2次有机肥，促使蕾多花大。雨季要注意排水，过旱时要适当浇水。腊梅的萌生性强，修枝和摘心工作很重要。修枝

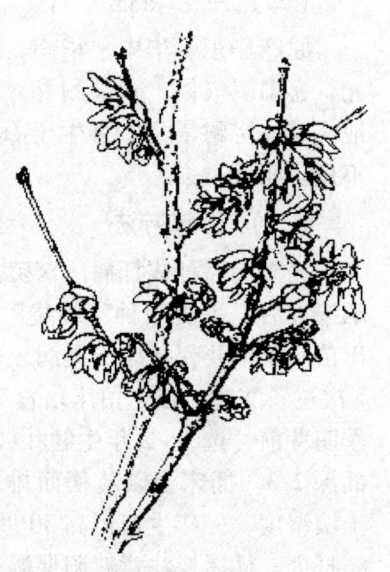

图2-21 腊梅

一般在花后进行，剪去纤弱枝、病枝及重叠枝，并将上年的伸长枝截短，以促使多萌新侧枝。摘心工作也是促使多分枝的一项措施，最好在春季新枝长出2~3对芽后就摘去顶梢，既保持良好树形，又利于花芽分化。如要培养较高大的腊梅，就要注意不宜过早摘顶，到长到一定高度时再摘顶以促使分枝。腊梅在盛花后，将凋谢的花朵及早摘去，以免结果消耗养分，这也是促使多开花的管理措施。

盆栽腊梅要用疏松、肥沃、富含腐殖质的沙质壤土；平时盆土宜稍偏干一些，秋后施干饼肥作基肥，开花期不再施肥，冬季勿浇肥水，否则会缩短花期。每隔2~3年要换大1号盆，换盆时将根部土团去掉1/3旧土，剪去过长老根，培以新培养土，可促使新根生长，枝多花繁。

腊梅是我国具有特色的冬季花木。通常配植于庭院中墙隅、窗前、路旁或建筑物入口处两侧，以及厅前亭周。也可以花池、花台的方式栽植。腊梅与南天竹配置，可在隆冬时节呈现"黄花、红果、绿叶"交相辉映的景色。

五、紫薇

紫薇（*Lagerstroemia indica*）别名百日红、满堂红、怕痒树。属千屈菜科紫薇属，为落叶小乔木花卉。

(一) 形态特征

树皮光滑，黄褐色，小枝略呈四棱形。单叶对生或上部互生，椭圆形或倒卵形，全缘。花为顶生圆锥花序，花冠紫红色或紫堇色，花瓣6片。花期长，6~9月陆续开花不绝。

主要变种有：红薇（var. *rubra*），花红色；银薇（var. *alba*），花白色；翠薇（var. *amabilis*），花紫色带蓝（图2-22）。

(二) 生态习性

原产华东、华中、华南、西南各地，园林中普遍栽培。喜光，喜温暖气候，不甚耐寒。适生于肥沃、湿润而排水良好之地。有一定耐旱力。喜生于石灰性土壤。长时间渍水，则生长不良。萌芽力强。

(三) 繁殖方法

通常用播种或扦插法繁殖。播种法10~11月采收蒴果，暴晒果裂后，去皮净种，装袋贮存，于次年早春播种，4月即可出苗。苗期要保持床土湿润，每隔15天施1次薄肥，立秋后施1次过磷酸钙。苗木留床培育2~3年后，再行定植。扦插于春季萌芽前，选1~2年生健壮枝条，剪成15~20厘米长的插穗，插深2/3。插床土以疏松而排水好的砂质壤土为佳。插后保持土壤湿度，一年生苗可高50厘米左右。梅雨季节可用当年生嫩枝扦插，插后要注意遮阳保湿。

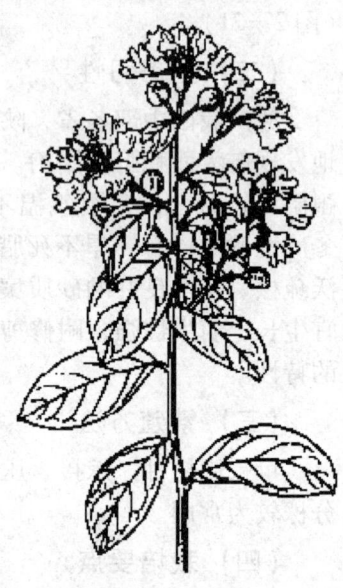

图2-22 紫薇

(四) 栽培要点

紫薇大苗移栽时需带土球，以清明时节栽植最好。栽后管理在生长期要经常保持土壤湿润，早春施基肥，5~6月施追肥，以促进花芽增长，这是保证夏季多开花的关键。冬季要进行整枝修剪，使枝条均匀分布，冠形完整，可达到花繁叶茂的效果。主要虫害有蚜虫、蚧壳虫，可用40%氧化乐果1 500倍液喷杀。病害有烟煤病，要注意栽植不可过密，通风透光好，有利病虫害防治。我国自古以来，常于庭院堂前对植两株。此外，在池畔水边、草坪角隅植之均佳。紫薇还宜制作盆景。

六、贴梗海棠

贴梗海棠（*Chaenomeles speciosa*）别名贴脚海棠。属于蔷薇科木瓜属，为落叶灌木花卉。

(一) 形态特征

高达2米，枝开展，有刺，无毛。叶卵形至椭圆形，叶缘有尖锐锯齿，托叶大，花单生或几朵簇生于二年生枝条上，花猩红，或淡红间乳白色，单瓣或重瓣，花径3~5厘米，花梗极短，梨果卵形至球形，长5~10厘米，黄色或黄绿色，有香气（图2-23）。

(二) 生态习性

原产我国中部，各地广泛栽培。喜光，有一定的耐寒能力，北京在小气候良好处可露地越冬。对土壤要求不严，但在深厚、肥沃的土壤中生长良好，畏涝。可耐轻度盐碱和干旱。花期2~4月，10月果熟。

（三）繁殖方法

压条、扦插为主，也可分株。3月或9月采用环状剥皮法进行压条，月余即生根，秋季或次春从母体割离移栽。

硬枝扦插可在早春叶芽萌动前剪取一年生的健壮枝条，按12～18厘米的长度剪穗，插入砂壤土中。嫩枝插则在生长期进行，注意遮阳保湿。

分株多在秋后或早春将母株掘起从自然缝隙处分割，每株带2～3个枝干栽种。

（四）栽培要点

贴梗海棠适应性强，管理粗放。花多着生于二年生的短枝上，可在花后剪除上年枝条的顶部，仅保留约30厘米，促进多发新梢，为翌年多开花创造条件。

株形较矮，花繁色艳，适宜在草坪、庭院或花坛内丛植或孤植。若配植于常绿树前更为鲜艳可爱。

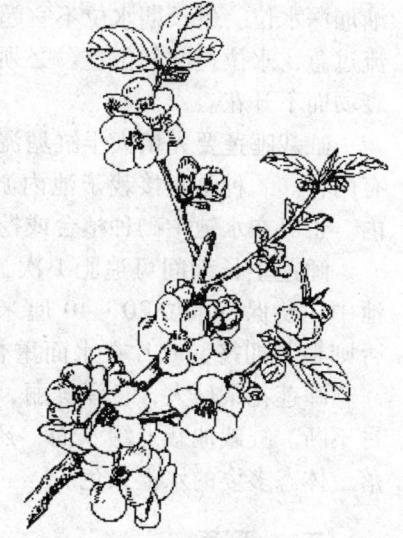

图2-23　贴梗海棠

第七节　水生花卉

一、睡莲

睡莲（*Nyrnphaea tetragona*）别名子午莲。属睡莲科睡莲属，为多年生水生花卉。

（一）形态特征

根状茎横生于淤泥中，叶丛生，卵圆形，基部近戟形，全缘。叶正面浓绿有光泽，叶背面暗紫色。有长而柔软的叶柄，使叶浮于水面。花单朵顶生，浮于水面或略高于水面，有黄、白、粉红、红等色。果实含种子多数，种子外有冻状物包裹（图2-24）。

（二）生态习性

广泛分布于亚洲、美洲及大洋洲。性喜强光、空气湿润和通风良好的环境。较耐寒，长江流域可在露地水池中越冬。花期7～9月，每朵花可开2～5天，花后结实。果实成熟后在水中开裂，种子沉入水底。冬季茎叶枯萎，翌春重新萌发。

图2-24　睡莲

（三）繁殖方法

采用分株法繁殖。于2～4月间将根状茎挖出，选带有饱满芽的根茎切成10～15厘米大小段，栽植在塘泥中。也可用种子繁殖，从塘泥中捞取种子，仍须放水中贮存。春3～4月播于浅水泥中，萌发后逐渐加深水位。

(四)栽培要点

栽植深度要求芽与土面平齐。栽后稍晒太阳即可放浅水,待气温升高新芽萌动后,再逐渐加深水位。生长期水位不宜超过40厘米,越冬时水位可深至80厘米。睡莲不宜栽植在水流过急、水位过深的位置。必须是阳光充足、空气流通的环境,否则水面易生苔藻,致生长衰弱而不开花。

缸栽睡莲要先填大半缸塘泥,施入少量腐熟基肥拌匀,然后栽植。浅水池中的栽植方法有两种。一种是直接栽于池内淤泥中;另一种方法是先将睡莲栽植在缸里,再将缸置放池内。也可在水池中砌种植台或挖种植穴。

睡莲生长期间可追肥1次,方法是放干池水,将肥料和塘泥混合做成泥块,均匀投入池中。要保持水位20~40厘米,经常要剪除残叶残花。经3年左右重新挖出分栽1次,否则根茎拥挤,叶片在水面重叠,则生长不良,影响开花。

睡莲花朵硕大,色泽美丽,浮于水面,着生于浓绿肥厚闪光的叶片丛中,清香宜人,数月不断。缸栽池栽点缀水面,还可与其他水生花卉,如鸢尾、伞草等相配合,组成高矮错落、体态多姿的水上景色。

二、王莲

王莲(*Victoria amazonica*)别名亚马逊王莲。属睡莲科王莲属,为多年生水生花卉。

(一)形态特征

根状茎短而直立,有刺。根系很发达,但无主根。发芽后第一至四片叶小,为锥形,第五片叶后叶子逐渐由戟形至椭圆形到圆形,第十片叶后,叶缘向上反卷成箩筛状。成熟叶片巨大,直径可达1.6~2.5米,直立的边缘4~6厘米,对着叶柄的两端有缺口。叶片浮力很大。花两性,花径25~30厘米,有芳香,颜色由白变粉至深红。果大,球形,近浆果状。每果具黑色种子300~400粒(图2-25)。

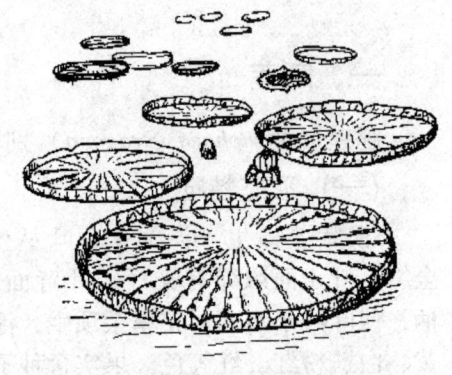

图2-25 王莲

(二)生态习性

原产南美亚马逊河流域。性喜高温高湿、阳光充足的环境和肥沃的土壤。在气温30~35℃,水温25~30℃,空气湿度80%左右时生长良好。秋季气温下降至20℃时生长停止,冬季休眠。王莲花开夏秋,每朵花开2天,通常下午傍晚开放,第二天早晨逐渐关闭至下午傍晚重复开放,第三天早晨闭合流入水中。

(三)繁殖方法

王莲宿根需在高温温室越冬保存,要求条件较高。生产上多采用播种繁殖。方法是冬季或春季在温室中播种于装有肥沃河泥的浅盆中,连盆放在能加温的水池中,水温保持30~35℃。播种盆土在水面下5~10厘米,不能过深。10~20天可以发芽。发芽后逐渐增加浸水深度。

（四）栽培要点

王莲播种苗的根长约 3 厘米时即可上盆。盆土采用肥沃的河泥或砂质壤土。将根埋入土中，种子本身埋土 1/2，另 1/2 露出土面，注意不可将生长点埋入土中，否则容易烂坏。盆底先放一层沙，栽植之后土面上再放一层沙可使土壤不至冲入水中，保持盆水清洁。栽植之后将盆放入温水池中。水深约使幼苗在水下 2~3 厘米至 15 厘米为宜，上盆之后，王莲的叶和根均生长很快。在温室小水池中需经过 5~6 次换盆。每次换盆后调整其离水面深度，由 2~3 厘米至 15 厘米。上盆、换盆动作要快，不能让幼苗出水太久。王莲幼苗需要充足光照，如光照不足则叶子容易腐烂。冬季阳光不足，必须在水池上安装人工照明，由傍晚开灯至晚上 22:00 时左右。一般用 100 瓦灯泡，离水面约 1 米高。

当气温稳定在 25℃ 左右后，植株具 3~4 片叶时，才可将王莲幼苗移至露地水池。1 株王莲需水池面积 30~40 平方米，池深 80~100 厘米。水池中需设立一个种植槽或种植台。

定植前先将水池洗刷消毒，然后将肥沃的河泥和有机肥填入种植台内，使之略低于台面，中央稍高，四周稍低，上面盖 1 层细沙。栽植王莲后水不宜太深，最初水面约在土面上 10 厘米即可。以后随着王莲的生长可逐渐加深水位。水池内可放养些观赏鱼类，以消灭水中微生物。

王莲开花后 2~2.5 个月种子在水中即可成熟。成熟时，果实开裂，一部分种子浮在水面，此时最易收集。落入水底的种子到晚秋清理水池时收集。种子洗净后，用瓶盛清水贮于温室中以备明年播种用，否则将失去发芽力。

王莲为著名的水生观赏花卉。叶片奇特壮观，浮力大。成熟叶片能负重 20~25 千克。

思考与实践

1. 露地花卉的栽培管理措施主要有哪些？
2. 为什么说"春分分芍药，到老不开花"？这句话的意义是什么？
3. 球根花卉和宿根花卉在栽培管理措施上有哪些异同？
4. 简述月季的繁殖方法和栽培要点，休眠期和生长期的修剪如何掌握？
5. 球根花卉在栽培管理时要注意哪些问题？
6. 观花木本花卉栽培管理时应注意哪些问题？

第三章 用材树种

第一节 泡 桐

泡桐属玄参科泡桐属，为我国特产树种，具有很强的速生性，在海拔1 200米以下的山地、丘陵、岗地、平原生长良好，在年降雨量400~500毫米的地方也能正常生长，是重要的造林绿化树种。泡桐用途广泛，其木材具有纹理通直、花纹美观、材质松软、密度较低等特点，是生产胶合板、拼板、集成板等的优良材料，也是造纸的良材，泡桐还可以用于制作乐器，也可入药。近年来，泡桐已成为各地造林的首选树种。

一、形态特征

树皮灰色、灰褐色或灰黑色，幼时平滑，老时纵裂。假二杈分枝。单叶，对生，叶大，卵形，全缘或有浅裂，具长柄，柄上有绒毛。花大，淡紫色或白色，顶生圆锥花序，由多数聚伞花序复合而成。花萼钟状或盘状，肥厚，5深裂，裂片不等大。花冠钟形或漏斗形，上唇2裂、反卷，下唇3裂，直伸或微卷；雄蕊4枚，2长2短，着生于花冠筒基部；雌蕊1枚，花柱细长。蒴果卵形或椭圆形，熟后背缝开裂。种子多数为长圆形，小而轻，两侧具有条纹的翅。

二、生物学特性

泡桐对热量要求较高，对大气干旱的适应能力较强，但因种类不同而有一定差异，泡桐生长迅速，7~8年生即可成材。在北方地区，以兰考泡桐生长最快。楸叶泡桐次之，毛泡桐生长较慢。不同种类的生长过程有所不同。

泡桐是一种喜光的速生树种，原产于中国，春季先开花后长叶，花大，是不明显的唇形，略有香味，盛花时满树花非常壮观，花落后长出大叶，叶密而大，树荫非常隔光。是良好的绿化和行道树种。但泡桐不太耐寒，一般分布在海河流域南部和黄河流域以南，是黄河故道上防风固沙的最好树种。泡桐生长非常迅速，十几年树龄的泡桐要比同龄杨树直径大1倍，但生长时间长了，树干会出现中空。由于生长迅速，所以木材材质轻软，容易加工，但也耐酸耐腐，防湿隔热。

三、栽培技术

泡桐在中国栽培历史悠久。北宋陈翥所著《桐谱》一书,比较全面地记载了古代劳动人民在泡桐栽培和桐木利用方面的丰富经验,至今仍有重要参考价值。1949年以后,泡桐造林获得很大发展,尤其是豫东平原的农桐间作,闻名全国,是著名的泡桐之乡。

(一) 良种选择

泡桐有兰考泡桐、白花泡桐、楸叶泡桐、台湾泡桐、南方泡桐、鄂川泡桐、川泡桐、毛泡桐、山明泡桐等。因地制宜选择适合当地的优良品种。

(二) 栽植技术

一般随整地随造林,采用穴状整地,深、长、宽各1米。应选用一年生二级以上的壮苗,于春季造林。栽植深度以苗木根颈与地表相平为宜。根据造林的目的和经营管理水平确定合理的造林方式和造林密度。在路旁、渠旁、河旁,可成行栽植,株距可为5~10米;在条件较好的地区,株间还可栽紫穗槐等。在宅旁、村旁可带状或块状栽植,造林密度5米×8米。实行粮食作物-泡桐间作时以桐为主的间作型,初植造林密度5米×5米,每亩26株;以粮为主的间作型,造林密度5米×40米,每亩3株;桐粮并重的间作型,造林密度5米×10米,每亩13株。造林一般在秋季落叶后到第二年春季发芽前进行。有的地区进行秋季带叶栽植,也可取得较好效果。在栽植时可施入腐熟的厩肥,有机肥或复合肥,与土混匀,回填土时,先填表土,后填底土,栽后浇水。

栽植当年,因降雨泥土下沉和强风影响,有些苗木发生倾斜或倒伏,应及时扶正,适当培土。泡桐根系分布较浅,不耐土壤干旱,幼林期每年冬季应翻锄一次,深10~20厘米;泡桐速生,需要充足的养分供应。可根据林木大小,在离树干基部30~70厘米处,挖10~30厘米深的圆形或半圆形的施肥沟,每颗树施氮肥0.1~0.2千克,与土拌均,然后覆土封盖。

泡桐造林当年,苗干上会从腋芽处萌发侧枝,有的萌发位置在苗干的2/3以下部位,造成主干过低,影响出材率和木材质量。因此,对一年生树干上分布较低腋芽,在没有木质化时必须抹(摘)除,以提高主干的高生长,达到培育高大通直无节良材,提高木材产量和质量。因为腋芽萌芽力很强,第一次抹芽后,还会反复萌发新芽,只有当枝条生长到0.5~1米以后,抹过的芽才不会再萌发,故必须重复抹芽2~3次。

(三) 病虫害防治

泡桐丛枝病是较为普遍的病害,有的地区发病率高达80%~90%,病原为类菌原体。幼树发病后,多在主干或主枝上部丛生小枝小叶,形如扫帚或鸟窝。防治方法包括选用无病母树的根作为繁殖材料,及时修除病树,选用抗病良种等。害虫有大袋蛾为害叶部,可采取根部注射乙酰甲胺磷。

四、泡桐育苗技术

(一) 苗圃整地

苗圃整地前每亩施农家肥500千克,过磷酸钙40千克。每亩匀撒50%辛硫磷颗粒剂1.5千克,硫酸亚铁15千克,进行土壤消毒。耕地深度25厘米,随耕随耙,然后制成高垄苗床，垄底宽 50 厘米，高 25 厘米，垄距为 1 米左右。

（二）种根采集

在 1 年生泡桐苗出圃时，从苗木根部剪下的多余和过长健壮根，或深翻泡桐圃地挖取留在土壤中泡桐根，晾晒 3~5 天再制种根，选择 1~2 厘米粗、无机械损伤健壮根，剪取长度 15 厘米，上剪口平，下剪口斜，要求剪口平滑、无劈裂现象。剪好的种根按粗细分级，50 根一捆，待储藏。

（三）种根贮藏

选择地势高、排水良好的背荫处挖沟，沟宽 1 米，深 80 厘米，长度视穗条的数量而定，整平沟底后，先在沟底铺 3~4 厘米厚的中河沙，将种根斜面向下，直立于沟内，每放一层种根，填充一层 5 厘米厚的中河沙。每间隔 1 米插一把秸秆，以利通风透气。距地面 10 厘米时，用土封堆成屋脊状。

（四）温床催根和催芽

3 月上旬，在向阳背风、地势较高、排水良好的地方，挖一东西方向的坑，坑宽 1 米，深 60 厘米，长度依种根多少而定。床北筑高 30 厘米的矮墙，南筑 10 厘米高的矮墙，东西墙与南北墙顺接，呈斜坡形，南墙外挖一排水沟。在坑内填 20~30 厘米厚的由 40%麦秸和 60%牛粪等组成的酿垫物，加水拌匀，摊平踏实，然后覆盖 3 厘米厚细湿沙土层。将种根大头向上、散开均匀排于坑内，种根间用湿沙或湿土充填，种根上覆盖细沙土 3~5 厘米，然后用塑料薄膜覆盖，床温应保持 20~30℃之间，超过 35℃时应掀开薄膜降温。种根 7~10 天即可愈合萌动，15 天左右当芽长至 1 厘米时，即可育苗。坑内覆盖的湿土，含水量应在 15%左右，即手握成团，触之即散。

（五）埋根时间

泡桐春季埋根时间依据当地气候而定，河南一般在 4 月中旬前后。

（六）埋根方法

泡桐埋根育苗采用低床，宽 1 米，采用南北走向。具体要求如下：①埋根株行距为 1 米×1 米，每 667 平方米埋根 667 株，也可采用宽窄行育苗，宽行 1 米，窄行 0.8 米，株距 1 米，这样每 667 平方米可埋根 1 000 株。②埋根方法。在垄上按株距挖好穴，将种根大头向上直立穴内，顶端埋入土中 1 厘米，两边土壤压实，使种根与土壤密接（催过芽的种根，如芽长到 5 厘米以上，埋根时将芽露出地面），埋根时上切口略低于地表，覆土 1 厘米左右，呈馒头状。插后圃地要用地膜覆盖，覆膜在埋根后随即进行，用厚 0.001 5 毫米透明地膜，顺垄铺于垄面，拉紧、铺平、封严、压实、严防漏气。幼芽出土后及时将出芽处的地膜穿孔，并用湿土将口封好，使芽苗伸出。

（七）苗期管理

泡桐春季埋根后 20 天左右即发芽出土，可在发芽前扒去土堆，晒土催芽。幼苗出土长至 10~20 厘米时定苗，每个根穗上保留一个健壮的幼芽，其余除去。5 月下旬到 8 月下旬这段时间，为埋根苗的旺盛生长期。因此，这一时期是培育壮苗的关键时期，应及时施追肥，第一次在 5 月底前，每株施稀释人粪尿 1.5 千克左右，或硫酸铵每 667 平方米 30 千克。第二次在 6 月中下旬，每 667 平方米施硫酸铵 40~50 千克，离苗木 20~30 厘米处开穴或挖沟施入，施后封土，土壤干燥时要浇水。此外用0.1%～0.2%的尿素水溶液进行根外施肥。7月中旬追施尿素或硫酸铵一次，施肥量大些，8月上旬施一次磷钾追肥，促进苗木木质化，9月上旬以后，苗木高生长逐渐结束，各部组织不断充实，不再浇水施肥，以免引起苗木后期徒长。在整个苗木生长过程中，及时中耕除草，并做好病虫害防治工作，如防治金龟子等虫害，可使用50%甲胺磷树上喷药防治，防治炭疽病、立枯病等病害，可使用等量式200倍波尔液树上喷药防治。

第二节 杨 树

杨树是杨柳科杨属植物落叶乔木的通称。全属有100多种，中国有50多种。杨柳科有三个属，即：杨属、柳属、钻天柳属。杨属中又分为5个派：胡杨派、白杨派、青杨派、黑杨派和大叶杨派。杨树在我国的分布很广，从新疆维吾尔自治区到东部沿海，北起黑龙江、内蒙古自治区到长江流域都有分布。不论营造防护林还是用材林，杨树都是主要的造林树种。尤其近十年来，我国杨树造林面积不断扩大，已成为世界上杨树人工林面积最大的国家。其木材用作民用建筑材，生产家具、火柴梗、卫生筷、锯材、造纸等，同时，也是人造板及纤维用材。叶是良好的饲料。杨树又是用材林、防护林和四旁绿化的主要树种。

一、形态特征

杨树小枝具顶芽与芽鳞2枚以上。单叶互生，卵形或近圆形。柔荑花序，雌雄异株，不具花瓣，有环状花盘及苞片。苞片顶端分裂，雄蕊多数。蒴果。

二、栽培技术

目前，杨树速生丰产林发展很快，但要达到速生的目的，必须采用科学的栽培技术，满足杨树速生的条件，因此，根据杨树栽培情况和存在的问题，应掌握以下几项技术。

（一）立地条件

选择适宜杨树生长的造林地，是实现杨树速生丰产的基本条件。杨树是落叶阔叶树中的速生树种，在土层深厚、疏松、肥沃、湿润、排水良好的冲积土上生长最好。

（二）整地

造林地经修好排灌沟渠系统后，进行穴状整地，规格为长宽分别为0.8～1.0米，深0.8～1米。

（三）苗木选择

选用壮苗，根据不同的培育目标选择不同的杨树品种。胶合板需要大径材，干形通直圆满、无疤结，木材硬度适中，旋切、干燥、胶合性能好。适于培养胶合板材的主要是黑杨派的优良品种，如欧美杨107、108杨等。纸浆材要求杨树品种生长快，材色浅，木材密度较大，纤维素含量高，纤维长（应达到0.9毫米以上），纤维长宽比大于35，壁腔比小于1，杂质含量低等，适于培养纸浆材的杨树品种有：中林46、三倍体毛白杨等。试验证明选用2年根1年干或2年根2年干，高4.5米以上，胸径3.5厘米以上的苗木造林，不但缓苗期短,抗自然灾害的能力强,而且生长快,成才早,出材量高。对壮苗的要求是根系发达完整,苗木粗壮,枝梢木质化程度高,具有充实饱满的顶芽,无机械损伤,无病虫害。

(四) 造林密度

设计合理的造林密度,应根据杨树品种的特性,造林地立地条件,培育目标,轮伐周期等因素来确定。立地条件好的造林地。生长快、树冠较大的品种,培养大径材的,密度小些,立地条件较差,选用干形通直,冠形较窄的品种,培育短轮伐期的林分时,密度可以大些。一般短周期纸浆林的造林密度为2米×3米,3米×3米,3米×4米,胶合板材和家具材的造林密度为5米×6米,6米×6米,4米×8米,以利培育大径材。

(五) 栽植技术

1. 苗木处理

在起苗、运苗、栽植的各个环节,都要防止苗木失水。在苗田应遵循先灌水后起苗的原则,苗木起运中要注意保护好根系,使根系完整、新鲜、湿润,尽量做到随起、随运、随栽。不能及时栽植的苗木,要用清水浸泡,然后随栽随取。栽前要剪去全部侧枝。

2. 栽植时间

春季和秋末冬初,杨树落叶后及萌芽前均可栽植。

3. 栽植方法

根据土壤条件而定,在较干旱疏松的土壤上栽植60厘米左右为宜,而在比较黏重的土壤和低洼地,则不宜深栽。造林时要求大穴栽植,扶正,分层填土、踩实,使苗木根系舒展与土壤密接,栽后立即浇水,水渗后扶正苗木,培土封穴。

(六) 抚育管理

1. 适时灌溉

杨树是速生树种,对水分的要求较高。所以适时灌溉不仅能提高造林成活率,还能提高杨树的生长量。

2. 合理施肥

基肥:在造林前每株施土杂肥5~10千克,过磷酸钙0.5千克左右,混合后施入挖好的树穴内。追肥:第二年5月每株施尿素200~230克,第三年5月每株施尿素330~400克。造林当年可晚施、少施,随林龄增加可适当多施,并注意氮磷钾配合,追肥要与浇水结合进行。

3. 松土除草

林木郁闭前,每年除草不少于两次,实行农林间作时可与农作物管理结合进行。以疏松土壤,防止土壤板结。

4. 修枝

适时修枝可提高树干质量,有利于培育干形圆满的优质良材。造林时修去苗木的全部侧枝,造林后1~3年的幼树,去除竞争枝,保留辅养枝,并剪除树干基部的萌条,培养直立强壮的主干。修枝强度应保持树体冠高比在3:4以上。胶合板材应没有疤结,当第一轮侧枝基部的树干达到10~12厘米时进行修枝,去掉第一轮侧枝。修枝应在秋季树木落叶后进行,切口要平滑,不撕裂树皮。

对4年以后的林木要逐步修除树冠下层生长衰弱的枝条,使树冠长度与树高保持以下比例：树高 10 米以上，冠高比 2:3；树高 20 米以上，冠高比 1:2；树高 25 米以上，冠高比 1:3。

5. 实行农林间作，以耕代抚

在林木郁闭以前实行农林间作，不仅提高了土地利用率，还可通过对农作物的管理措施如松土、锄草、浇水等，促进林木生长。

三、杨树育苗技术

林木种苗是林业生产的物质基础，是决定绿化造林工程数量、质量以及生长水平的最主要因素。在春季育苗的黄金季节，杨树育苗技术主要把握好如下几个方面：

（一）立地条件选择

苗圃宜选择在灌溉方便、土壤肥力较好、酸碱度适中或稍偏酸、周边无大树遮阴的土地，连续育苗 5 年以上的苗圃宜换茬种植蔬菜后继续育苗。

（二）品种选择

扦插前要做好品种选择、施肥、翻地、开挖墒沟、土壤消毒、扦插条杀菌等工作。目前，我国北方推广杨树造林品种有欧美 107、108 杨、中林 46 杨等，种苗高度 3.5 米以上，无溃疡病、黑斑病菌危害，无秋梢。

（三）整地施肥

在翻地前施高效复合肥可促进扦插后种苗成活及生长，每亩可施 70~80 千克；翻地宜选用大机旋翻，增加耕翻深度，有利于种苗对肥料的吸收；墒沟每亩纵横至少两条，深度 50 厘米以上；扦插条准备是重点，一般保留 3~4 个芽口，截口要平整，小头直径不小于 1.5 厘米，扦插前宜用多菌灵 1 000~1 500 倍液浸泡 8~12 小时消毒。

（四）苗期用药

在扦插时进行苗木和土壤消毒，目前，要对在圃苗木用多菌灵灌一次根。从 4 月开始至 9 月的生长期内，必须连续、交替地每半月喷施一次杀菌剂。具体用药时间及方法为：50% 多菌灵可湿性粉剂 800~1 200 倍液喷施 15 天后再换 75% 百菌清 600~800 倍液喷施 15 天后再换 70% 甲基托布津可湿性粉剂 1 500~2 000 倍液 15 天后再换 90% 乙磷铝可湿性粉剂 800~1 200 倍液喷施。以上 4 种农药依次交替喷施，整个生长期共要求喷药 12 次左右。喷药时要求叶片正背面、树干四周及上下部要全部均匀喷透，以滴水为宜，切不可漏喷。在虫害发生期，上述农药可与杀虫剂混合使用，一举两得。另外，要将田间已出现病斑的苗木立即清除。通过上述措施，基本控制在来年春季起苗时，整个苗圃不出现病苗。

（五）苗期施肥

要培育粗壮无秋梢的树苗，关键在科学施肥。科学施肥要掌握早、足、全、控的原则，即早施，量足，肥料养分全，控制后期施肥。除正常施足基肥与苗肥外，最后一次施肥可提前在 6 月下旬前，以保证苗木顶部充分木质化，严禁在 7 月中旬以后施肥，避免徒长秋梢。一般可以使用 45% 的氮、磷、钾复合肥，每亩用量 50~75 千克。缺肥的田块，还可加施氮肥，每亩用尿素 20~25 千克加 45% 复合肥穴施。施肥时要带足水，保证肥料被充分溶解、吸收。

（六）苗期灌水

在扦插后漫灌一次的基础上，为使苗圃保持较好的墒情，减少寄生菌的侵害，在苗木生长期间,要保证水分充足,避免因土壤干旱造成苗木体内缺水。另外,在越冬前和开春后要各浇一次透水。在大雨或灌溉后,都要及时松土保墒,促进苗木生长。

(七) 其他管护要求

一是定干修枝。对易发侧枝的苗木进行周期性抹芽,保证主梢生长。二是松土锄草。要贯彻"除早、除小、除了"的原则,即在杂草萌动出土后,立即将其清除干净,不可拖延时间,以免杂草与苗木争夺土壤养分和水分。三是防治食叶害虫和天牛。杨树苗期食叶害虫主要有刺蛾(洋刺子)、黄翅缀叶野螟、杨小舟蛾、杨扇舟蛾等,可用80%的敌敌畏1 000倍或2.5%的溴氰菊酯5 000倍液喷雾毒杀。2年生以上树苗可能发生天牛危害,可通过截干或挖除,彻底消灭虫源。四是对密度过大的要间苗,保证每667平方米苗木在3 500株左右。

思考与实践

利用所学知识对自己所栽种的泡桐和杨树进行管理?

第三篇 蔬菜栽培技术

中国北方万名农村技术人员培训教材

蔬菜栽培史本

第一章　绪　论

蔬菜种类繁多，富含多种维生素、微量元素、蛋白质、糖等营养物质，也具有很好的医疗保健作用，是人们日常生活中必不可少的副食品。随着人民生活水平的提高，社会对优质多样化蔬菜的需求也日益增高，供应充足质优的时令鲜菜是关系到人民身体健康状况和生活水平的一件大事，党和政府历来重视蔬菜生产的发展。我国各地主要城市实施了"菜篮子"工程，使蔬菜生产的季节性和人们消费的经常性这一矛盾得到缓解。蔬菜生产经营是农民增收、农业增效的主要途径，已经成为我国农业经济快速高效发展不可缺少的重要组成部分。

第一节　我国蔬菜栽培历史及发展

我国蔬菜栽培已有悠久的历史，古代劳动人民在常年蔬菜生产实践中，积累了丰富的蔬菜栽培经验。解放后，随着生产关系的改变，生产力的发展，人民生活水平的提高，使我国蔬菜生产有了巨大的发展，各地菜农因地制宜引进了国外优良常规品种、利用一代杂交优势、采用嫁接高产防病栽培技术、发展多种类型的保护地栽培。20 世纪 50 年代出现了改良阳畦；20 世纪 60 年代以日光温室为主体的保护地栽培得到了发展。20 世纪 70 年代利用塑料大棚生产蔬菜已普及到全国，蔬菜无土栽培技术也逐渐发展起来。目前，我国蔬菜生产已形成多品种、多样化、周年生产的专业化栽培结构。为了促使蔬菜生产进一步发展，在栽培管理方面正在努力实现蔬菜生产集约化、栽培技术规范化，田间管理现代化。随着社会经济的发展，以及国际方面的交往，我国蔬菜将出现"蔬菜生产工厂化"的美好前景。

第二节　当前蔬菜生产中不可忽视的问题

一、蔬菜周年供应失衡，容易出现淡旺季

蔬菜作物种类繁多，大多起源于热带、亚热带地区，在长期的系统发育过程中，形成了喜温怕冷和喜凉怕热的特性，大多不耐冬季严寒和夏季高温高湿。许多地区全年无霜期仅 200 天左右，冬季除少数多年生宿根菜及耐寒力强的蔬菜，一般蔬菜难以在露地栽培过冬，一年内主要栽培为春秋两大季。形成 6~7 月和 10~11 月两个上市旺季，而逢冬春严寒和夏

秋高温多雨、茬口交替季节，就出现春淡和秋淡两个淡季，形成"两旺两淡"。

二、需要大力发展优质无公害蔬菜

无公害蔬菜是指无污染生态条件下栽培的在生产管理过程中不施或少施化学农药，产品中农药及其他有害成分残留不超过国家规定标准的蔬菜。发展无公害蔬菜既是保护人类健康的需要，也是满足国内外市场的需要，而且对保护环境，促进农业可持续发展具有积极的作用。

三、蔬菜生产机械化水平有待提高

提高机械化水平可以提高生产效率、降低生产成本、增加经济效益，应大力推广应用以下园田机械：旋耕机，达到一耕二耙的要求，耕后不留沟、不留垄、地表平整。筑埂机，可以筑埂、平沟、开沟一机多用。菜田播种机，一次完成起垄、播前镇压、开沟、播种、覆土、播后镇压等作业。收刨机，主要用于收获块茎、块根或球茎等地下根茎蔬菜。

第三节　实现蔬菜平衡生产，周年供应的基本途径

应做好以下几点：
（1）建立旱涝保收、高产稳产的专业蔬菜生产基地。
（2）大力发展设施栽培，利用温室、塑料棚等保护设施进行提早、延后和遮阳等形式的栽培，使之在不适宜或不利的气候条件下，人为地创造适应蔬菜生长的条件，增加淡季蔬菜生产和增加花色品种。
（3）增加蔬菜种类与品种，注意安排好淡季茬口。引进培育更多的抵抗性强、适应性广、高产优质蔬菜新品种，因地制宜地安排复种指数，季节茬口，品种结构，排开播种，统筹兼顾，全面安排全年生产茬次。
（4）加强科学管理，提高蔬菜单产。提高综合栽培技术和防病虫害技术。加强科学技术的普及推广，提高菜农的专业技术水平。
（5）抓好蔬菜贮藏保鲜和加工。进行一定的蔬菜贮存和加工。如一些速冻、冷藏、激光保鲜等。

思考与实践
发展蔬菜生产的重要意义和确保正常供应的途径有哪些？

第二章 蔬菜栽培生物学基础

第一节 蔬菜作物起源与分类

一、起源

栽培蔬菜也和其他作物一样由野生植物进化而来。它们仍保持着野生类型的许多基本生物特性,例如,原产于热带雨林地区的黄瓜,目前,虽在温带可以生长,但在保护地创造的高温、潮湿、照度略低的人工环境下才能高产;起源于晴朗、干旱地区的西瓜与甜瓜,目前在多雨、潮湿的地区和年份仍难获高产。

二、分类

蔬菜作物种类繁多,目前通常有3种分类方法:

(一) 植物学分类法

依据植物进化上亲缘关系的远近按科、属、种进行分类。目前常见蔬菜,大部分属于黎科、十字花科、豆科、伞形科、茄科、菊科、百合科等。

(二) 食用器官分类法

1. 根菜类

有萝卜、胡萝卜、甜菜、芥菜等蔬菜。

2. 茎菜类

茎菜类包括肥大地上茎为产品的莴苣、芥蓝、茎蓝(球茎甘蓝)等;块茎类中主要有马铃薯、菊芋;鳞茎类则有洋葱、胡葱、大蒜等。

3. 叶菜类

这类蔬菜,包括叶片和叶柄为食用器官的,还可细分为三小群。①普通叶菜类有小白菜、菠菜、甜菜、生菜、茼蒿、油菜(青菜)等;②结球叶菜类有栽培的结球叶菜只两种,大白菜与结球甘蓝;③香辛叶菜类有大葱、分葱、韭菜、芹菜、茴香、香菜、紫苏等。

4. 花菜类

目前,栽培较多的是花椰菜和少量金针菜(黄花菜)。

5. 果菜类

是以果实和种子作为食用器官的蔬菜,可分瓜、果、豆、杂四群。①瓜类有西瓜、甜瓜、黄瓜、南瓜、笋瓜、西葫芦、葫芦、丝瓜、冬瓜等;②果菜类有番茄、茄子、辣椒、酸浆;③豆类有蚕豆、豌豆、菜豆、扁豆、豇豆、毛豆;④杂果类有甜玉米。

(三) 农业生物学分类

将产品器官相似的蔬菜进行分类。

1. 白菜类

包括十字花科芸薹属的结球白菜、芥菜、结球甘蓝、花椰菜、苤蓝等。

2. 根茎类

有萝卜、根用芥菜、芜菁、伞形科的胡萝卜、黎科的根用甜菜等。

3. 葱蒜类

包括洋葱、大葱、蒜、韭菜和胡葱。

4. 绿叶菜类

有小白菜、油菜(青菜)、水萝卜、莴苣、茼蒿、芹菜、茴香、香菜、菠菜、叶用甜菜。

5. 薯芋类

只有马铃薯和菊芋。

6. 茄果类

包括茄子、辣椒、番茄和酸浆。

7. 瓜类

这一类蔬菜都属于葫芦科蔬菜。

8. 豆类蔬菜

此类蔬菜均属于豆科蔬菜。

此外,还有多年生蔬菜、水生蔬菜和食用菌类。

第二节 蔬菜作物的生长发育规律

现代蔬菜由野生植物经系统发育及进化而成,这中间由于自然选择人工培育,形成了每种蔬菜的独特的生育特点,它们的生长过程都可分为营养生长阶段和生殖生长阶段;其发育则又可以分成春化阶段与光照阶段两个时期。

一、蔬菜作物的生长过程

(一) 营养生长期

1. 发芽期

种子吸水萌动,利用种子中的贮存养分发芽并使幼芽出土。

2. 幼苗期

出土的幼芽张开子叶,出现真叶,种子中贮存养分耗尽开始以自己的根系吸收土壤中水分养分,并以自己的幼小叶片进行光合作用制造有机质。

3. 养分积累期

长成的幼苗,由于进行旺盛营养生长而形成强大的根系、茎、叶片等营养器官,当这些器官充分长大之后,同化作用制成的养分的剩余部分就逐渐在叶、茎或根中贮存起来,形成叶球,肉质茎或根。

4. 休眠期

当器官内已贮存大量养分,发展到一定大小时,它们的同化作用器官就逐渐凋萎,养分贮存器官同时进入休眠状态。

(二) 生殖生长时期

1. 花蕾期

生殖生长期严格说来应当从形成明显的花蕾时算起,但实际上还在幼苗期许多蔬菜植物就进行 花芽分化,只是这时的生长发育中心仍是幼苗营养器官的生长而已。

2. 开花期

花蕾中花粉和子房中的胚珠发育成熟,花朵开放,完成授粉作用。

3. 结果期

授粉之后子房逐渐发育成果实,胚珠则发育成种子并逐渐成熟。

4. 种子期

种子成熟后到再开始发芽之前称为种子期,呈休眠状态。

二、蔬菜的阶段发育

蔬菜作物中一二年生种类的整个发育以及过程具有不同的阶段,每一阶段对环境条件有不同的要求。起源于热带的瓜类、茄类及豆类等,都不要求低温春化,而在较短的日照下通过光照阶段。起源于亚热及温带的白菜、芥菜、甘蓝及各种根菜类,都要求低温通过春化,要求有一个越冬时期,而在较长的日照下通过光照阶段,成为两年生蔬菜。当然,通过春化阶段虽是局限在生长点上,但也与叶根有着密切关系。比如,春化阶段的通过与叶和茎的生长状态也有密切关系。

第三节 种 子

蔬菜种子按大小可分三类:大粒种子其千粒重为 100~1 000 克的,如豆类、瓜类等;中粒种子其千粒重为 10~16 克的,如菠菜、萝卜等;小粒种子千粒重 3~6 克的,如白菜类、茄果类和葱蒜等,有 1~2 克的如芹菜、莴苣等。

同一种蔬菜千粒重愈大,所含营养物质愈多,对胚的发展愈有利,而且关系到秧苗的健壮程度,它的后效甚至会影响到植物生长的全过程。因此,播种时选用千粒重大的种子,对生产有重要作用。

大粒种子顶土力强,小粒种子顶土力弱,播种技术要求高,苗期生长缓慢。水是种子幼胚发芽时所需的一切营养物质,包括酶类和激素活化的基质;氧气是种子进行生命必需的条件,在种子萌动时,这两个条件在一定适温的配合下,种子进行萌动,胚根穿破种皮,胚轴伸长,顶着幼芽破土而出。

播种后要求幼芽尽快出土，以减少自身养分的消耗，这就要求提供适宜的温度、水分、氧气条件，尤其是春季播种后，土温是影响幼芽出土的主要矛盾，因此要采取相应措施提高土温，夏、秋季播种气温高，影响幼苗出土的主要矛盾又是水分，经常保护疏松湿润的土壤，但又要防止积水，是幼苗迅速出土的先决条件。

另外，对小粒种子覆土应薄，只要用耙子轻轻一搂，遮住其身就行了，对中粒种子覆土厚度0.5厘米，对大粒种子覆土厚度可到2厘米。

种子贮藏条件直接影响到种子的寿命或发芽年限，蔬菜种子的发芽年限或寿命，系指种子保持发芽能力的年数，这除取决于种子本身的遗传特性、繁育条件、成熟度外，贮藏条件对种子寿命有直接影响。

贮藏条件中空气中的氧、温度和湿度，其中，对种子生活力影响最大的是湿度，因为潮湿条件会使种子大量吸水，引起强烈呼吸，大量营养物质的消耗使生活力迅速减弱或完全丧失，潮湿加上高温使生活力丧失更快。

第四节 播 种

一、播种量

播种前首先需确定播种量。可以根据种子的发芽率、千粒重、营养面积推算。出苗率只有发芽率的20%~70%。因此，播种时要加强安全系数，大粒种子增加倍数较小，小粒种子增加倍数较多。

二、种子处理

为了促使种子发芽迅速，出苗整齐、加快植株的生长发育，提早成熟，提高产量，蔬菜栽培上广泛应用了播种前的种子处理技术。

（一）种子消毒

为了防止病害的传播和发生，最好进行严格的种子消毒，尤其对一些种子带菌的严重病害，更应引起重视。

1. 热温烫种

一般用55℃左右的热水，烫种10~15分钟，透水困难的种子，如丝瓜，可用75~80℃的热水浸透3~5分钟，烫时要一面烫一面搅，使种子受热均匀。如在烫种前，先把种子用水浸湿更好，可收到杀灭病菌的效果。

2. 药剂消毒

可以分为药粉拌种和药水消毒，前者比较安全、简便。方法是将敌克松粉剂、克菌丹可湿性粉等与种子混拌均匀。用量为种子重量的0.2%~0.5%可预防蔬菜的多种苗期病害。药水消毒是用50%可湿性多菌灵250~500倍水液浸种2小时，可防茄子绵疫病、黄萎病，或用40%甲醛100倍液浸种15分钟，硫酸铜100倍液浸种5分钟，可防蔬菜苗期猝倒病、茄子褐纹病、番茄轮纹病、辣椒炭疽病等。用药水浸种消毒后，要用清水淘洗干净，而后再浸种催芽。切忌药液入口，手也要洗涤干净，以免中毒。

（二）浸种催芽

浸种前，先将附在种皮上的黏质洗净，以利种子的吸水和呼吸。浸种的水温，喜温蔬菜一般为25~28℃，耐寒蔬菜为20~22℃，浸种时间不宜过久，浸种过程中，每5~8小时要换水一次。浸种时间，除黄瓜外的瓜类8~12小时，胡萝卜、芹菜、菠菜24小时，白菜、萝卜4~5小时；番茄3~4小时，辣椒5~6小时，茄子8~10小时；黄瓜4~5小时。催芽前，把种子从水中捞出，并摊开稍晾片刻，使种皮表面的水分散发。然后用多层麻袋布、毛巾、纱布包好，放在容器内置于温暖处催芽。催芽期间，每4~5小时松动包内种子一次，进行换气，并将种子转换位置，以免发芽不齐。种子量大时，每20小时用温水冲洗种子一次。催芽的温度喜温蔬菜25~30℃。耐寒蔬菜20~25℃。所需时间2~5天不等，以种子大部分露出胚根，长不超过种子长的一半为宜。其中，黄瓜1~2天，番茄2~8天，茄子6~8天。催芽后，若遇变天不宜播种时，可将已出芽的种子放冷凉处，减缓发芽，等天气转好再播种。

少量种子常采用贴身催芽，效果很好。即把浸过种的种子用纱布包好，外包一层塑料膜，装在贴身衣袋内，每天冲洗一次。

对一些寒性蔬菜在炎热的夏季播种时，往往有出芽不齐的现象，可在浸种后给以低温处理（15~20℃），使其在低温下萌发。还可用生长激素处理播种材料，以打破休眠促进发芽。如用5毫克/千克赤霉素溶液处理马铃薯整薯，有明显的催芽作用。

（三）变温处理

对已萌动的蔬菜种子，给予1天或几天的高、低温的反复交替处理，以促进蔬菜的生长发育以及增强抗寒能力，具体方法是将萌动种子先放在零下1~5℃的低温下，经18小时，然后用凉水暖冻，再放到18~22℃下6~12小时。

三、播种方式和方法

蔬菜播种方式有撒播、条播、穴播多种。撒播又分干播和湿播两种。播种前在畦内灌水，待水渗下后，将种子均匀地撒在平整的畦面上，然后覆盖干土的为湿播。播前不灌水，撒播种子后，覆土镇压，或划破畦面，使种子散落在浅土层中，然后镇压的为干播。条播是按一定的行距开沟播种，使行内植株密集，因行距较宽，便于管理。点播又称穴播，是按一定的行距和株距开穴，每穴播下数粒种子，操作细致的穴上部覆一小堆土，幼苗出土前除去，这样可以增温、保湿，并防止暴雨冲刷和土壤板结。覆土的厚度应做到小籽浅播，大籽深播。疏松的土壤，播种宜深，黏重土壤宜浅。高温干燥适当加深，阴雨天宜浅。此外，也应注意到种子发芽的特点，如菜豆宜浅播，瓜类种子发芽时种皮不宜脱落。除将种子放平外，还要保持一定深度和土壤湿度。播种深度一般为种子直径的2~6倍。

第五节　育　苗

一、保护地育苗技术

（一）苗床准备

首先要配制培养土，一般是6~7份菜园土，3~4份腐熟的有机肥，再加用一些氮肥、过磷酸钙和草木灰。播种的床土一般厚5~7厘米，分苗床厚10~12厘米。营养土方育苗近年来各地普遍采用，具体制作方法是：用35千克大田土，15千克充分腐熟的马牛粪或猪粪，1千克过磷酸钙，1.5~2千克草木灰，铺入床内搂平、灌水、抹平，再撒1千克的药土，切成8~12厘米见方的土块。在土块中央挖一小坑，坑深0.5~1.0厘米，作为播种穴。在切缝处撒以沙土或草木灰，便于移苗。对于根系再生能力较强的茄果类，可采用一般的畦内撒播。

（二）播种

苗床整好即可进行播种。可根据当地的定植和具体的育苗条件向前推算出适宜的播种期（表2-1）。利用苗床播种，要全面考虑栽植面积。不同蔬菜育苗时每667平方米所需苗床面积为：黄瓜30平方米，需要点播种子250克；番茄4~6平方米，需种子20克；茄子3~5平方米，需种子40克；辣椒4~6平方米苗床，需种子50克；甘蓝3~5平方米，需种子20~30克。播种方法，瓜、豆类采用营养钵或营养土方点播外，其他蔬菜可采用撒播，并以湿播催芽种子为主。覆土厚度与一般播种相同。

表2-1 几种主要早春蔬菜的育苗及定植期

蔬菜种类	塑料大棚			露地		
	播种期	定植期	苗龄	播种期	定植期	苗龄
黄瓜	1月上旬	3月中旬	60天	3月中旬	4月下旬	40天
番茄	12月上中旬	2月上旬	80天	2月上旬	4月下旬	70天
辣椒	12月上中旬	3月中旬	90天	1月中旬	4月下旬	100天
豆类	2月中旬	3月中旬	30天	3月中旬	4月下旬	40天

（三）苗期管理

种子发芽和出苗要求较高温度，喜温蔬菜为30℃左右，耐寒性蔬菜为22℃，苗出齐后，须逐渐降低温度，适当进行通风换气，以免幼苗徒长。喜温蔬菜维持20℃左右。耐寒性蔬菜为15℃左右，小苗真叶不断出现，互相拥挤时要进行分苗，分苗过晚幼苗细弱，延迟结果，影响产量，茄果类一般移苗1~2次。

（四）幼苗锻炼

要适当降低温度，控制水分，并要酌施磷、钾肥料。锻炼方法，可随天气转暖，逐渐加强苗床的放风。定植前十多天夜间也要打开一部分覆盖物，最后完全揭去。定植前1~2天浇透水，以利带土起苗。

二、露地育苗技术

（一）露地育苗的主要季节

在河南省气候条件下春、夏、秋三季均可露地育苗。耐寒性蔬菜如：芹菜、莴苣、甘蓝、大葱、洋葱，都在头一年秋冬季露地育苗，初冬或早春提早定植。冬季育苗要掌握越冬幼苗的大小，过大易先期抽薹，过小达不到早熟目的。秋冬蔬菜如秋季的甘蓝、大白菜，夏、秋及延迟栽培的黄瓜、番茄、西葫芦、莴苣、甘蓝等，按适宜的定植期计算苗龄。一般苗期为：叶菜类、豆类、瓜类约20~30天，芹菜60~80天，番茄40天，韭菜、葱90

天左右。

（二）露地育苗床

炎热多雨的夏季要采用高畦，四周挖好排水沟，并采用遮阴育苗：最常用的是设立 1~1.5 米高的支架，架上添加覆盖物，架下温度低，光照较弱，并可防止暴雨冲淋。

（三）幼苗管理

出苗后，要及时间苗、浇水，并进行必要的追肥和中耕除草，保证壮苗和适宜的蔬菜苗龄的标准。

思考与实践

蔬菜育苗方式有几种？

第三章 保护地栽培

第一节 保护地的类型与性能

一、风障

(一) 风障的结构与性能

在栽培畦的北面设置一道篱笆,阻挡北风叫风障。风障可用竹竿、玉米秆、高粱秆等做为材料。要有一定厚度,以增强防风效果。如果篱笆稀疏,可在其背部用薄膜紧紧贴上,做成披风,加强风障的防风、增温效果。风障的防风范围,相当于风障高度的8~12倍,最有效的防风效果为2~3倍,2米高的大风障多用做越冬菜的栽培。1米高的小风障做为早熟栽培。

(二) 风障的设置和应用

风障的走向应与该地冬春季的风向垂直,河南省冬春多西北风,而又以北风为主,故风障应以东西延长,立在畦的北面,风障之角度以与地面保持75°为宜。一般2米高的大风障,每排距离5~7米;1米高的小风障1.5~2米。大风障多用于保护耐寒的越冬菜,也可用于春季热萝卜、小油菜、小茴香等的提早播种和保护大棚、拱棚防止风害。1米高的小风障,多用于果菜类的提早定植,尤其与用地膜扎成的小拱棚相互配合、对保护地膜防止遭受风害起到积极作用。

二、阳畦

(一) 阳畦的结构

阳畦由畦框、薄膜、覆盖物(草苫)等组成。阳畦应该坐北朝南,东西延长,畦宽1.3~1.7米,长度10~15米。北框高1米,南框高20厘米,东西框由北框向南顺延。顶部用竹片扎成一拱形,上覆以薄膜,夜间要在苗床上加盖草苫。草苫一般长2米、宽1米。越冬阳畦草苫每条约重7.5千克。这样的厚度,在河南省中部冬季才能保护秧苗安全越冬。若遇雨雪天,可在草苫上加盖一层薄膜,防止淋湿。如果已经淋湿,应尽快晒干。

(二) 阳畦的性能和应用

阳畦由于有较好的透明（薄膜）受光面，晴天畦温可以比露地气温高15℃以上；夜间依靠床框、草苫等覆盖物，可以减少有效辐射的程度。但是因阳畦的热源主要依靠阳光，因此，它受季节、天气阴晴变化的影响很大。阳畦在河南省主要用于冬季培育甘蓝、菜花、番茄的秧苗，春季果菜类的播种、分苗，也有的用它栽培元旦、春节上市的青韭。

三、温床

(一) 酿热温床

利用有机物发酵产生的热能作为热源的温床，称为酿热温床。

1. 挖床坑

在床址的地下挖成坑，用以填充酿热材料。东西长10~20米，南北长1.5~1.7米。靠南墙处的深度、东西两侧墙的深度、靠北墙处的深度、距北墙1/3处深度四者的比例，约为10:8.0:7.0:6.0。冬季培育茄子、甜椒苗、床坑最深处60厘米，番茄有20厘米就可以了。

2. 填酿热物

发热材料称为酿热物，如马粪、牛粪、稻草、麦秸、树叶等。

3. 填床

填前首先要把酿热物混合均匀，并用水泼透，切不可先填床，后泼水。这样易造成干湿不均。填床后要稍加踏实，以控制空气含量。酿热物填好后，在床口加盖薄膜、夜间加盖草苫，一般经3~4天发热后，就可铺入培养土。播种床培养土有5~6厘米厚，分苗床需9~10厘米。

(二) 电热温床

电热温床是在小棚、大棚、阳畦或温室中铺设地热线，而成为加热土壤的一种方法。

1. 布线方法

河南省冬季培育果菜类苗子，在温室、阳畦、拱棚并有草苫的保护下，每平方米播种床，功率需100瓦，才能满足幼苗出土、根系生长的要求，春季分苗床每平方米有80瓦就可以了。电热温床内布线时也应考虑床内不同部位温度均匀问题。冬季畦边线距6~7厘米，畦中间9~12厘米。埋线前，先把床底整平。然后按不同位的间距，先在畦的两头固定上短木棍。布线时通过木棍往返放线。线要拉紧、不能交叉、打结。两头的不同颜色的接线，不能埋入土中。

2. 铺设地热线时必须注意以下几个问题

①多条线使用时只能并联，不能串联。也不能任意接长或剪短。②除与地热线不同颜色的接线外，应全部埋入土中。③地热线断头处要用锡焊接，套上聚乙烯套管，用溶胶封口后方可使用。④布线行数应为偶数。正负极应放在一头以便接电源和控温仪。⑤育苗结束后收线时，应先浇透水，趁湿把线轻轻拉出。

(三) 太阳能温床

主要由栽培床、贮热池、输热道、排气囱等组成。床宽2米、长20米。贮热池是在床正中间挖一长宽均0.6米、深1.5米的长方形坑。在床面底部挖一回龙式输热道。每条道上口宽30厘米，底宽20厘米呈一"倒梯形"。输热道应有一定坡度，便于拔气。外口与排气囱相连。排气囱是在床东西两侧墙外，要高出北墙60厘米。输热道上用棉花秆、玉米秆等硬质秸秆铺上。上用薄泥糊缝，上面再覆盖8~10厘米的营养土。床口覆薄膜。夜间加盖草苫。

（四）回龙式火道温床

它的地下结构与太阳能温床近似。通过烧煤或锯末，柴草等通过火道来提高土温，回龙式火道过去多用于红薯育秧，近年来西瓜育苗被广泛地采用。

温床目前多用冬春播种培育果菜类种苗，可于12月至翌年1月份在床内播种，2月份分苗到阳畦或拱棚中。

四、地膜覆盖

地膜覆盖简单易行，在农业生产应用范围广、增产幅度大、经济效益高。

（一）地膜覆盖下的生态条件

地膜覆盖后土壤耕层中一些条件发生了变化，直接影响到根系的生长发育。

1. 温度变化规律

日出后，太阳升高，直射光愈来愈强，薄膜内吸收的热量比散失的多，导致膜下地温上升；中午时直射光强度达到顶点，膜下温度达到最高。一般膜下地温比露地地温度高5~10℃。下午日光斜射，光照减弱，膜下地温下降。日落后，白天膜下贮存在土层中的热量向外散失，到日出前接近露地。地膜覆盖后，土温增高的热量来源于阳光，因此，晴天增温效果最好，阴天差。另外覆膜后减少了土壤水分蒸发，减缓了土壤热量消耗，这也是土壤温度增高的一个原因。

2. 水分变化规律

覆膜后，由于薄膜的阻隔使土壤中蒸发出来的水分在膜下形成许多小水珠，最后集聚成大水珠，又滴入土层。这样不断的蒸发、滴入，形成一个水分的内循环。因此，地膜覆盖后会使土壤水分含量比不覆盖的要高。地膜覆盖后土壤的蒸发量减小，在蔬菜生长前期可以推迟或减少灌水次数，这样就减少了春季因频繁灌水后土温降低，不利发苗的弊端。地膜薄盖后采用沟灌，利用水分的横向渗透和毛管上升作用，进入畦（垄）各土层。

3. 能改善土壤物理状况，提高肥力

覆膜后能有效地阻止雨水、灌水的对土壤直接冲压，土壤不板结，土层内经常疏松，空气流通，可以省去垄面中耕。从而使影响土壤肥力的水、肥、气、热四大因素在一定条件下，更提高了它们之间的协调性。

4. 减少土壤养分流失

连续降雨或灌大水后一部分肥料要随水流失。但在覆膜情况下，因降雨可以从垄沟中迅速排出，垄面又不受雨水的入浸，因此土壤养分大部分得以保持在土层中。另外，在一些盐碱地上，覆膜后由于水分蒸发减少，防止了盐分上升，土表含盐量下降，利于保苗。

5. 增加光照强度，改善植株中下部光照条件

地膜本身、膜下水珠都具有反射光的能力。一般晴天中午可使植株中下部叶片多获得12%~14%的反射光。

（二）地膜覆盖对作物生长发育的影响

春季覆盖地膜耐寒性蔬菜可提早出苗2~4天，喜温蔬菜可提早6~7天，出苗率明显高

于对照。覆膜后根系生长加快,侧根多,分布广。根系的活动能力增强。营养生长加快,开花结果提前。如番茄、茄子可提早开花 4~5 天,前期产量明显提高。

（三）地膜覆盖的方法和要求

1. 精细整地,施足底肥

整地时要施足基肥,土壤要深耕、细耙。

2. 采用高畦（垄）栽培

畦（垄）面愈高,表面积也愈大,地温也愈高。但过高易发生干旱。畦向以南北向为好,畦的宽度应根据作物种类及地膜宽度而定。一般净畦（垄）面宽 70~85 厘米。畦沟宽 35~40 厘米,这种畦适合多种蔬菜使用。

3. 畦面喷施除草剂

除草剂种类很多,可根据种植蔬菜的不同,进行选择。如选用 25% 除草醚 0.5 千克对水 75~100 千克,每 667 平方米（1 亩 = 667 平方米.全书同）用药量 0.5~0.75 千克。用喷雾器均匀喷畦（垄）面后及时覆膜。

4. 覆膜方法

直播的可先播种,后覆膜。出苗后及时破孔,把苗引出孔外,用土把孔堵严。若栽带土块苗,可先栽苗,覆膜时对准苗子所在位置破膜,把苗掏出,堵严定植孔,然后把膜压紧压牢。也可先铺膜,再挖孔定植,而后把孔堵严。不论采取哪种方法,要求膜要拉紧、压严,防止膜下跑风。

5. 清理废膜

连年进行地膜覆盖,残存膜如果翻入土中,会污染土壤,影响根系伸展。所以,拉秧后,要及时把碎膜捡出。

（四）多种形式的"一膜多用"

一块地膜多次应用,利用率也大大提高。"一膜多用"除早春平盖叶菜起到增温、提早上市外,还有以下几种"多用"形式。

（1）寒冷季节在温室、阳畦、拱棚内播种后,在畦面上加盖上一层地膜,比不盖的提高地温 1~2℃。同时保持土壤湿润,提早出苗,防止鼠害,当苗子出土后及时撤去,以增强光照。

（2）早春阳畦、拱棚、大棚分苗或定植后,如果遇上天气骤冷,尤其在草苫不够的情况下,可采取在苗棵上方临时加盖一层地膜保护苗子,防止受冻。待低温过后,及时撤去。经测定,覆膜层内的气温比不盖的可提高 1.5~2℃。

（3）用杨树、柳树条、细竹片、粗铅丝等扎成 30~40 厘米的小拱棚、上覆地膜,可以播种或定植各种果菜。

（4）在畦（垄）面上挖穴或沟,在穴（沟）内播种或栽苗。平盖地膜。待苗子长到顶住地膜时,在膜的上方开孔,把苗引出,这种方式不需拱架,前期有拱棚覆盖作用,后期又起到地膜覆盖的效果。

五、塑料大棚

塑料大棚是 20 世纪 70 年代初发展起来的一种充分利用太阳能的新型栽培形式。目前它的利用已经不仅限于种菜,在农业、养殖业上也被广泛应用。由于它结构简单,取材容易,效益高，所以发展很快。

（一）大棚结构

大棚由立柱、吊柱、拉杆、塑料薄膜、压杆、拱杆等组成。跨度不受地块限制，在8～15米范围内均可建造。高度根据矢跨比而定。河南省推广的有柱拱形大棚，矢跨比可缩小0.10～0.12。矢跨比的计算方法是：矢跨比＝拱高÷拱底长度。由于多数大棚的棚边是直立的，所以计算拱底长度时，应以两侧边柱顶端与拱杆连接为准。如：跨度为12米时，拱高应为1.2～1.44米，加上边柱高度1米，则大棚的中间高度应为2.2～2.44米。矢跨比过小，棚顶排水不良，抗压能力减弱，过大则建造不便。

立柱断面为上端6×6或7×7（厘米），下端8×8或10×10（厘米）的钢筋水泥柱。上端为V形槽，以承放拱杆。在槽口下5厘米处，与槽口方向垂直处留一个4～5毫米的穿孔；再往下10厘米处，预留一个与上一穿孔方向交叉的穿孔，用以穿铅丝固定拱杆和拉杆（边柱没有拉杆，只留上面一个孔）跨度13米左右的棚设6道柱（中柱、二道柱、边柱各两道）；10米左右的，可减少一道中柱，为5道柱。如果条件不具备，也可用木柱代替。

1. 边柱

长1.4～1.6米，埋入地下40厘米，每拱两根，南北纵向距离1.1米。

2. 二道柱

长2.1～2.5米，埋入地下50厘米，位于边柱和头道中柱之间的1/2处。南北纵向距离，根据拉杆粗细与吊柱多少而定，吊一柱的2.2米，吊两柱的为3.3米，吊三柱的为4.4米。

3. 中柱

长2.5～3米，埋入土中50厘米。位于大棚中间，两中柱之间的横向距离为1.5米，纵向距离与二道柱同。

4. 吊柱

用直径5～7厘米的短木棍，锯成上下各一个方向相互垂直的V形槽，长15～20厘米吊柱，V形槽下5厘米上各钻一与V形槽垂直的孔，以连接、固定在拉杆与拱杆之间，代替立柱。

5. 拉杆

用直径10～15厘米的毛竹（也可用较粗的木棍代替），按南北向，用铅丝固定在中柱和二道柱距顶15厘米的穿孔处，使各道柱南北纵向连接成整体。

6. 拱杆

用直径5～6厘米、长6米的厚皮竹竿连接、固定在边柱、二道柱和中柱顶端或吊柱顶端的V形槽内，形成拱顶，这样与拉杆纵横把大棚骨架连接成一个牢固化整体。

7. 棚膜

用0.08～0.10毫米厚的聚乙烯塑料薄膜，热粘合成纵向4幅（两个1.5米宽的边幅和棚顶两个大幅）。两个边幅顺两侧边柱拉紧，上边在边柱以上拱杆40～50厘米处下边埋入边柱外地下，两顶幅纵向覆盖在拱架上，中间两个边互相重叠压住20厘米左右，形成顶部通风缝；两侧的两个边各压住边幅的上边30厘米，形成两道通风边缝。南北两头埋在棚头外的地下。通风缝的塑料薄膜边，应热粘成5厘米左右的筒状，并穿入绳子，以防扒缝通风时不致于将边拉破。

8. 压杆

压杆的竹竿与拱杆相同,连接以后,压在两拱之间的棚膜上,两头用地锚拉紧,将棚膜进一步压紧。

9. 吊丝

用14号铅丝,穿过棚膜,一头绑扎住压杆,另一头绑在拉杆上拉紧,将十几米长的压杆分成5段,增强抗风能力。

10. 棚头和棚门

大棚两头应作底部向外的斜面,正中间安装一个高1.8米、宽80厘米的木框,作为棚门。

(二)塑料大棚的性能

1. 光照

透光性能强弱与薄膜性状相关,老化变质透光性弱,最好的薄膜透光率可达90%,较差的仅70%左右。薄膜上灰尘、水滴会大幅度降低透光率。

2. 温度

塑料大棚内温度变化存在着季节温差与日夜温差,大棚一天内最高温度出现在12~13点,最低温度出现在黎明前。

3. 湿度

大棚内水分不易散出。如遇阴雨连绵天气,棚内空气相对湿度就会增加。

4. 空气

大棚内通风不良,使二氧化碳浓度降低,人工增施二氧化碳气肥,使浓度达到0.1%~0.15%,可大幅度提高蔬菜产量。

六、温室

(一)单屋面温室

单层面温室具有一个在低温季节能充分接受阳光的倾斜透光面。使晴天室内能进入较多的阳光,保持较高的室温;它有三面墙和一个保温的后屋顶,散失热量较少;透明的单屋面可以覆盖草苫等防寒物,保温性能好,节省能源。单屋面温室结构简单,造价低、能充分利用光,增温快。缺点是室内跨度小,一般4~6米,过宽、后墙过高,保温难。

1. 温室的结构

有防寒沟、草苫、纸被等防寒保温覆盖材料。白天能充分利用阳光增温,提高室内温度,夜间有严密的防寒保温设备,保持必要的温度,为早春果类蔬菜生长创造一个良好的环境条件。

2. 温室的性能

在冬季和早春寒冷季节,日光可以直射到日光温室的北墙内侧,有利提高室温,白天可比室外气温高20~26℃;夜间由于草苫加纸被等,保温性能好。

3. 温室的应用

日光温室由于具有较好的增温和保温性,在冬季可以用它栽培芹菜、韭菜、蒜苗等耐寒性蔬菜,以及番茄的延后生产。春季用它栽培比大棚栽培可以提前定植。如黄瓜收获期中提前到3月中旬，比大棚栽培提早半个月。日光温室还可用于冬春季节培育早熟果菜的秧苗。

(二) 加温温室

目前有些地方推广加温温室，在许多地方还是很适用的。

第二节　保护地蔬菜栽培技术

一、塑料大棚黄瓜

(一) 塑料大棚春黄瓜

1. 品种

生产实践证明，"长春密刺"，具有适应弱光，耐低温、喜高温等特性和结瓜早，回头瓜多，前期产量高，品质佳，抗枯萎病等优点。对大棚重茬生产有一定适应性。缺点是对霜霉病的抵抗能力差，如能认真防治，是可以控制的。其他品种如津杂一号、津杂二号等，对霜霉病的抗性明显强于长春密刺，但其早熟性不如前者，在管理水平不高，尤其病害较为严重的地方，选用津杂一号、二号较为适宜。

2. 育苗

(1) 适龄壮苗的标准　苗子整齐一致，下胚轴高3~4厘米，株高20厘米左右，节间长3厘米左右，第三节茎粗0.5厘米以上已出现6片、7片真叶，叶厚、色深绿，根系生长良好、无损伤；子叶肥大、完好，50%以上植株出现雌花。

(2) 浸种催芽　每亩用种量150~200克，播前3天，用55℃恒温水烫种10分钟，并不断搅拌，使种子受热均匀，杀死种子表面的病菌，然后使水温自然下降，继续浸泡3~4小时，使种子吸足水分。把吸足水分的种子淘洗干净，用湿布包起，放至28~30℃的地方，约经20个小时左右，种子出芽。然后移到18~20℃的地方继续催芽，当芽一麦粒长时，即可播种。

(3) 播种期的确定　河南省中部1月15日前后播种。

(4) 播种前的准备工作　首先是制作营养纸筒或营养土方。营养土的比例是：充分腐熟的马粪40%、人粪20%，菜园无菌肥土40%，另外每间温室加入2.5~3千克过磷酸钙，然后混合均匀，装入直径10厘米，高10厘米的纸筒或塑料薄膜筒，留1/5作盖土、培土用。二是播种前8天开始昼夜加温，使温室预热，当5厘米地温升到18℃以上时可以播种。三是播种的前一天或当天浇透水，每个纸筒（土方）中间放一个种芽，并随即盖土。播种完毕后，用扫帚轻轻镇压，以促使水分向上潮润。然后再向畦面撒盖一层薄土，以防止裂缝和减少蒸发。

(5) 播种以后的管理　从播种到出苗，白天除了充分利用太阳光能升温以外，还要日夜加温，白天气温应30℃，夜间最低温度也不低于20℃。

3. 保护地黄瓜苗期管理

①幼苗出土到子叶展开，真叶出现。此期白天室温要求达到20~25℃，夜间最低温度可降到14~15℃，5厘米地温保持在16~17℃，阴天由于光照弱，光合作用进行缓慢，室

内温度要相应的低于晴天，夜温也应适当低些，保持一定的温差，但夜温不得低于13℃。白天根据气温情况适当通风、排湿、换气。

②幼苗期从第一片真叶露心到第四片真叶展平，以变温管理，防止徒长，促进花芽分化。上午18～30℃、下午30～20℃，前半夜20～16℃，后半夜16～12℃。以抑制呼吸强度，降低消耗，增加积累，促进花芽向雌性转化。遇到降雪连阴天，也必须在白天拉起苫子，加温，使黄瓜幼苗既能见到散射光，又不致受冻。

③甩秧发棵期从黄瓜"四叶一心"到根瓜长成，此期仍以茎叶生长为主，在继续进行花芽分化的基础上，要精心管理，促使植株形成强大的根系和不断扩大叶面积，为取得前期高产打下良好的基础。四片真叶展平时已经互相遮阴，大部分根系已经长出纸筒下端，此时，把营养纸筒（土方）提出来，把大苗集中在温室南部，小苗集中在北部温暖处，并把纸筒与纸筒间的距离加大，纸筒底下垫上松土，纸筒之间也填入松土，然后喷透水，使土块湿透，并把夜温提高2～3℃，以促进土块下新根萌发。2～3天后，降低夜温，从原来的13℃左右，逐渐降到10℃，在保证白天30～35℃的情况下，逐渐加大通风量，延长通风时间，使幼苗经过低温锻炼。接近定值前5天左右可以不再盖苫，为定植做好准备。

4. 从定植到根瓜长成

（1）基肥 每亩大棚至少需要施用1万千克左右的优质农家肥，300千克以上饼肥和75千克过磷酸钙作底肥。

（2）定植期 大棚春季黄瓜的适宜定植期，应该是在大棚内10厘米平均地温稳定通过15℃时，一般行60厘米×25厘米。定植后管理以温度为主。最初5～7天内尽量少通风，白天可使棚内气温升至35℃左右，以提高地温，当棚温超过35℃时，可扒开边缝，一般白天棚温升至25℃左右时，开始通风，中午维持30℃左右，下午20℃时关闭通风口，停止通风。

5. 结瓜期的管理

（1）结瓜初期 白天要求温度高些，以25～30℃为最好。在保证温度要求的情况下，逐渐加大通风量，上午当棚内温度达到30℃时，开始通风，下午当温度降到接近20℃时闭风，即使遇到阴天，也要适当通风。初瓜期，因对水分很敏感，如果偶有不慎，浇水过早，水分过多，就产生"促"的作用，引起植株徒长，出现"化瓜"，但如过于控水，则植株低小，瘦弱，出现花压顶现象，同样影响产量。另外，此期内摘瓜也要注意到不同植株的秧、瓜关系，掌握秧壮瓜多摘嫩瓜，秧弱瓜少早摘嫩瓜，秧壮瓜少的推迟摘瓜。

（2）结瓜后期 当植株长到30片叶以后，上部结瓜能力开始衰退，应及时摘心，并适当控水，以促使植株营养物质重新分配，多结回头瓜。

由于长春密刺这个品种空气干燥不能适应，提早揭掉棚膜，会在7～10天内枯干死掉。一般采取大掀棚边，加大通风量，防止烈日照晒和雨淋，如果管理措施得当，可以延至6月底7月初拉秧。

（二）塑料大棚秋黄瓜

在夏、秋两季，大棚黄瓜以延后为主，其栽培管理技术，基本和露地相同，只是在生长后期扣棚，使采收期延长到立冬前后。

1. 品种

河南省使用的品种有津研4号、5号、西安棒锤秋（74～18）等。

2. 基肥

亩施优质农家肥 3 000 千克，过磷酸钙 50 千克。

3. 播种期

在 8 月中旬播种。

4. 播种方法

此时可以催芽直播，每亩用种量 250 克，采用宽、窄行，株距 25~28 厘米，开沟浇水后点芽播种。

5. 管理

齐苗后立即浅中耕，子叶展平后，进行第二次中耕，要深些，把沟锄平、锄细，并向根部培土成垄，为根生长创造条件。培土后立即插架，瓜秧长到 40 厘米长时，开始绑蔓。

（1）水分管理　一般年份，秋季多雨、气温又在逐渐下降，盛瓜期应根据天气情况，适当加大水量，并可冲施 1~2 次化肥，每亩用硝铵 15 千克左右。

（2）温度管理　根瓜坐住后开始扣棚，提早扣棚只是为防灾害性天气，不是为了增温、保温，所以，应将边缝大开，夜间温度低于 15℃ 时，或遇大风天气时，将缝合严，以后逐渐减少通风量，保持白天 25℃ 左右。使黄瓜植株逐渐适应大棚环境。

二、塑料大棚番茄

番茄的根系发达，较耐旱，对温度要求不高，生育期最适温度为 20~25℃，比较耐寒。开花期如果遇到低温或空气湿度过大，则受精不良，出现落花、落果。长期 35℃ 以上高温，易衰老。空气相对湿度超过 70% 时，容易引起早疫病和叶霉病发生，在保护地栽培中，应注意温度、湿度的管理。

（一）塑料大棚春番茄

1. 品种

春季塑料大棚番茄，应选用早熟、高产、抗病、商品性好的品种。如早魁、汴红一号、郑番二号、早丰等。

2. 育苗

（1）壮苗标准　大棚番茄定植时，要求株高 20 厘米左右、节短、茎粗壮、多茸毛、叶片肥厚、深绿而稍带紫色，全都出现第一花序，根系发达，侧根多而密集。

（2）浸种催芽　用 55℃ 温水浸 10 分钟（不断搅拌），杀死种子上携带的病菌，然后再浸泡 4~6 个小时。将浸泡好、吸足水分的种子淘洗干净、稍晾，用湿布包起来，放在 28~30℃ 的地方催芽，每天翻动一次，保持包籽布的湿润，4 天出芽。每亩用种量 50~75 克。

（3）播种　一般为 12 月中旬，每 50 克种子需 3 平方米育苗床，播种前 2~8 天点火提高苗床地温，也可采用铺设地热线育苗。要求 5~10 厘米地温在 18℃ 以上，5~6 天出齐苗，番茄的播种，采取短芽撒播，苗床浇透底水，将种均匀撒播上面覆盖 1.5 厘米厚的肥土，出苗前，白天保持 25~30℃，夜间不低于 20℃。

（4）苗期管理　幼苗开始顶土，就要及时通风，降低夜温，白天保持 20~25℃，夜间保持 7~13℃，防止徒长。齐苗后要再盖 1~2 次细土，防止表土板结裂缝和吸湿，预防猝倒病发生。

（5）分苗　为了节约温室土地，可进行两次分苗，第一次在一片真叶期，每株给以 3

平方厘米的营养面积，第二次在 8 片真叶时，给 10 平方厘米的营养面积。栽一行，浇一行。结束后再撒一层细土，以弥缝保墒，保证成活。分苗后 2~3 天内把温度提高 2~3℃，以利新根萌发。缓苗后还要逐渐降低夜温，可降到 10~12℃，白天仍保持 20~25℃，第二次分苗，若分到拱棚中的，在定植前若遇晴天，可揭去薄膜"多晒少盖"以增强植株的抗寒性。

3. 定植

当棚内 10 厘米日平均地温稳定在 10℃时就可以定植，时间在 3 月初。

①基肥亩施优质农家肥 7 000 千克，饼肥 150~200 千克和 70 千克过磷酸钙，充分堆积发酵，腐熟后施入。

②定植行株距无限生长型 60 厘米×33 厘米、自封顶型 50 厘米×30 厘米，开沟定植。

4. 管理措施

（1）结果前期的管理　定植后的 3~4 天内，白天使棚内气温升到 25~30℃，加速缓苗。缓苗之后，适当加大通风量；保持白天 20~25℃，夜间 13~15℃，在定植后 10 天左右，第一花序开放，此时要防止徒长，处理好秧、果关系，使植株坐果整齐。

（2）激素处理防止落花　用 15~20 毫克/千克、2,4-D 蘸花或 20~40 毫克/千克番茄灵喷花。一般情况下，如果植株矮小瘦弱，第一花序不处理。处理要在花半开时进行，每个花序处理 3~4 朵花，不可将激素喷到嫩叶上，以免发生药害。

（3）插架　第一花序开花前，插矮人字架，绑两道横杆即可。

（4）盛果期的管理　当第一穗果开始采收就进入了盛果期。此时需要大量的养分和水分。但又要求空气相对湿度在 60%左右，所以，首先是在大通风的基础上，先将两侧棚膜边膜撤掉，然后再撤顶膜，时间在 5 月上中旬，此时露地的气温已经适宜番茄生长，此后田间管理与露地番茄相同。此期可追施一次硝铵每亩 15 千克左右，适当加大浇水量。

（二）大棚秋延后番茄

目前，仍是秋冬大棚的主茬作物，但由于河南省气候特点是夏季高温多雨，秋季气温下降快，而番茄本身喜温，不耐严寒和酷热。鉴于以上原因，必须前期遮阴育苗，中期进行覆盖，利用保护设施克服不利因素。

另外，危害秋番茄生产的主要问题病毒病，尤其是条斑病毒病，幼苗一旦感染，结果量甚少，而且所结果实果面高低不平，呈油渍状，无食用价值。此病可以通过土壤传播，因此，育苗土需选用没有种过番茄的大田中去取土。

根据番茄的栽培特点提出几项关键措施：

1. 严格掌握育苗时间

在河南省中部以 7 月 15~20 日播种为宜，远郊区、粮产区病害轻，育苗时间可采用上限，病害重的近郊老菜地可采用下限。

2. 创造适宜的育苗条件

大棚番茄的播种时间正值炎热多雨的夏季，最高气温可达 35℃以上，5 厘米土温可达 40℃左右，日照强度在每平方米 8 万~10 万坎德拉，这些不利的条件，尤其是过高的土温对幼小根系的损伤造成幼苗生长衰弱，增加感病机会。因此，创造一个适宜的幼苗生长条件是培育壮苗的关键。首先选用没种过番茄的地块作苗床，营养土方或纸袋育苗，以保持较完好的根系，苗床顶部用竹片扎拱架，上覆旧薄膜构成一拱棚，拱棚的棚边四周要掀起 50 厘米，利于通风，顶部由薄膜遮挡，可以降温，遮阴，防暴雨冲击。

3. 多栽棵、少留果

秋番茄生长正值气温由高到低的季节，尤其是进入秋季后，气温下降快、秧子生长慢，因此要求栽培密度比春番茄要大，每亩6 000株左右，留2～3穗果，每穗留4～5果，开花期及时用40毫克/千克（百万分之四十）的番茄灵抹花，番茄从开花到果实成熟需50余天，结合棚内秋冬的气候变化特点，一般要求9月中下旬全部坐果，以后出现的花要全部疏掉。

4. 尽量提早扣棚

定植后即扣棚（棚边四周揭起大通风）遮阴防雨，使秧苗一直处于保护条件下生长，病害很轻。扣棚后要通过通风调节棚内温度不要超过27℃，保持22～25℃较为适宜，前期注意大通风。随着气温的下降，逐渐减小通风量，到11月上旬果实进入变色期，结合喷40%乙烯利200倍液，全天闭风，提高棚温，加速果实变色。

5. 肥水管理

"以促为主"，秋番茄生长季节短，一般都选用早熟品种如郑番2号、早丰等。定植后，加强肥水管理，及时整枝打杈，使养分集中。11月中旬以后，当棚内开始出现霜冻前要及时采收拉秧。

拉秧后采下的青果，可集中装入篓内，置于20℃下，陆续红熟后分期上市。

三、塑料大棚辣椒

（一）品种

春季大棚辣（甜）椒栽培，以早熟为主。应选用早熟品种，目前，我国采用的微辣型一代杂种有"早×甜"和"湘研2号"。甜椒有"齐齐哈尔"。

（二）育苗

塑料大棚辣（甜）椒，以90～100天苗龄为宜，应在12月中旬开始育苗。每亩用种量150克。撒播方法同大棚番茄，当气温保持25～30℃、10厘米地温在17℃以上时，4～5天齐苗。

（三）分苗

当幼苗一叶一心时，以3厘米见方进行第一次分苗。在第三片真叶时，进行第二次分苗。可分到营养纸筒或分苗床上，以10厘米直径为宜。每个纸筒（土坨）双株。

分苗后3天内将温室气温提高2～3℃，以利新根萌发，然后保持白天20～25℃，夜间15℃。定植前半个月要加大通风量，并逐渐把夜温降到10℃，锻炼幼苗。定植前5～6天，浇水、切方、囤苗。

（四）定植

当苗株高、株幅17～18厘米左右，茎粗4毫米、15片叶以上，并且全部现蕾，出现分枝，棚内10厘米日平均地温稳定通过17℃时可以定植。

（五）定植后的管理

1. 温度、湿度管理

定植后4～5天内，基本不放风、棚温可升到30～35℃，加速缓苗。缓苗后，就要逐渐增加通风量，降温排湿，使棚内温湿度适宜。5月中旬撤棚。

2. 肥水管理

定植水浇过后，进行中耕培土。新根发出后，根据土壤干湿和苗子发育情况，适当浇水，促进发棵，坐果后，果实开始膨大，要结合浇水冲施化肥。高温季节干旱年份要提早浇水，保持土壤见干见湿。

3. 采收

门椒要早摘，以防坠秧。

四、塑料大棚芹菜

（一）品种

在河南省进行塑料大棚栽培，以品种开封玻璃脆最为适宜。它是当地"实秆青芹"与"西芹"的杂交后代，经多年定向选育而成。耐寒性强，生长较快，叶柄宽长，色淡绿而半透明，芹菜特有的药味较淡、品质、风味均好，很受省内外市场的欢迎。

（二）育苗

一般在立秋前后育苗。每栽一亩大棚，需0.15亩育苗地，用种子100克。将种子浸泡12个小时后，淘洗干净，均匀撒播在畦面，然后用铁耙耪一遍，使种子和土掺和，再用脚踩一遍，接着浇透水。为防止杂草，可在水渗下后，将25%除草醚按每亩0.5~0.7千克的用量加100~150倍水调匀，喷洒畦面。以后要在保持畦面湿润的原则下，经常浇水，直至出苗。出齐苗以后，开始控水，保持畦面见干见湿，以促进根系生长。此时气温尚高，日光直射，地表高温，不利出苗，可在播种时，稍带几粒白菜籽，出苗后可以起到遮阳作用，有利于出苗和幼苗生长。待芹菜幼苗长起来再把白菜苗剔掉。有条件的，最好对芹菜间一次苗，保持3~4厘米见方一株。

（三）定植

越冬芹必须在立冬前后栽在棚内。所以，当秋延后一茬菜拉秧后，立即施肥，整地定植，亩施农家肥3 000千克，饼肥250千克。定植密度按15~20厘米见方栽苗。栽完后浇稳苗水。

（四）管理

芹菜定植后，气温逐渐下降，缓苗后要进行一次中耕。由于塑料薄膜覆盖，棚内水分消耗很慢，中午前后，短时间棚内温度仍会升到25℃以上，为防止高温引起病害，必须坚持每天通风排湿，并控制浇水，使苗子多长叶片、生长粗壮。另外，要防止蚜虫危害。

立春后，因气温回升，芹菜开始迅速生长，应抓紧肥水管理，可结合浇水追肥，一般冲施两次化肥，每次用硝铵15千克。3月上旬即可上市。如果在大棚内再加一层小拱棚，可在春节上市。

五、拱棚韭菜

（一）品种

宽叶韭菜是当前市场上最受欢迎的，目前，在塑料小拱棚中栽培的有"汉中冬韭"、

"川韭"和"791"等品种。

（二）播种

拱棚韭菜的播种时间在春分至清明之间，分直播与育苗，直播为按40厘米行距、播幅6厘米，开浅沟播种，每亩用种量为1.2千克左右，育苗撒播是整个面畦均匀撒籽，每亩用种量为8千克左右，春季采用湿播法，即先浇水后播种覆土，覆土要均匀一致。湿播可以减少浇水次数，利于出苗。

（三）苗床管理

从播种出苗后近3个月内管理，以灌水、追肥、除草为主。灌水：韭菜播种后出苗较慢，因地温尚低，除播种时底水浇足外，第一水不可过早，以免因灌水降低地温，影响幼苗生长。中后期气温升高，蒸发量大，韭根吸水渐强，应适当加大灌水量，防止干旱。追肥：除施足底肥外，韭菜生长后期，应结合灌水冲施2~3次腐熟的人粪尿或化肥，促使苗子健壮。除草：杂草比韭菜出苗快，要防止草荒，注意拔草。

（四）栽苗

一般在7月底至8月初栽苗。通常畦宽1.3~1.5米，两畦之间留一个40厘米宽的空畦。将韭菜连根挖出，抖掉根上的土，在畦内开沟，顺垄栽3~4行，若进行穴栽，每20~25株为一墩，墩距30~33厘米。栽苗前要施足底肥，栽苗后要浇透稳苗水，以后注意中耕，除草，适时浇水。

（五）夏秋季的管理

夏季炎热天气，不适宜韭菜生长，应控制浇水，雨季注意排涝。入秋，气温日趋凉爽，是韭菜适宜生长的季节，应该追肥，灌水，促使生长。

（六）入冬后管理

气温逐渐下降，霜后地上部叶丛营养向下运转积累，叶片逐渐黄化，枯干回秧，可以将畦内枯叶清除，顺垄开沟，每亩追施饼肥100千克，化肥15千克，并用3 000倍敌杀死药液顺沟浇灌，封沟防治韭蛆，3天以后灌水，待地皮稍干后，锄松，扣小拱棚，塑料薄膜夜间加草苫者，至春节可收获两次。如冬至扣棚，并加盖草苫，可在春节割头刀韭。

韭菜长成后，顺地面割掉，捆把出售，1~2天后可浇一次水，然后再扣棚，并通风排湿，使之继续生长。因韭菜有跳根特性，收割两年后的韭菜，因新根得不到及时培土，植株就会逐渐衰弱，产量锐减，为此，一般收获两年后就不再利用了。两畦韭菜之间的空畦可作为管理的走道。

思考与实践

1. 塑料大棚怎样建造？
2. 冷床怎样建造？
3. 大棚生产黄瓜的关键措施是什么？

第四章 露地番茄栽培

第一节 概述

番茄具有生长适应性强、营养丰富、果实外观美丽、有果菜兼用等优点，栽培发展异常迅速。华北及东北地区20世纪30年代逐渐栽培，60～70年代全国各地普遍栽培。

番茄含有丰富的可溶性糖，有机酸以及钙、磷、铁等矿物质尤其含有丰富的维生素A、维生素B、维生素C。每100克果实中，含维生素A 130毫克，维生素C 20～25毫克，并含有谷氨酸、天冬氨酸等十几种氨基酸及几十种挥发性芳香物质，是营养丰富的茄果类蔬菜。

第二节 番茄主要栽培品种

番茄优良品种是相对于劣杂品种而言，并非十全十美，在生产上有一定局限性和地区性以及一定适应性。因此，不同地区或不同栽培形式其主栽品种不尽相同，有时相差很大。

一、早熟品种

（一）早丰（秦菜1号）

西安市蔬菜科学研究所育成的一代杂交种。适合于西北、华北、东北及华东部分地区保护地栽培。植株自封顶生长型，第一花序着生在第六节至第七节位上，一般着生3穗果时自封顶。植株叶量中等，长势较强。果实圆形，果面光滑、果脐小，成熟果红色，单果重150～200克，最高可达750克。该品种品质好，抗烟草花叶病毒，在冬季低温弱光状态下，耐寒性和耐弱光性较强，坐果率高，畸形果率低，产量高，一般亩产5 000～7 000千克，最高可达1万千克，已成为北方许多省、区日光温室越冬茬、冬春茬或塑料大、小拱棚主栽品种之一。

（二）早魁

西安市蔬菜科学研究所育成的一代杂交种。在西北、华北、东北及华东部分地区均可栽培。适于保护地及露地早熟栽培。植株自封顶生长类型，长势中等。果实扁圆形，红色，单果重100~200克。果味酸甜，品质中等。较抗病，耐低温和耐弱光性强，特早熟。一般亩产3 000~3 500千克。保护地春茬栽培生长后期应加强肥水管理，否则上层花序坐果不良。

（三）西粉3号

西安市蔬菜科学研究所育成的一代杂交品种。西北、华北、东北及华东部分地区均可栽培；植株自封顶生长类型，第一花序着生在第七节至第八节位上。株高55~60厘米，长势较强。果实圆整，粉红色，有绿色果肩，单果重115~132克。果实品质好。抗烟草花叶病毒，耐黄瓜花叶病毒。一般亩产3 500~5 000千克。

（四）青岛早红

青岛市农业科学研究所育成。华北、东北及华东部分地区均可栽培。适合于保护地栽培及露地早熟栽培。植株自封顶生长类型，长势中等偏弱，6~7片真叶现蕾，2~3穗果封顶。果实红色，扁圆球形，中等偏大，单果重150克左右，果味偏酸，品质中等。耐寒性较强。抗病性中等。一般亩产3 000~5 000千克。

（五）早粉2号

20世纪60年代后期由北京引入河南省，各市郊均有栽培。矮生自封顶型。生长势中等。分枝性较强。主茎7~8节着生第一花序。果个较大，纵径5.5~5.6厘米，横径6~7厘米，微扁圆形或近圆形，粉红色，有绿色果肩，果个整齐，单个重150克。果脐小，果肉较厚，质面沙，味较淡；早熟，耐寒性较强，低温下坐果良好、成熟期较集中，但在结果后期易卷叶，衰老早，耐热性较差。早春露地栽培。亩产4 000千克左右。栽培要点同北京早红。

（六）郑番2号

郑州市蔬菜所1979年培育而成，自封顶类型，生长势强。普通叶形，绿色；主茎第6~7节着生第一花序，以后间隔1~2节再着生花序。果实扁圆形，大红色，果实较大且整齐，单果重150克左右。可溶性固形物4.5%，酸甜适度，品质上等。较早熟，适应性强，适合早春保护地、露地栽培。亩产4 000~6 500千克，秋季栽培亩产3 000~4 000千克。栽培要点：春季露地栽培，1月底至2月初温室、阳畦育苗，2月底至3月初分苗，4月中旬前后定植。秋季栽培，7月上旬遮阴育苗，苗龄30~45天。10月中下旬覆盖大、小拱棚，10月底至11月初开始采收，11月底至12月初一次收获，经贮藏后熟供应市场。

二、中熟品种

（一）中蔬4号（鲜丰）

中国农业科学院蔬菜花卉研究所育成。全国各地均可栽培。适合于春茬大棚栽培及露地栽培。植株无限生长类型。普通叶形，长势强，4穗果平均株高86厘米。坐果率高，果实圆整，均匀，粉红色，绿果肩，果实较大，单果重180克左右，裂果较轻，品质好。抗烟草花叶病毒，较抗晚疫病。一般亩产5 000千克左右。

（二）佳粉10号

北京市蔬菜研究中心育成的一代杂交种。全国各地均可栽培。适合于保护地及春茬露地栽培。植株无限生长类型，长势强、节间较长，叶片较窄，普通叶形，果实圆形或扁圆形，成熟果粉红色,单果重150~200克,品质好,抗烟草花叶病毒病。一般亩产5 000千克以上。

(三) 双抗2号

北京市蔬菜研究中心育成的一代杂交种。全国各地均可栽培。适合于保护地及春茬露地栽培。植株无限生长类型,长势较强,叶色深绿,叶片碎小。果实扁圆形或圆形,青果有绿色果肩,成熟果粉红色,单果重200克左右,果皮较薄,品质好。高抗烟草花叶病毒病,对番茄叶霉病免疫。一般亩产6 000千克左右。

(四) 沈粉1号

沈阳市农业科学院育成的一代杂交种。适合于东北地区保护地栽培,早春华北露地栽培。植株无限生长类型。生长势强,叶片宽大,叶色深绿,果实近圆形,粉红果,果个较大,单果重约200克,酸甜适口,商品性好。抗烟草花叶病毒病。一般亩产5 000~7 000千克。

(五) L-402

辽宁省农业科学院园艺研究所选育的一代杂交种。适合于东北地区保护地春提早及露地春早熟栽培。植株无限生长类型,生长势强。果个较大,圆形,粉红色,单果重200克左右。亩产5 000~7 000千克。

(六) 强丰

中国农业科学院花卉研究所育成。全国各地均可栽培。适合于保护地及露地栽培:无限生长类型。植株长势强,叶色深绿,果实圆整均匀,粉红色,有绿肩,单果重150~200克,品质好,果皮较薄,易裂果;较抗烟草花叶病毒病。一般亩产5 000千克。

(七) 中蔬5号

中国农业科学院花卉研究所育成的新品种。全国各地均可栽培。适合于保护地及露地栽培。无限生长类型。叶量较大,叶色浓绿,长势强。果实近圆形,粉红果,单果重150克左右。果面光滑,畸形果率低,裂果轻,品质好。高抗烟草花叶病,耐黄瓜花叶病毒病。一般亩产5 000~7 500千克。

三、晚熟品种

(一) 毛粉802

西安市农业科学研究所育成一代杂交种。适合于保护地及露地栽培。无限生长类型,有50%植株全株上长有稠密的白色茸毛。植株长势较强。第一花序着生在第九节至第十节位上。节间短,坐果集中。果实大而圆整,幼果有绿色果肩,成熟果粉红色,单果重150克左右,最大可达500克左右,果脐小、果肉厚、不裂果、品质好。高抗烟草花叶病毒病,抗黄瓜花叶病毒病,对蚜虫和白粉虱的抗性也较强。一般亩产5 000~8 000千克。

(二) 中蔬6号

中国农业科学院蔬菜花卉所育成。属中晚熟品种,无限生长类型,叶片较宽短而厚,叶色深绿,节间短,坐果整齐,果实红色、圆形、味甜酸适中,品质上等不易裂果,单果重180克左右,抗病性强。适于黄河中下游及西北、华北地区作春季保护地栽培。栽培要点:

河南省以1月下旬至2月中旬阳畦育苗，3月中旬定植到塑料拱棚内或4月初露地定植。苗期应控防徒长；若采用温床育苗，可推迟10~15天播种。行距60厘米，株距35厘米，亩栽3 000株左右，6月初开始采收。

第三节 夏番茄栽培技术

夏番茄是指生长发育主要在夏季完成，果实在8月初开始成熟陆续上市的番茄。这茬番茄是解决秋淡供应的主要蔬菜之一。夏番茄的生长发育正处于高温多雨季节，温度高，雨量多，是栽培夏番茄的主要障碍，而高温又是种植夏番茄成败的关键。夏季的高温，诱发番茄病毒病，导致落花落果和其他病害发生，严重时造成减产或绝收。因连续数日阴天，光照时数缩短，光照强度减弱，造成产量下降。同时，由于空气湿度大，番茄晚疫病严重发生，导致大量烂果，与此同时，草荒等自然灾害相继发生。种植夏番茄应以躲避高温为核心，提高植株抗病抗热能力为关键措施，按照这个原则，夏番茄栽培技术可归纳为九大要点。

一、选择园地、避高温

河南省各地6月多为干旱高温，7~8月多为雨涝高温。所以，夏番茄前期是病毒病的高发期，中后期则是晚疫病的高发期。故选择小气候冷凉的地点，避过高温季节，种植夏番茄则最经济，易成功。凡是在7~8月，月平均温度在25℃以下，日最高温在35℃或35℃以上，但连续时间不超过5天，夜量18~20℃，降水量较小，水利条件较好的地带，均适宜种植夏番茄。

二、选用耐高温的良种

在35℃高温条件下，其耐热能力差异极显著。佳粉10号、郑番1号等生长正常。在高温条件下落果少、产量高，粉红果商品性好，并抗花叶毒病，是种植夏番茄的最佳品种。其次，佳粉1号、佳红、夏丰4号、郑番1号等均可作搭配品种。另外，早熟一代杂交种为早丰、汴红3号、郑番2号等也可作夏番茄的搭配品种。但小架品种在栽培上必须大龄壮苗，高密度，在高温来临之前封垄，否则会引起严重的病毒病。

三、适时播种，育壮苗

原则是：苗龄30天，高温来临前长成健壮植株并封垄，8月中旬能够上市。因此适宜的播期，应是4月25日至5月10日。

露地育苗，苗床选蒜苗地、小葱地或越冬笋地为好，每个苗床10米长，1米宽，施入充分腐熟的优质鸡粪或猪粪200~300千克，过磷酸钙0.5千克，尿素0.1千克，深翻2~3遍，搂出一些作盖土，再整平作畦。播种时选无风晴天，苗床浇透10厘米左右，填平坑凹。一个苗床播种子35~40克，可种植夏番茄1亩。播后盖床土1厘米左右，并用稻草、草苫等覆盖物遮阴、保墒防裂，裂缝及时用细土填平。

苗床管理。齐苗后先去覆盖再疏苗，以后按7~10厘米见方间苗，每间一次苗再撒盖1次床土，同时，要及时拔草。苗期每10天打1次500倍的代森锰锌，及1 500倍的氧化乐果，防病灭蚜。

四、合理密植，抢时深耕

夏番茄的茬口以麦茬、葱秧、大蒜、早包菜、越冬笋等为好茬口，不管什么茬口，均应立即腾茬，抢时间深耕施肥，亩施优质粗肥1万~2万千克，饼肥100千克，过磷酸钙40千克作底肥。并用辛硫磷毒土，随撒随犁，防治地下害虫。

夏番茄采用深沟高垄宽窄行定植，垄长10米为宜，不宜超过15米，这样排灌方便，利于根系生长。大架番茄定植密度每亩为3 000~3300株。采用垄距1.3米，垄高15厘米，宽行0.8米，窄行0.5米，株距0.3米。小架品种定植密度每亩4 000~4 400株。垄距1米，宽行距0.6米，窄行距0.4米，株距0.3米。一般带土块定植，减少伤根。

五、排灌并重，巧施肥

（一）排涝防旱

雨涝是影响夏番茄正常生长的主要障碍之一。由于阴雨绵绵，空气湿度大，往往引起晚疫病的大发生。尤其是暴雨后烈日高照，地面热气上升，造成严重的烂果、裂果、落果现象。所以阴雨天气要注意排除积水，暴雨过后要立即用井凉水浇地。既可降低地温，又可改善土壤通气性。高温期遇到干旱，仍要浇水，但要注意以下几点。

①不要中午时间浇水，以在早晨或傍晚浇地为好，尤其在傍晚浇水，可降低温，增加昼夜温差，减少植株呼吸消耗。

②小水勤浇，切忌大水漫灌，前期地面见干见湿，结果期地面保持湿润。

③浇水和施肥相结合。

（二）夏番茄追肥

一般顺水施入。第一次在缓苗结束时，即定植后4~5天，心叶由黄变绿，新根已长出，此时浇缓苗水，顺水施尿素每亩7千克或人粪尿800千克。也可以先穴施入肥料，再浇水。第二次在第一果穗长到核桃大小时浇催果水，顺水施入尿素每亩15千克或人粪尿1 000千克。进入结果盛期，果硕叶茂，植株对水分和养分需求量达到高峰，一般每亩顺水施尿素20千克或人粪尿1 000~2 000千克。此后常用爱多收和蔬菜灵作根外追肥。既防早衰，又增加抗逆力，对于病毒病症状的缓解，及叶片萎蔫症状的缓解，均能起到明显效果。

在夏番茄施肥中要看苗施肥，如果叶片均匀发黄，且大而薄，说明缺氮但不缺水。如果叶色深绿，叶片不自然平展，甚至发紫，果实膨大速度慢，说明水分不足，且缺磷。如果叶上有许多不规则的斑点，而没有霉菌，说明物质运转受阻，缺少钾肥。若叶片边缘失绿干死，即群众说的干烧边，说明缺钙。叶脉保持绿色，其他部分失绿，说明缺铁。如果番茄顶端黄化或停止生长，说明缺硼。

六、灵活覆盖

提倡定植时用地膜覆盖。夏季地膜覆盖可以降低地温，防草荒，排灌方便。提倡定植后用谷壳或秸秆或麦糠等覆盖物覆盖垄面，又保墒又免中耕伤根。提倡垄面种些小白菜或小茴香等速生青菜，以及绿豆等浅根作物作为绿色覆盖，既降地温又可减轻暴雨冲刷。这是种植夏番茄栽培管理的必要措施，可不中耕，避免伤根，减少病菌侵入植物体的机会，尤其是在高温情况下，可大大减少病毒病的发生。

七、打杈摘心，疏花果

（一）延迟打杈

夏番茄推迟打杈，其作用是及早封垄，降低地温，提高植株抗病抗热能力。在封垄前，杈长到10厘米左右可打掉。封垄后要及时打杈，如果植株生长过旺，应及时打杈，并捏劈主茎。打杈时要在晴天中午进行，因打杈后，伤口愈合快。傍晚、清晨、阴雨天均不打杈，因有露水，利于病菌通过伤口传播。打杈时要注意4点：

（1）不要吸烟，以免传播烟花叶病毒。
（2）先打无病健株，后打有病株。
（3）病株多时，先打800倍的瑞毒霉，然后打杈去病叶。
（4）病叶枝清除埋掉。

（二）延时打顶

一般在8月底或9月初。如果后茬不种麦，可延迟到9月中旬。大架品种留5~6穗果打顶，小架品种3穗果打顶，侧枝2穗果打顶。如果高密度种植，则在第二花序开花后，每隔一株将另一株留2穗果摘心，其花序上面要保留2片叶。当这2穗果采收后拔除植株。剩余植株按正常方法整枝、打杈和摘心。

（三）及时疏果

即去掉已授粉坐果的多余小果及僵果。要及时摘除。每穗果一般保留3~4个果实。通过疏花疏果，果实膨大快，成熟比较一致，既提高产量，又提高商品性。

八、施用激素，防落花

夏番茄开花坐果正值高温，32℃以上花粉发芽已受阻。高温干旱可使花柱伸长，不能自然授粉，雄蕊花粉也不能正常发育散粉，高温多湿，引起花粉吸水破裂。所以自然坐果率偏低。为了防止落花，提高坐果率，通常用0.001%~0.0015%或0.002%~0.003%的番茄灵喷洒或点抹。

九、及时采收，争效益

夏番茄的果实在8月开始成熟，8月下旬到9月中旬为盛果期。此时是多雨季节，易烂果、裂果。所以夏番茄果实的采收不能在红果期，要在顶红期。每天早晨气温低，采收为好，因果实色鲜水灵，手感硬，既便于运输，又深受消费者的欢迎。末期果实可在绿熟期采收，一般把采收的果实放在25~30℃的地方，自然催红。也可用0.02%~0.03%的乙烯利催红上市。

第四节　病虫害防治

一、病害防治

（一）猝倒病

种子发芽出土前受侵，造成烂种；出苗后，幼苗嫩弱，先根系死亡，继之靠近苗床的茎基部变成水渍状，后缢缩而倒伏。折倒的幼苗在短期内仍保持绿色。苗床受害后，初期只见个别幼苗发病，几天后就以此为中心。蔓延至邻近植株，引起连片死亡。床土潮湿时，病苗表面和附近床面上产生白棉絮状菌丝。

（二）立枯病

幼苗、大苗均能受害。一般发生在育苗的中、后期。发病初期，茎基部产生椭圆形褐色病斑，病苗白天萎缩，夜间恢复；以后病斑逐渐凹陷，扩大后绕茎一周，最后茎基部收缩干枯，植株死亡。本病发病速度比猝倒病慢，幼苗不折倒，土壤潮湿时，病部有淡褐色蛛丝网状霉。但不明显。病部不长明显的白色棉絮状菌丝，可与猝倒病区别。

综合防治措施：选择地势高、地下水位低，灌、排良好的沙质壤土地块及前茬未种过果菜类的地块作苗床，用葱、蒜地的土作为苗床土尤为理想。用50%多菌灵可湿性粉剂或50%托布津可湿性粉剂，也可用70%五氯硝基苯与50%福美双等混合均匀，每平方米用药量为8~10克（每种药粉各4~5克）。上述药剂加细土10~15千克，充分拌匀施用。播种时下铺上盖，药土层厚约0.5厘米，把种子夹在药土中间，防止幼苗发病。播种前，种子用55℃温水浸种15分钟，用40%磷酸三钠对10倍或氢氧化钠对50倍水浸15分钟后，再用干种重0.2%的70%敌克松拌种催芽。灌足底水，落水播种，控制苗期灌水。幼苗发病的，用抗枯宁，每20毫升加水15千克。或64%杀毒矾MS可湿性粉剂500倍液，隔7~10天1次，一般防治1~2次。后期大苗发病时，可用75%百菌清1 000倍液浇灌病株根部，效果很好。苗床喷药后如湿度过大，可撒施草木灰或细土，降低湿度。

（三）番茄早疫病

番茄早疫病又叫轮纹病，叶上病斑初现深褐色小斑，后出现圆形或近圆形病斑，边缘深褐色，中央灰褐色，有同心轮纹，潮湿时上生黑霉。茎上病斑多在分枝处发生，灰褐色，稍凹陷，轮纹不明显。果实上病斑多在蒂部和裂缝处发生，病斑褐色或黑褐色，圆形或近圆形，稍凹陷，病斑上均有同心轮纹和黑色霉层。

防治措施：

1. 选用抗病品种

品种L-402、奥胜及毛粉802等均较抗早疫病。

2. 种子处理

播前将种子用52℃温水浸种30分钟，或放入10%硫酸铜溶液中浸10分钟，取出后移入石灰水中浸一下，然后催芽播种。也可用70℃恒温干热灭菌72小时，用清水冲洗后再用52℃温水浸种30分钟，可消灭种子表面的病菌。

3. 加强栽培管理

避免连作，实行2~3年轮作；苗床要注意保温通气，及时喷药，带药定植；筑畦不宜过长，栽植不易过密，增施磷肥、钾肥，注意田间排水，清除田间病株残余。

4. 药剂防治

发病初期开始喷药，每隔7~10天喷1次，连续3~4次。①用10%磷酸三钠浸种20分钟，捞出反复用清水冲洗后催芽。②70%代森锰锌可湿性粉剂300倍液封锁发病中心。③64%杀毒矾MS可湿性粉剂，每亩170克。④50%普海因可湿性粉剂1 000倍液。⑤50%速克灵可湿性粉剂2 000倍液。

（四）番茄晚疫病

番茄晚疫病又叫番茄疫病。主要危害叶和果实。叶尖或边缘，初现不规则暗绿色水渍状病斑，后变褐色，潮湿时病斑背面边缘和健康组织交界处有白色霉。低温、阴雨、湿度高、露水大、早晨和夜晚多雾的情况下易发病。

防治措施选用抗病品种：中杂4号、蓉丰2号、皖红、苏抗7号、中蔬4号、强丰、佳红等均较抗晚疫病。及时喷药防治：定植前，定植后喷1:1:(150~200)倍波尔多液或无毒高脂膜200倍液。成株期根据测报发现中心病株后，立即用58%瑞毒霉锰锌300倍液，封锁，也可喷70%代森锰锌可湿性粉剂或64%杀毒矾Ms可湿性粉剂400~500倍液或大生500倍液或特效杀菌王2 000倍液，大田番茄要先重点防治矮架密度大的早熟番茄，然后再防大架露地番茄，大架番茄封垄后要坚持定期喷药，7~10天1次。抓紧雨前喷药，喷后遇雨及时补喷，喷药要细致周到，特别要注意中、下部的叶片和果实。不要漏喷。

二、虫害防治

（一）桃蚜

危害番茄的蚜虫以桃蚜为最常见。其他尚有菜缢管蚜，少量的棉蚜和甘蓝蚜以及棉长管蚜、豆蚜等。桃蚜一般以卵在桃、杏等树的芽腋和枝条基部越冬，次年春3~5月繁殖几代后再产生有翅桃蚜，与少量的菜缢管蚜、甘蓝蚜和棉蚜等先后飞迁番茄菜田，混合危害。番茄受害后，叶片上出现褪色的斑点，变黄、卷曲，植株矮小，桃蚜能传播病毒病，造成严重减产。

防治措施：

1. 选用抗虫品种

西安市蔬菜研究所选育的毛粉802，有50%植株长有长而密的白色茸毛能拒避蚜虫，减少传毒媒介。

2. 药剂防治

(1) 氰戊菊酯乳油2 000~3 000倍液。(2) 20%速杀灭丁乳油2 000~3 000倍液。

3. 银灰色塑料薄膜驱蚜

露地栽培采用银灰色塑料薄膜条，覆盖在番茄植株表面，每条间隔40~50厘米，对桃蚜等蚜虫有很好的驱避作用。

（二）小地老虎

小地老虎又叫土蚕、切根虫。小地老虎以幼虫危害，一二龄幼虫取食番茄顶芽和嫩叶，形成小孔，为害较小。三龄后，幼虫入土，昼伏夜出，咬断嫩茎、嫩梢，造成缺苗断垄，甚至毁种重播。黏壤土，耕作粗放，杂草多的地块危害较重。

防治措施：

1. 农业措施

地老虎喜欢产卵在小白菜和苋菜上，可利用这些植物诱集成虫产卵，当诱集植物出苗后，每天喷洒1次杀虫剂，防治效果显著。也可在菜区田埂种芝麻诱集地老虎。

2. 药剂防治

(1) 喷药防治　小地老虎三龄以前为害作物地上部分，应及时喷药，可用2.5%敌杀死乳油3 000倍液，50%辛硫磷乳油800倍液，或20%杀灭菊酯乳油2 000倍液防治幼虫。

（2）撒施毒土　用2.5%敌百虫粉，每亩1.5~2千克，拌细土10千克左右，撒在心叶里。

（3）毒饵诱杀　4龄以上幼虫防治比较困难，可采用毒饵诱杀。用2.5%敌百虫粉1.5千克或90%敌百虫0.5千克（用开水化开），加水5千克，喷在100千克炒香的麦麸或油渣上，搅拌均匀，傍晚顺行撒于苗根附近，每亩4~5千克，也可用莴苣叶、苜蓿等铡碎代替麦麸和油渣，但要适当加大用量，并分小堆施放。

（4）药剂灌根　虫龄较大时可用40%乐果，结晶敌百虫，1 000倍液灌根。

3. 人工捕捉

发现小地老虎为害茎部，田间出现断苗时。可组织人力，于清晨拨开断苗附近的表土，捕捉幼虫，也可收到一定效果。

思考与实践

夏番茄怎样整枝？

第五章　露地辣椒

第一节　辣椒的类型与品种

一、依据果实特征分类

辣椒可按其果实的形状分类。
(1) 灯笼椒类果实短粗，形状近似灯笼或柿子形。
(2) 长角椒类果实长角形如牛角、羊角或更细长呈线形。
(3) 小椒类果实短锥形，植株矮生，节间短密，叶细小，多为有限分枝型，即主茎生长至一定叶数后顶部以花簇封顶，形成多数果实，侧枝也以花簇封顶。

二、依据辛辣味分类

(一) 甜椒类型

果实大，为灯笼形或柿子形。味甜或微辣。优良品种如茄门甜椒，中椒2号、3号、4号、5号、6号、7号，农大40号，甜杂1号、2号，牟农1号，洛椒1号等。

(二) 半辛辣类型

果形长，呈羊角形、牛角形或长圆锥形，果实多下垂，辛辣味适中。优良品种如湘研1号、2号、3号、4号，洛椒2号，苏椒1号，辽椒1号、4号等。

(三) 辛辣类型

果实羊角形、线形或短圆锥形，辛辣味强。如各种线椒、朝天椒和一些羊角椒品种。线椒和朝天椒多作干椒栽培。

三、依据用途分类

(一) 鲜食辣椒

简称鲜椒，通常也叫菜椒或青椒。

(二) 干辣椒

简称干椒，是辣味浓的制干辣椒。

(三) 观赏辣椒

有的辣椒品种果实优美，色彩艳丽，果色有黄色、红色、橙色、紫我以、白色和绿色等，具有很高的观赏价值。主要作观赏栽培。

第二节 辣椒露地栽培方式

一、露地春夏茬栽培

冬春季播种育苗，定植时苗现大蕾，一般育苗条件下，育苗期80~110天，晚霜过后定植，夏末拉秧，在夏季温度不很高的地区也可以越夏直至深秋拉秧。

二、露地夏秋茬栽培

春季在阳畦或小拱棚中播种育苗，育苗期60天。5~6月定植，收获至深秋拉秧。

第三节 育 苗

一、辣椒壮苗标准

茎短粗，节间短，苗高在20~25厘米之间叶片厚，深绿色，具有8~12片真叶，能看到花蕾。晚熟品种真叶可达13~14片叶。叶色深绿有光泽，叶厚舒展，叶柄向上开展与茎有45°左右的夹角。根系发达，侧根数量多，呈白色。全株发育平衡，无病虫害，无"老公苗"（生长点受阻，只长其叶片）。

二、育苗床

有阳畦、温床等，它们的结构与性能、应用方法，参考保护地栽培有关章节。

三、培养土

又叫育苗床土，是供给秧苗所需水分、养分和空气的基础，需额外调制。具体方法参考第二章第五节。

四、种子处理

播种前将种子在55℃温水中处理10~15分钟，不断搅拌，15分钟后将水温降至30℃，然后再浸种8~12小时，种子吸足水分后捞出沥干，用透气的湿纱布或毛巾包好，在25~30℃温度下催芽。催芽过程中，经常翻动种子，每天用温水淋洗，4~5天后出芽达60%~70%时即可播种。

五、播种

播前苗床先浇水，使床土含有充足的水分，以供给种子发芽出苗。这次灌水量以浇透床土为宜。如果用育苗盘或营养钵播种，将其装好营养土，用喷壶浇透水。待水渗下后播种，播后均匀覆土0.5~1.0厘米厚。

六、苗期管理

出苗期间，土温不应低于17~18℃，以25~30℃为宜。幼苗出齐、子叶展平后适当降温，日温25~27℃，夜温17~18℃，以防幼苗徒长。

（一）分苗宜早不宜迟

辣椒幼苗1~2片真叶展开时即可分苗，最迟不超过3片真叶。3片真叶之后分苗对花芽分化及早期产量的形成不利。

（二）保证苗有足够的营养面积

一般双株分苗，营养面积10厘米见方。

（三）保护根系

辣椒分苗，最好采用营养钵或营养土方、营养钵或营养土方育苗，在苗床上便于放大苗距，移苗时利于保护根系，定植后缓苗快，有利于早熟丰产。具体方法如下。

1. 塑料营养钵分苗

把营养土装入塑料钵内，上面留出2~3厘米空不装土，以便于浇水。辣椒分苗一般用上口径10厘米、高10厘米、下口径8厘米规格的塑料营养钵较为合适。

2. 营养土方分苗

将整平的畦踩实。撒一层细沙或炉灰或草木灰，再铺一层营养土，厚约10厘米，踏实，搂平，分苗前灌水，水渗下后切成10厘米见方的块，用木棍在每块中央戳一小穴，将辣椒苗栽入穴内。营养土方切块也可以在分苗以后，苗生长期间进行。定植前7~10天，开始低温锻炼，日温降至15~20℃，夜温降至5~10℃。注意低温锻炼应逐步进行。

第四节　鲜食辣椒栽培技术

一、辣椒露地春夏茬栽培

（一）选择品种

露地栽培应选择中晚熟、生育期较长、抗病性强的品种，如农大40、茄门椒、牟农1号、湘研3号等。选用品种须与消费地的习惯相适应。

（二）培育适龄壮苗

春夏茬辣椒适龄壮苗，中晚熟品种的幼苗应达到10~14片叶，有90%的幼苗现蕾，叶色深绿，叶片肥大，茎秆粗短，根系发达，无病虫害。常规育苗，多在温室、温床上播种，分苗于温室、塑料大棚加小拱棚、温床、阳畦中，育苗期80~110天。

（三）定植

辣椒栽植地应选择地势高燥、排水良好、土层深厚、中等以上肥力的壤土或沙壤土栽培。为防治病虫害，切忌与茄果类蔬菜连作。

定植前地要深翻，每亩宜施入优质有机肥 5 000 千克以上、过磷酸钙 30 千克。宽垄栽培，每垄栽 2 行，行距为 33~40 厘米，穴距 26~33 厘米。一般采用每穴双株定植，以利于抵御风害、提高早期产量。定植时把苗置于定植穴里，覆土与苗子所带的土坨平齐即可。随栽植随浇定植水，防止秧苗萎蔫。定植时期应于晚霜过后，10 厘米深处土温稳定在 13℃ 左右时及早定植。

(四) 田间管理

定植后的田间管理应是前期促根，壮秧；盛果期抓壮秧，促结果；后期抓好保秧复壮。

1. 定植后至盛果期以前的管理

这一阶段以营养生长为主，主要抓好促根、壮秧。管理上应采用有利于提高地温为主的措施。定植后 7 天左右再浇缓苗水，水量也不宜过大，地表发干可操作时，要抓紧进行中耕。中耕时掌握近根处要浅，远根处要深的原则，深度 7 厘米。中耕后蹲苗，控制水分，蹲苗时间的掌握要适度。一般门椒（第一层果实）坐稳，蹲苗结束。门椒 2~3 厘米大小时已经坐稳，要及时追肥浇水，促进生长，提高早期产量。追肥以氮肥为主，并配合施入磷、钾肥。每亩可顺水冲入腐熟人粪尿 2 000 千克左右，或追施尿素 10~15 千克。

2. 盛果期的管理

辣椒进入盛果期至雨季到来之前，管理的重点是壮秧、促结果。主要措施有：

①调整植株使长秧和结果均衡发展，进入盛果期要及时采收门椒、对椒，防止坠秧引起植株生长势变弱。植株长势旺盛，冠层郁闭时，可以进行打杈摘心。

②加强肥水管理进入盛果期，一般正值高温干旱天气，要 5~7 天浇 1 次水。保持地皮不干。结合浇水追施化肥，每亩可用硫酸铵 20~25 千克，或尿素 10~15 千克，或复合肥 20 千克，并再次对根部适当培土，为雨季排水防涝打下基础。但培土高度不宜过高，以 13 厘米为宜。结合追肥浇水，还要在叶面喷施 1~2 次预防病毒病的药剂，以防止病毒病的发生。喷药时，还可加入磷酸二氢钾等叶肥。

3. 高温雨季管理

7~8 月是高温干旱或多雨季节，光照强度大，气温和地表温度都很高，对辣椒生长不利，常导致植株营养失调，叶片黄化脱落，落花、落果，甚至植株萎蔫死亡。此期管理重点是保秧复壮，防止植株衰败。主要措施有：

(1) 保持土壤湿润。地表温度过高会抑制辣椒根系的正常生长，这个时期要保持土壤湿润，浇水要勤浇、轻浇，保护根系越夏，以便高温过后植株恢复生长。

(2) 及时排水除涝。辣椒的根系怕涝，忌积水。因此要做到随下雨随排水，雨停水净。暴晴天骤然降雨、或连阴雨后暴晴，要在雨后进行涝浇园。即抓紧用温度较低的清水（最好是井水）浇，随浇随排，以降低土温，增加土壤的透气性，防止根系衰弱和由此造成的叶片脱落。

(3) 及时补肥。7 月上中旬，雨季到来之前重施 1 次化肥，每亩用复合肥 30 千克以防雨季脱肥。

4. 结果后期管理

高温雨季过后，气温逐渐降低，日照充足，适合辣椒的生长，辣椒再发新枝转入第二个开花结果高峰期，所以应加强肥水管理。此时要恢复到第一个结果高峰期的水肥管理水平，每隔7天左右浇1次水，保持地皮不干，9月以后天气转凉，浇水间隔时间可以适当延长，结合浇水追施化肥，每亩可用尿素10~15千克或复合肥30千克，以保持植株健壮，实行恋秋生产。

二、辣椒露地夏秋茬栽培

（一）适宜品种

选用耐热、抗病的中晚熟品种。如果安排长途运输或保鲜贮藏的，选用果型大、果肉厚、商品性状好、耐贮运的品种。在黄淮地区栽培，一般选择抗病毒能力强的长角椒类，在较为冷凉的地区，可以栽培甜椒。

（二）培育适龄壮苗

1. 育苗时间

这茬辣椒从播种育苗到开花结果需要60~80天。在黄淮海地区一般与小麦、油菜等夏收作物接茬，开始播种育苗的时间宜在4月上旬左右。种植辣椒有"宁可苗等地，不可地等苗"的习惯，故应适期早播，以求主动。

2. 育苗设施

苗床设在露地，但前期温度尚低，需要采用小拱棚作短期覆盖，晚霜过后撤除棚膜。

3. 关键技术

为了减少分苗伤根和防止病害发生，首先须采取1次播种育成苗的办法；其次是水分要充足，防止缺水而影响椒苗生长。

（三）整地施肥

1. 灭茬施肥

上茬作物收获后，要抓紧灭茬施肥，每亩可用优质农家肥5 000千克、过磷酸钙50千克。耕翻整地，起垄或做小高畦，以利排水和防涝。

2. 株行距配置

夏秋茬辣椒一般采取大小行种植。大行距辣椒70~80厘米，小行距辣椒50厘米。甜椒适当密植是为了便于早封垄，降低地温，保持地面湿润，创造较好的小气候条件，防止日灼发生。穴距33~40厘米、每穴2株。

（四）定植

1. 时间

选阴天或晴天下午15:00时以后定植，尽量不使秧苗在栽植过程中萎蔫。

2. 方法

起苗前一天浇足水，起苗多带宿根土，运苗过程中尽量减少伤根。栽后立即覆土、浇水。缓苗期需要连浇2~3次水，以降低地温，促进缓苗。

（五）肥水管理

1. 追肥

夏秋茬辣椒定植缓苗后要立即追肥浇水，一般每亩追施尿素15千克，顺水冲入。门椒坐果后，每亩须再追入尿素 15 千克，或复合肥 30 千克。结果盛期还需追肥 1~2 次，防止植株早衰。追肥结合浇水进行。

2. 浇水

在整个辣椒生长期间，基本掌握"开花结果前适当控制浇水，做到地面有湿有干；开花结果后，适当浇水，保持地面湿润"的原则。7~8 月温度较高，浇水要在早晨或傍晚进行。

3. 排涝

遇有降雨，田间积水要及时排除；遇有热闷雨要及时用温度较低的清水（最好是井水）浇，随浇随排。以降低土温，增加土壤的透气性，防止根系衰弱和由此造成的叶片脱落。雨水过多，土壤缺氧，叶色发黄时，要及时中耕排湿，同时，叶面喷洒磷酸二氢钾，以提高植株的抗逆性。

（六）保花保果

门椒、对椒开花坐果时正值高温多雨时节，很容易引起落花、落果。为此，当有 30%的植株开花时，需用番茄灵 25~30 毫克/升涂抹花柄或喷花 3~5 天处理 1 次。但喷花不要把药液喷到茎叶上。花期叶面喷施 500 倍的磷酸二氢钾溶液也有较好的保花、保果效果。

（七）采收和保鲜

一般说来，春夏季节辣椒以绿果上市较多，而秋冬季绿果、红果均可，以满足不同消费者的需要。若进行贮藏保鲜，应采收绿果，以延长保鲜期。作为冬储的辣椒，一般是霜前一次性采收，采用沙藏、窖藏等方法，温度保持 8℃ 左右，最低不能低于 0℃，可以贮藏 60 天以上。

第五节　辣椒病虫害防治

一、疫病

（一）发病症状

疫病俗称烂秧子病，是辣椒上的重要病害之一。疫病从苗期至成株期均可发生，以辣椒挂果后最易受害。幼苗发病时茎基部最初呈暗绿色水渍状，后形成梭形大斑；病部明显缢缩，呈黑褐色，幼苗易折倒。潮湿时病部可长出稀疏霉层。成株期辣椒的根、茎、叶、果均可发病。茎、枝部发病，初为水渍状，很快扩展成黑褐色长形病斑，边界清晰，凹陷或稍缢缩，可绕茎 1 周。受害植株上部叶片迅速凋萎、脱落，枝条皮层软化而腐烂，最终植株死亡。叶片受害时，病斑呈水渍状，后扩展成近圆形或不规则形大斑。病斑边缘黄绿色，中间褐色，病叶变为黑褐色后枯缩脱落。果实多在蒂部先发病，病斑水渍状扩展，向果面和果柄发展。病果灰绿色，后灰白色，软腐，有时产生深褐色同心轮纹。病果可干缩而不脱落，成为暗绿色僵果。潮湿天气病果上可产生稀疏白色霉层。根部发病，变褐腐烂。严重时可导致植株枯萎。

（二）发病规律

辣椒疫病是由辣椒疫霉引起的。病菌可以卵孢子在地表病残体上或土壤中存活很长时间，条件适宜时，卵孢子产生游动孢子，侵入根茎部或近地面叶片、果实引起发病，植株有伤口时有利于病菌侵入。病菌主要由灌溉水、雨水、气流传播。保护地栽培条件下，疫病有明显的发病中心。拔除的病株、摘下的病果若遗留在田间，也可侵染邻近植株，形成新的发病中心。日光温室栽培辣椒，由于空气流动性差、温度较高、湿度较大发病较重。棚室如果漏雨，也极易在漏雨的地方发病，形成发病中心，向四周蔓延。

（三）防治方法

1. 农业防治

一是实行轮作。避免与瓜类、茄果类蔬菜连作。二是培育壮苗。选用无病的种子，用新土或药剂消毒过的无病土壤育苗。消毒可用25%瑞毒霉或40%乙膦铝或75%百菌清，每平方米8克，加10~15克细土拌匀，先把1/3药土施入苗床，播种后用其余的2/3药土盖上。三是加强栽培管理。要培育适龄壮苗；高垄定植，覆盖地膜，膜下暗灌或采用软管滴灌，避免空气湿度过大；按辣椒不同生育阶段控制温度，避免高温高湿的条件。四是发现病株及时拔除，集中深埋或烧毁。

2. 化学防治

定植前用25%瑞毒霉或75%甲霜灵800倍液灌栽植穴；定植后用70%代森锰锌可湿性粉剂500倍液，或50%甲霜铜可湿性粉剂800倍液，或1:1:200的波尔多液，喷洒叶面、茎基部和地面，预防病害初侵染。发病初期（在温室、大棚等保护地栽培条件下，可采用烟熏法防治，即每亩每次用45%百菌清烟雾剂250克烟熏，每隔7~10天1次，连续2~3次），喷洒药剂可选用40%乙膦铝200倍液，或75%百菌清600倍液，或25%瑞毒霉600倍液，或40%疫霉灵200倍液。或64%杀毒矾400倍液，每隔7~10天喷1次，并结合灌根，连续防治2~3次。

二、炭疽病

炭疽病是辣椒上的一种常见病害，除辣椒外，该病还可为害茄子、番茄。保护地栽培中的高温高湿环境有利于炭疽病的发生和传播，发病严重时可以使辣椒减产20%~30%。

（一）发病症状

炭疽病主要为害辣椒成熟的果实及老叶，也可发生在茎和果梗上。果实发病初期产生水渍状黄褐色病斑，病斑近圆形或不规则形，中央灰褐色，继而凹陷，病斑同心轮纹状排列的小黑点。潮湿时从小黑点溢出淡红色黏稠状物质，干燥时病斑干缩似羊皮纸状，易破裂。叶片受害，病斑初为水渍状褪绿斑点，后发展成为边缘深褐色，中央灰白色圆形病斑，病斑上轮生小黑点，病叶易于缩脱落。辣椒茎和果梗染病时，出现不规则褐色病斑，病斑稍凹陷，干燥时容易裂开。

（二）发病规律

辣椒炭疽病是一种真菌性病害，病菌属于炭疽菌属。病菌以菌丝体或分生孢子盘在种子上或随病残体遗留在土壤里越冬。种子上携带的病菌可随种子远距离传播。播种带菌的种子或在有病残体的田块中栽种辣椒，都可引起该病。辣椒生长期间，病斑上形成的分生孢子可借风雨、灌溉水、昆虫、人类农事操作活动等传播，在一个生长季节可多次再侵染。病菌多由植株上的伤口侵入，在12~35℃时均可发育，最适温度为27℃。空气相对湿度为95%时发病迅速，相对湿度低于70%时一般不发病。种植密度过大、排水不良、浇水多、湿度大、温度高时有利于炭疽病的扩展和蔓延。

（三）防治方法

1. 农业防治

一是种子消毒。从无病田块或无病植株上留种，并且在育苗时进行种子消毒。可以用55℃温水浸种后催芽播种，也可以先将种子用冷水浸6~10小时，再用1%硫酸铜溶液浸种5分钟，捞出后投入1%肥皂水中洗5分钟，再用清水洗净后催芽播种。二是实行轮作。避免与番茄、茄子等炭疽病菌的寄主作物连作。三是加强苗期及田间管理。采用营养钵育苗，保护根系，避免病菌由伤口侵入。合理密植，保持适宜的温度、湿度。增施粪肥，合理配施磷钾肥，提高辣椒植株的抗病性。结果期适时追肥，可采用2%磷酸二氢钾或0.2%磷酸钾加0.5%尿素混合液进行叶面追肥。发现病叶、病果及时清除，并深埋或烧毁。

2. 化学防治

在坐果期喷1:1:200的波尔多液或0.3%硫酸铜溶液进行病害预防。发病初期可选用75%百菌清可湿性粉剂500~600倍液，或50%多菌灵可湿性粉剂600~800倍液，或70%甲基托布津可湿性粉剂1 000倍液，每隔5~7天喷1次，连喷2~3次。在定植后用0.2%磷酸二氢钾加1%肥皂水喷雾，每隔7~10天1次，连用2~3次，对炭疽病的防治也有一定的效果。

三、蚜虫

蚜虫俗称腻虫或蜜虫。是辣椒生产中的重要害虫，为害辣椒的蚜虫主要有桃蚜、瓜蚜和茄子。

（一）为害特征

蚜虫喜欢群居在叶背、花梗或嫩茎上，吸食植物汁液，分泌蜜露。被害叶部变黄，叶面皱缩卷曲。嫩茎、花梗被害后呈弯曲畸形，影响开花结实，植株生长受到抑制，甚至枯萎死亡。蚜虫还可传播多种病毒病，由黄瓜花叶病毒引起的辣椒病毒病主要由蚜虫传播，其为害严重性，远远大于蚜虫本身的为害。

（二）生活习性

（1）桃蚜主要以无翅胎生雌蚜在越冬蔬菜和窖储蔬菜上越冬，也可以卵在菜心中越冬。在加温的温室内，可连续繁殖为害。春季越冬蚜虫产生有翅蚜迁飞到辣椒或其他寄主作物上继续繁殖、为害。桃蚜对黄色、橙色有强烈的趋性，对银灰色有忌避作用。

（2）瓜蚜主要以卵在露地越冬作物上越冬，在温室内可以成蚜或若蚜越冬或继续繁殖，翌年春季产生有翅蚜迁飞至辣椒等蔬菜作物上为害。

（三）防治方法

1. 农业防治

清除田间及其附近的杂草，减少蚜源。

2. 物理防治

（1）用银灰色地膜进行地膜覆盖栽培，达到驱除桃蚜的目的。

（2）利用桃蚜对黄色和橙色有强烈趋向性的特点，在蚜虫发生初期，将黄色板涂上机油,悬挂在温室、大棚内,置于行间植株上方,诱杀蚜虫。

3. 化学防治

杀灭蚜虫最好选择同时具有触杀、内吸、熏蒸3种作用的农药,如21%灭杀毙乳油3 000~4 000倍液,或70%灭蚜松可湿性粉剂1 000倍液。或25%氧乐·氰乳油800~1 000倍液,或50%抗蚜威可湿性粉剂2 000倍液。为避免蚜虫产生抗药性,各种农药要交替使用。打药时一定要周到细致。

四、棉红蜘蛛

(一)为害特征

棉红蜘蛛在蔬菜上为害茄科、葫芦科作物,以成虫和若虫在植物叶背吸取汁液,被害叶片的叶面呈黄白色小点,严重时变黄枯焦,甚至脱落。在露地和保护地栽培的辣椒上棉红蜘蛛可造成严重为害。

(二)生活习性

棉红蜘蛛在北方多以成虫潜伏于杂草、土缝中越冬,南方则以成虫、卵、幼虫、若虫在寄主上越冬。翌年春天先在越冬寄主上繁殖,然后转移到辣椒上为害。初为局部点片发生。后靠爬行或吐丝下垂借风扩散传播。在植株上往往先为害老叶。然后再向上蔓延。食料不足时,有迁移习性。

(三)防治方法

1. 清除虫源

彻底清除田间及其附近杂草;前茬作物收获后清除残枝落叶,减少虫源,及时控制。

2. 化学防治

可喷洒73%克螨特乳油1 000倍液,或50%三环锡可湿性粉剂1 000~1 500倍液,或25%复方浏阳霉素乳油1 000倍液,或45%微粒硫胶悬剂300~400倍液,每6~7天喷1次。连续2~3次。药剂可交替使用,喷药时要注意重点喷叶背面。

思考与实践

1. 辣椒生产为啥提倡育苗?
2. 辣椒生产管理注意哪些问题?

第六章 露地黄瓜

第一节 黄瓜主要栽培品种

一、津杂1号、2号黄瓜

津杂1号、2号黄瓜是天津市蔬菜研究所1983年新培育出来的优良杂种一代,它解决了一般品种早熟而不抗病,早熟而不丰产的缺点。它是一个抗多种病害及适应能力较强的一代杂种。

津杂1号第一雌花着生在第三节位,津杂2号在3~4节。植株生长前期无侧枝,以主蔓结瓜,从而保证了前期产量的迅速增加。侧枝出现节位较高,第一侧枝出现在7节以上,平均每株有侧枝5~6条。津杂1.2号长势强有较强的适应能力。采收时间长,总产量高。瓜条长37厘米,横径3.5厘米,单瓜重0.25~0.3千克。

二、夏丰1号

属早熟种以主蔓结果为主,分枝性较弱,果实棍棒形,果皮绿色,无棱、瘤中等,皮薄、质脆、肉色浅绿,味稍甜。单瓜重0.3千克,亩产4 000~5 000千克。抗霜霉病和白粉病能力较强。

该品种适于春、夏两季露地栽培。春季3月中旬阳畦育苗,4月中旬定植。夏季6月中旬播种,收获期在7月下旬。夏季栽培应注意排水和防治病虫害。

三、津研7号

该品种1977年从津研二号品种中采用三代单株系统选育而成。该品种较晚熟,抗霜霉病、白粉病能力强,为津研号黄瓜抗病品种之冠。植株生长势强,有侧蔓3~5条,瓜条绿色棍棒状,长40厘米左右,瘤刺较稀,刺白色。无棱,质脆。

此品种耐热性好,在35℃以下高温条件下仍能正常生长,同时亦耐涝。适于春、夏、秋季露地栽培,亩产5 000千克以上。

第二节 黄瓜栽培技术

一、栽培季节及茬口安排

黄瓜忌连作，尤其是枯萎病严重的地块，要进行 5 年以上的轮作。春黄瓜的前茬，多为秋菜或越冬菜。夏、秋黄瓜的前茬为各种春夏菜。

春黄瓜生长期正逢春季，可以采用平畦栽培，也可采用沟栽，分次培土逐渐形成高垄，有利根系发育，并减少土传病害的发生，夏秋黄瓜采用垄栽时排灌方便。

二、地膜早熟栽培

地膜栽培投资少，效益高是近几年推广面积较大的一种栽培形式。适宜春季地膜栽培的品种有夏丰、津研 4 号、6 号等，可于 3 月中旬拱棚育苗，苗龄 30 天，三叶一心时定植。育苗拱棚育苗，夜间要加盖草苫，将种子播种在 10 厘米直径的营养纸袋里。播种要选择晴天，播后若连续阴天就有"闷芽"的危险，近年来。一些地方为了保证苗齐苗壮，在拱棚内铺设地热线，播后通电数天，出苗后若遇寒流低温仍应通电，以防苗子受冻。

（一）定植

因地膜本身无防霜作用，所以定植期应在晚霜过后，一般采用垄高 10 厘米、上宽 70 厘米的半高垄。每垄定植双行，栽后剪孔掏苗覆膜，也可先覆膜后栽苗，栽后灌一次透水。一般平均行距 66 厘米，株距 27～30 厘米，每亩 3 500 株左右。对侧枝发生能力较弱的夏丰、津研 4 号，每亩可栽 4 000～4 500 株。

（二）科学管理

浇过缓苗水后就应及时中耕沟底，达到松土、通气和提高温度的目的。

瓜秧生长前期，不宜浇水过多，长到 5～6 片叶时，如瓜叶浓绿，植株生长缓慢时，可补浇一水，并继续中耕蹲苗。

当根瓜（第一雌花）大部分坐住后，在瓜长 9～15 厘米时应及时浇催瓜水。为了瓜秧生长健状，浇水后仍应浅锄保墒，以维持到腰瓜长大，当腰瓜开始采收时，外界气温逐渐升高，土壤蒸发量加大，此时正是结瓜盛期，需要充足的水分，所以，土壤不能过干，以掌握小水勤浇的原则为宜。

黄瓜生长速度快，结瓜多，要有充足的肥料，才能不断结瓜，因此，追肥工作十分重要。以追施腐熟后的饼肥，尿素或硝铵等速效性肥料为好。

施肥时期，一般在根瓜采收后，腰瓜开始采收时，根据结瓜的多少和植株的生长情况而定，结瓜盛期应多施，结瓜少、植株生长过旺应少施，总之，合理施肥、浇水，不但使黄瓜产量提高，而且还会提高瓜条质量。如追肥、浇水不当，常出现畸形瓜，如尖嘴瓜、大肚瓜等。

（三）搭架、绑蔓及摘心

为了使黄瓜叶片均匀地得到阳光，一般多采用人字架形，可在中耕蹲苗后植株 5～6 片叶时进行插架。插架后应及时绑蔓，一般每隔3~4个叶片绑蔓1次，每次绑蔓"龙头"应向同一个方向，最后还能在同一水平线上。以避免高矮苗相互遮阴，津研1号，2号、3号、5号、7号黄瓜，侧枝较多，因而结瓜也多（占总产量的2/5）侧枝瓜生长的好坏，对产量影响极大，为了使侧枝结的瓜生长好，当主蔓生长到5~10片叶时即可进行摘心，以促使侧枝瓜较快的生长，当第一条侧枝和第二条侧枝出现雌花后，可在花前留两片叶进行摘心。这样不但使侧枝瓜正常生长，而且能使第三条、第四条、以及以上的侧枝健状生长，正常结瓜，如植株较旺，瓜条生长正常，则以后的侧蔓不必摘心，如植株生长较弱，瓜条生长缓慢或发育不正常，第三条、第四条及以后的侧枝仍应摘心，以调整植株的营养。

津研4号黄瓜无侧枝，津研6号黄瓜只有少量侧枝，以主蔓结瓜为主，一般不必摘心。

（四）采收

春季地膜黄瓜一般在5月上旬开始采收，7月中旬拉秧，收获期2个多月。黄瓜盛果期每隔一天采收一次。采收标准要根据当地消费习惯，不应采收过老，以免影响其他瓜的正常生长。根瓜更应早采，以免"坠秧"。收瓜还要根据植株长势，强秧晚采，弱秧早采，利用采瓜来平衡结瓜和秧蔓生长的关系。当植株上坐瓜较多，下部瓜影响上部瓜生长时，应及时采收下部瓜。相反，秧蔓坐瓜较少，下部瓜又不影响上部瓜生长时，可以晚摘，当出现弯曲、尖嘴、大肚等畸形瓜时，则应及早摘掉。

三、夏、秋黄瓜露地栽培

一般5~6月播种的黄瓜称为夏黄瓜，7月播种的黄瓜称秋黄瓜。夏、秋黄瓜生长正值高温季节，栽培管理与春播有所不同。

适合夏、秋栽培的黄瓜品种为津研2号、5号、7号，它们的共同特点是抗热性强，长势壮。

（一）选择园地

夏季多雨所以应选择排水良好的地块，采取垄栽，垄不宜过长，以10~15米为宜，以利排水。前茬多为甘蓝、大葱、洋葱、大蒜、笋或早熟果菜类等，尤其是葱蒜类前茬歇茬时间长，病害少，是夏、秋黄瓜较好的前茬。一般在前茬收获后经过深犁、晒垡，播前施入基肥再浅犁后耙平。

（二）播种方法

正值高温季节，植株生长速度快，播后45天即可开始采收根瓜，比春茬栽培可缩短20多天，如果采取育苗栽培，不但费工，而且在起苗时容易伤根，延长缓苗期，推迟始收期，因此多采用直播。

为了使幼苗能及时出土，种子应进行浸种催芽。在播种时按70厘米行距开沟灌水，然后把种芽贴在水印下3~4厘米的垄背内侧。株距25~27厘米（可播种两个芽子，相距3厘米），然后对播种沟浅覆土，出苗后随着苗子的生长逐渐平沟并起垄。另一种方法为先做成宽70厘米，高15厘米的高垄，按株距在垄面两侧开2厘米深浅穴，每穴播后顺沟灌水渗透垄面，土壤板结时常影响出苗为了防止遇雨后土壤板结影响幼苗出土，可在播种穴上方覆盖一小土堆，两天后幼苗开始顶土时，再把土堆扒去，以利出苗。

(三) 田间管理

夏、秋黄瓜因植株生长快，结瓜集中，所以，要早追肥，以"少量多次"为原则，这样不但可以满足植株生长的需要，还可减少肥料流失。一般在根瓜采收前就应进行第一次追肥，进入盛果期每 5~7 天追肥一次，每次尿素 7~10 千克，随灌水冲入。

水分管理上，苗期应掌握适当少浇，做到浇水与锄地（浅锄）相结合，既保持了土壤的一定湿度，又保黄瓜根系有足够空气，防止植株旺长，影响坐瓜。当植株进入盛瓜期，茎叶繁茂，果实急速生长，此时必须供给足够水，每 3~4 天灌一次水。但雨涝时要注意排水，基部侧枝过多时，可抹掉一些，以免行间郁蔽，侧枝见瓜后，于瓜前留两叶打顶。

(四) 嫩瓜采收

从播种到始收 42~45 天，收瓜期 30~40 天，亩产量一般在 2 500~3 500 千克。

第三节 病虫害防治

危害黄瓜棚病害有霜霉病、角斑病、枯萎病、炭疽病、病毒病等，虫害主要有蚜虫。

一、霜霉病

(一) 症状

主要为害叶片，一般从下向上发展。开始叶片出现水浸状淡黄色小斑点，后病斑逐渐扩大到 5~16 毫米受叶脉限制呈多角形，潮湿时，病斑背面常出灰黑色霉层，严重时病斑连成片，除顶端新叶外全株叶片大部分枯死，瓜条瘦小，提早拉秧。

霜霉病在抗病品种上病斑小、呈圆形，很少扩大，病斑背边也很少出现黑霉，这是抗病品种的耐病表现。

(二) 发病规律

霜霉病的发生和流行与温湿度关系很大，15~24℃是其流行的最适温度，如果平均气湿低于15℃或高于28℃，则不利于该病的发生。在阴天、雨后空气湿度大，叶面经常结露的情况下就有利于本病的发生和流行。

据观察植株的健状与否与发病有密切关系。弱苗首先感病。在适宜条件下，病菌浸染过程一般只需 6 小时左右，所以病害一旦发生就难以控制，数天就会蔓延全田，因此，霜霉病要以防为主，只要坚持这个原则，病害是可以控制的。

(三) 防治方法

1. 种植抗病品种

一般来说早熟品种的抗病性低于中晚熟品种，同一品种在栽培条件良好，肥力充足的情况下，发病轻，可减少喷药次数。

2. 药剂防治

用 65% 代森锌 600 倍或 76% 百菌清 600 倍，或 40% 霜霉净 200 倍、或阿米西达，银友利等 6~7 天喷一次。

3. 营养疗法

一些研究结果表明，发病叶常与植株体内氮醣比失调有关，基于这一认识，可以每6～7天喷一次糖、尿素、醋混合液，可按每50千克水加食用红糖或白糖40克，米醋25克，尿素40克喷于叶面，改善叶面营养状况。

二、炭疽病

（一）症状

可为害叶、茎、瓜条，叶片受害初生黄褐色圆形斑点，然后逐渐扩大，边缘色较深，中部色较浅；茎部被害形成水渍状，呈黄褐色长圆形病斑，最后引起全株枯死；果实受害，呈褐色稍凹陷圆形病斑，后期开裂，果实从病部弯曲呈畸形。

（二）发病规律

病菌在病残体或种子上越冬，借风、雨、昆虫传播，高湿度是发病的重要因素。发病的温度范围很广，从10～30℃范围均可发病，但以20～24℃，湿度95%时发病最盛。另外，地势低洼，通风不良，氮肥施用过多，密度过大以及重茬地，发病均重。

（三）防治方法

（1）从无病株上采收种子，并用50℃温水浸种15分钟。

（2）用农抗120，浓度150倍，在发病初期，每6～7天喷一次。

（3）用20%代森锰锌200倍液，50%多菌灵500倍液，发病初期每7～8天喷一次，连喷4～5次。

三、枯萎病

（一）症状

黄瓜从幼苗到成株都可发病，但以结瓜初期发病最盛。成株期感病后，中午叶片萎蔫，早晚又恢复，反复数天后，枯萎而死。潮湿时茎基部易纵裂，并流出胶状物，导管变褐色。

（二）发病规律

病菌在土壤或粪肥中的病残体上越冬病菌可在土中存活5～6年，病菌通过根部侵入，在导管中繁殖，堵塞水分上运的通道，在25℃左右条件下最适宜病菌发育。另外，地势低洼、排水不畅、土壤黏重、连作地、植株生长势弱均利于发病。

（三）防治方法

枯萎病属土传病害，目前多从栽培措施上入手。如培育壮秧，注意氮、磷、钾肥的合理使用。注意轮作换茬，实行高垄栽培，这些方法都有一定的防病效果，但要想从根本上解决问题，尤其是对发病田解决重茬问题，最根本的方法是采用嫁接法，黄瓜枯萎病菌不侵染南瓜，以云南黑籽南瓜做砧木，用黄瓜做接穗，采用靠接或插接法。嫁接后保持室温25℃，保湿（95%相对湿度），成活后定植，埋土要在接口以下，不宜深栽，否则，如果黄瓜长出不定根，则会影响防病效果。

黄瓜除以上经常发生的3种病害外，还有细菌性角斑病、疫病、白粉病、病毒病应及时预防和防治。

四、蚜虫

主要是瓜蚜为害黄瓜，它们常常群集在幼叶的背面，用口针吸食汁液，被害叶片卷曲，生长受到抑制。蚜虫发生快，而且可以孤雌生殖，一头无翅胎生雌蚜一天可产生 60~70 头若蚜，尤其在高温干旱季节发生更为严重。

田间发现蚜害，立即用药防治，消灭在点片发生阶段，可用下列农药防治：40%乐果乳剂 1 000 倍液或 50%敌敌畏 1 000 倍液或 50%抗蚜威 2 000 倍液进行叶面喷雾。

思考与实践

1. 黄瓜生产为什么要进行嫁接？
2. 黄瓜生产为什么要搭架？

第七章 西瓜栽培

第一节 西瓜优良品种

一、有籽西瓜品种

(一) 豫艺吉祥

河南农业大学选育的早熟优质品种。全生育期约90天,坐瓜后28天左右成熟。果实椭圆形,绿皮具细网纹,果形端正匀称,中心含糖量高达12.8%,红沙瓤,种子少而小,品质佳,单瓜重6~8千克,大瓜15千克,亩产量5 000千克。该品种发苗快,长势健壮,瓜胎多,易坐果,抗病能力较强,综合性状优秀。适于早春小拱棚、地膜露地及麦瓜套栽培。

(二) 豫艺农抗2号

豫艺种业选育的中早熟高产型品种。生长稳健,全生育期91天,坐瓜后30天左右收获。果实椭圆形,绿花皮、条带清晰,中心含糖量12%,口感好,耐湿、耐低温、耐弱光性好,在不良气候条件下仍能较好坐瓜,且膨瓜快、畸形瓜少,单瓜重7~10千克,亩产量5 500千克,综合性状优于金钟冠龙。适应性强,春大棚、小拱棚及地膜覆盖均可栽培,南北方均可种植。

(三) 汴杂7号

开封市蔬菜研究所选育。中熟,全生育期105天左右,果实发育期35天。植株生长健壮,果实椭圆形,纯黑皮,外形美观。果肉红色,肉质脆细,口感风味好,中心含糖量11.5%左右,品质上等,耐运输。一般单瓜重8千克左右,最大可达18千克,亩产量5 000千克以上。

(四) 台湾黑宝

河南农业大学与台湾第一种苗合作选育。中熟、全生育期105天,坐瓜后35天成熟。植株生长势强,耐旱、耐重茬。果实纯黑皮、皮色油黑发亮、椭圆形,端正匀称,瓜肉大红、沙脆,品质好,中心含糖量12%。单瓜重8~10千克,亩产量5 500千克以上。适于北方及南方旱季栽培。2005年通过品种审定。

（五）豫艺 2 000

河南农业大学育成的大果、高产型、黑皮西瓜品种。果实椭圆形，瓜形周正，大红瓤，瓜皮坚韧且瓜肉硬脆，极耐储运。全生育期 105 天，坐瓜后 35 天成熟。单瓜重 10~15 千克，亩产可达 7 500 千克。生长势强，抗性好，耐重茬，耐旱能力强，适于北方区域及南方旱季栽培，是全国推广面积最大的品种之一。2005 年通过品种审定。

（六）豫艺黑优 219

河南农业大学培育的大果、黑皮西瓜新品种。果实皮色转黑快，椭圆形，瓜形匀称美观。植株生长势强，易坐瓜，且膨瓜速度快。全生育期 105 天，坐瓜后 35 天左右成熟，单瓜重 10 千克左右，亩产 6 500 千克。

（七）豫星 1 号

豫艺种业选育的地膜露地专用京欣类品种。植株生长健壮，果实不易裂，早熟，全生育期 85 天左右，坐瓜后 26~28 天收获。果肉鲜红多汁，不易倒瓤，中心含糖量高达 12.5%，口感细腻，品质好，单瓜重 6 千克，亩产量 4 000 千克。该品种最大特点是膨瓜快，口感品质非常好。在河南新乡、开封、漯河、江苏徐州、浙江金华、云南玉溪等地露地地膜栽培表现优秀。

（八）西农 8 号

西北农业大学选育。中熟，全生育期 105 天左右，果实发育期约 35 天。植株生长势强健，抗枯萎病，易坐果。果实椭圆形，底色淡绿，上覆有深绿色条带。果肉粉红色，肉质酥脆，口感好，中心含糖量 12%，果皮韧，耐运输。单瓜重 8~10 千克，亩产量约 5 000 千克。全国推广面积最大的品种之一。

二、无籽西瓜品种

（一）黑蜜 2 号

中熟，圆形果，墨绿皮，果皮坚韧、耐储运，耐重茬，果肉红色，中心含糖量 12%，单瓜重 7~8 千克，大瓜 15 千克，亩产 5 000 千克。全国推广面积最大的品种之一。

（二）豫艺甘甜

中早熟黑皮瓜，果实圆球形。全生育期 95 天，果实发育期 32 天。植株生长势中等，克服了黑蜜 2 号长势强、成熟期晚、不易坐瓜的缺点，雌花多，比黑蜜 2 号易坐瓜，含糖量 12% 以上，质地细腻酥脆，汁液多，单瓜重 7~8 千克，大瓜 15 千克，亩产 5 000 千克以上。大棚露地均可栽培，大棚栽培生长稳健，不易徒长，易坐瓜。

（三）豫艺新 2 号

我国台湾第一种苗与河南农大合作培育的大果高产品种。中早熟，果实发育期约 33 天，生长发育快，抗枯萎病能力强，耐重茬，耐湿，易坐果。果实圆球形，果皮黑绿色、薄而韧。果肉大红色，中心含糖量 12% 以上，瓤质脆，白秕子小而少，品质优。单瓜重 8~10 千克，亩产 5 500 千克左右。南北方露地、大棚均可栽培。

（四）华晶 4 号

中熟黑皮黄瓤优质无籽西瓜品种。果实圆形，一般单果重 5~6 千克，最大 8.2 千克，果皮墨绿色具黑色隐条带,皮厚1厘米,果肉鲜黄色,中心含糖量12%,汁多味甜,爽脆细腻,口感极好。植株生长强健,极易坐果,从坐果至成熟29天左右,适于保护地和露地常规栽培。

(五)菠萝蜜西瓜

豫艺种业选育。中熟,全生育期100~105天,果实发育期32天左右。生长势中等,抗病耐湿,易坐果,单果重6千克以上,亩产4 500千克。果实圆球形,果皮黑色稍显暗齿条,果肉黄色,肉质细脆。中心含糖量12%以上,有菠萝清香味,风味好,品质优,白秕子小而少。露地、棚室栽培均可。2002年通过河南省品种审定。

三、特色西瓜品种

(一)豫艺黄肉京欣(金花2号)

豫艺种业选育的优质早熟西瓜。果实花皮,高圆形,果肉黄色,含糖量13%左右,具奶香味,口感品质极好,抗枯萎病,耐重茬性好,全生育期约88天,开花后26~28天成熟,单瓜重2~3千克,可1株多果栽培,亩产3 500千克。适于大棚、小拱棚早熟栽培。该品种品质特优,很有发展潜力。

(二)台湾袖珍黄宝

台湾第一种苗与河南农业大争合作选育。花皮黄肉。椭圆形,中心含糖量12.5%,单瓜重2千克,耐低温弱光性好,膨果速度快,适宜保护地栽培,春栽坐瓜后28天成熟。

(三)豫艺黄珍珠

河南农业大学选育高档高效益礼品西瓜品种。果实圆形,黄皮黄肉,外观美丽,品质佳,中心含糖量12%~13%,单瓜重2~3千克,抗病,抗蚜虫,耐储运。可一株多果栽培,适宜保护地及露地栽培。

(四)京秀

由北京市农林蔬菜中心培育的"早春红玉"类小型西瓜。植株生长势强,果实椭圆形,绿底色上覆深绿窄齿条。单果重1.5~2.0千克,亩产量2 500~3 000千克。果肉红色,肉质脆嫩。风味佳,少子,中心含糖量13%。适宜早春和夏秋保护地栽培,可适当提早上市。

(五)豫艺黑小宝(大果黑美人)

河南农业大学选育。主蔓6~7节出现第一朵雌花,雌花着生密,果实长椭圆形,果皮薄而韧,极耐储运。瓤色鲜红,少子,果肉中心含糖量12%~13%。单瓜重4千克。2003年通过河南省品种审定。

第二节　西瓜育苗技术

一、苗床设置

早春培育瓜苗,必须采取防寒、保温或加温苗床。生产上普遍应用大棚和小拱棚覆盖等设施苗床，利用日光温室育苗效果更好。苗床要选择背风、向阳、受光良好处，还要考虑用电、用水、管理、移栽运输是否方便。一般每平方米床面可育苗100株左右。苗床宽以1.2~1.5米为宜，长度可根据育苗的数量来定，一般为10~15米。

（一）拱型冷床

用竹片作拱架，覆盖2米宽的薄膜，一边用泥土封实，另一边用砖块压，以利通风。

（二）酿热温床

在拱形冷床底部，挖深12~16厘米的坑，内垫约10厘米厚的酿热物，通过微生物分解有机质释放能量来提高苗床温度。

（三）电热温床

将电热线铺设在苗床内，用电热线加热，再通过自动控温仪来调节苗床温度，使苗床内保持幼苗生长所需的土温。

二、床土准备

床土的基本组成是大田土和有机肥（厩肥或堆肥），比例是3:2或2:1。有机肥要充分腐熟、粉碎。大田土可用园土、稻田表土、风化河塘泥土、草炭泥等。可加过磷酸钙及少量尿素、硫酸钾等进行堆制。速效化肥的量一定要少而均匀，以免烧苗。为减少营养土中病菌和虫卵含量，可进行消毒处理：用40%福尔马林300毫升加水30千克，均匀喷在1000千克的土里，盖薄膜熏蒸2~3天。也可在配营养土时，喷1000倍乐斯本（毒死蜱）和特立克，或拌入2千克根友防治病虫。

三、种子处理、催芽播种

（一）选种

对种子进行挑选，要求籽粒大小均匀、纯正饱满、无霉变、无残破的种子。

（二）晒种

种子在浸种前暴晒1~2天，以提高发芽率。但高温强光下不能在水泥地上暴晒。

（三）种子消毒

常用物理、化学两种方法消毒，以预防一些病害的发生。

1. 温汤浸种

常用55~60℃温水浸种15~20分钟。

2. 药剂处理

用40%福尔马林100倍液浸种30分钟，或用50%多菌灵500倍液浸种60分钟，或用健植宝500倍液浸种30~60分钟，以预防苗期病害的发生。

（四）浸种

西瓜种子一般可用常温清水浸种8~12小时。浸种时间因品种和水温而异。浸种时间短，不利于种子充分吸水，发芽缓慢；浸种时间过长，种子过多吸水造成缺氧，催芽时种嘴张开，种仁水肿，失去发芽能力。

（五）催芽

种子经消毒、浸种后,再用清水反复冲净种皮上的黏液和药液,并一定使种子表皮稍微晾干,以利种子透气。在 28～30℃下进行催芽,种子露白,以芽长 3～5 毫米为宜。催芽时要防止发酵霉变和闷种现象。

（六）播种

苗床应进行药剂处理,营养钵应提前 2 天装入营养土。早春育苗应抢晴天点播,采用地膜覆盖育苗。

第三节　西瓜嫁接技术

西瓜嫁接是以西瓜为接穗,其他瓜类作砧木,进行嫁接换根的一种栽培技术。由于南瓜、葫芦等作物根系发达、抗逆性强、吸水吸肥能力强,嫁接西瓜后可克服西瓜的连作障碍,防止枯萎病,并表现出抗寒、耐湿、生长发育快、早熟、丰产等优势,因此多作为砧木使用。目前,嫁接栽培技术正在迅速普及。

一、砧木品种

（一）超丰 F1

郑州果树研究所选育。该品种幼苗下胚轴短而粗壮、不易徒长、嫁接亲和性好,成活率高,嫁接幼苗在低温下伸长快,坐果早而稳。超丰 F1 能促进西瓜早熟、提高西瓜产量,对西瓜品质无不良影响。

（二）豫艺 90C

河南农业大学选育的杂交砧木,种子发芽容易,发芽势好,发芽率高,其茎蔓生长旺盛,根系发达,吸肥力强,与西瓜嫁接亲和性好,植株生长健壮。耐湿性、耐低温性比西瓜好,坐果稳定,对果实品质无不良影响。

（三）农大 V-90

河南农业大学选育,属南瓜杂交种。种子纯白色,千粒重 160 克左右,发芽容易,发芽势好,出苗壮。嫁接亲和力强,成活率高。愈合面致密,在低温弱光下生长强健,根系发达,吸肥力强,叶部病害轻,后期耐高温、抗早衰,生理性急性凋萎病发生少,对果实品质影响小。

（四）勇士

中国台湾农友种苗公司于 1984 年利用非洲野生西瓜育成的杂交一代西瓜专用砧木。嫁接西瓜,抗枯萎病,生长强健,耐低温,嫁接亲和力好,坐果稳定,果实品质与风味和自根西瓜完全相同。但嫁接苗定植后初期生育较缓慢,进入开花坐果期生育旺盛。

二、嫁接方法

主要有插接法、靠接法和劈接法。

（一）插接法

又称顶插法。砧木较西瓜接穗提前播种7天左右，或当砧木子叶出土后，接穗西瓜即可催芽播种，待西瓜苗子叶展开即为嫁接适期。插接不需捆扎，能节约用工，但技术要求较高。插接的工具只需一根竹签，一块刀片。嫁接时先将砧木生长点去掉，以左手的食指与拇指轻轻夹住砧木的子叶节，右手持小竹签在平行于子叶方向斜向插入，即自食指处向拇指方向插，以竹签的尖端正好到达拇指处为度，竹签暂不拔出，接着将西瓜苗垂直于子叶方向下方约1厘米处胚轴斜削一刀，削面长1.0~1.5厘米，称大斜面，另一方只需去掉一薄层表皮，称小斜面。拔出插在砧木内的竹签，立即将削好的西瓜接穗插入砧木，使大斜面向下与砧木插口斜面紧密相接。插接方法简单，只要砧木苗下胚轴粗壮，接穗插入较深，成活率就高，是目前生产上用的较多的一种嫁接方法。

（二）靠接法

又称舌接法。接穗西瓜较砧木提前5~7天播种于沙质土为主的育苗盘中，使接穗大小、胚轴粗细与砧木相近。以砧木、接穗子叶平展刚破心时为嫁接适期。也可将接穗和砧木播种于同一营养钵内，嫁接时就不用起苗，成活率更高，但两株苗的距离一定要很近。在砧木和接穗的子叶下部茎端处，用单面剃须刀分别向下、向上做一个45°的斜向切口，长度约1厘米。使砧木与接穗的切口镶嵌结合在一起，然后用0.2~0.3厘米宽的塑料带包2~3道扎紧，或用专用的塑料夹夹住即可。嫁接后，把接穗砧木同时栽入营养钵中相距约1厘米，以便成活后切除接穗的根。接口距土面约3厘米，避免接穗发自生根。7天后接口愈合，将接穗苗的根切断；10~15天后应及时解除塑料布条。如果在同一营养钵内播种砧木和接穗，应通过不同播期和不同的处理方法，使砧木和接穗都处于嫁接适期。比如，用葫芦作砧木，则西瓜种子进行温汤浸种和催芽，葫芦播干种子，葫芦种子出苗稍迟但长得快，待两苗高度一致时，即可嫁接。该法接口愈合好，成苗长势旺，管理方便，成活率高，但操作麻烦，工效低。

（三）劈接法

多数接穗苗的茎比较粗壮，几乎与砧木相同粗度时，应采用劈接法。砧木的苗龄应稍大一些。取健壮的砧木苗，除去其生长点，将其茎轴一侧用刀片自上而下切1.0~1.5厘米的切口，不能伤及子叶，不能两侧都切，否则子叶下垂，很难成活。接穗削成楔状，斜面长1.0~1.5厘米。将接穗插入切口，用0.5厘米宽的塑料带绑扎，把整个伤口绑住，以防水分蒸发。该法接穗不带自根。若嫁接初期管理粗放，成活率低，且费工费时，很少采用。

三、嫁接时应该注意的问题

西瓜嫁接的成活率除受砧穗亲和力的影响外，操作技术是重要的决定因素，一般操作应注意以下问题。

（一）操作方法

嫁接切口应保持清洁整齐要选用锋利的刀片，一刀成形，并保持刀口的清洁整齐，做到嫁接切面紧贴，便于养分和水分的交流，促进愈合和成活。

（二）砧木和接穗粗细应相配

一般要求砧穗粗细大体一致，便于相互紧密结合及养分水分的上下交流。所谓粗细一致因不同的嫁接方法而含义不同。插接法，接穗比砧木稍细一点；靠接法，则要求砧木和接穗粗细基本一样。另外，南瓜砧木易形成空腔，应在子叶刚展开和一片真叶半展开期就开始嫁接；以葫芦作砧木时其一片真叶展开时嫁接易成活。

（三）部位选择

选择合适的嫁接部位靠接时，一般选在光滑整洁的胚轴上部1/3处，这样便于栽植和成活。

（四）包扎好接口

包扎接口时必须认真细致，耐心操作，不要使接口错位，不要夹入泥土和其他杂物，应适当扎紧，使接口结合紧密，促进接口愈合。

四、嫁接苗的管理

（一）嫁接苗不要接受阳光直射

苗床须遮阴，嫁接2~3天后，可早晚照射弱光，然后逐步加大光照，1周后只在中午遮光，10天后全天不用遮光。同时，还要注意避风。

（二）嫁接后要及时栽苗

嫁接时拔起的接穗，若放置在15℃左右的阴凉处，可以保存半小时。批量嫁接时，最好多人分工协作，一部分人嫁接，另一部分人进行栽植。

（三）保持苗床适宜温度

嫁接后白天保持26~28℃，夜间24~25℃，1周后增加通风时间和次数，适当降低温度，白天23~24℃，夜间18~20℃定植前1周应让瓜苗逐步得到锻炼，晴天白天可全部打开覆盖物，夜间仍需要覆盖保温。

（四）保持苗床适宜湿度

嫁接后要使接穗的水分蒸发降至最小程度，砧木营养钵水分充足。苗床密封，使空气湿度达100%饱和状态。3~4天后，在清晨和傍晚适当放风，随后逐步加大通气量，10天后恢复到一般苗管理。

（五）及时除去砧木的萌芽

及时抹除砧木子叶间长出的腋芽，但不可伤及砧木子叶。另外，嫁接前一天喷1次杀菌剂，注意防病治病。

五、定植应注意的问题

（一）不能栽植过深

栽植过深会使接口接触土壤而产生自生根，枯萎病菌就有可能侵染植株，使嫁接失去作用。若发生自生根应及时切断，并把周围的土壤扒离接口，使接口裸露在地面之上，防止再次发生自生根。

（二）嫁接苗栽培的西瓜不能埋土压蔓

一般采用畦面铺草的方法固定瓜蔓，尽量防止瓜蔓与土壤接触，否则使西瓜压的蔓节上长出自生根，又会有感染枯萎病菌的可能。

(三) 要及时除掉砧木芽

有些砧木很容易萌发枝芽，消耗养分，应及时除去。

(四) 控制肥水

嫁接苗的根系一般具有很强的吸肥能力，应适当减少基肥用量，防止徒长，并能降低成本。一般南瓜砧可减少肥水40%，葫芦砧可减少30%。

第四节 小拱棚双膜覆盖优质高效栽培技术

小拱棚双膜覆盖是目前西瓜生产上应用最广、面积最大的栽培方式之一，是指在栽植畦上覆盖一层地膜，然后在畦面上插拱架覆盖农膜的一种栽培方式。因具有地膜和天膜的双重覆盖作用，增温效果较好，且结构简单，取材方便，成本低，早熟效果十分明显。据各地种植经验，西瓜可提前到6月上旬成熟上市。较露地栽培提前15天以上，产值增加1倍以上。

一、棚型和结构

小拱棚双膜覆盖是由地膜和小拱棚两部分组成，地膜可用0.01毫米厚甚至更薄的，拱架用毛竹片、柳条、钢管等，其上覆盖0.05~0.08毫米透明农用薄膜，四周压实。膜外用绳固定防风。小拱棚多数为南北走向，棚高50~70厘米，跨度与种植行数、整畦模式有关，长20~30米。

二、小拱棚的性能

双膜覆盖的热能来自阳光，棚内气温随着外界气温的变化而变化，加之棚体较小，棚温变化剧烈。一般情况下，能增温3~6℃。晴天增温显著，最大增温值15~20℃。所以在晴天中午容易引起高温危害；而在阴天或夜间，棚温仅比外界高1~3℃，遇到寒流极易发生寒害。棚内地温随着棚内气温的变化而变化，但地温的变化比较平稳，特别是在覆盖地膜后，棚内地温比同期露地高6~8℃。

三、栽培管理技术

(一) 品种选择

小拱棚双膜覆盖栽培以提早上市为目标，选择的品种应早熟、抗病、耐湿、耐低温和寡日照，雌花着生节位早，果实发育期短，生长势中等，对肥水条件反应不太敏感，不易徒长，果实的采收期要求不太严格，适当提早采摘不至于严重影响果实的品质等，如早花香、豫星7号、郑杂5号等。但近几年市场价格不太稳定，一些群众小拱棚栽培中晚熟的台湾黑宝等大果型品种，因产量高，也取得了很好的收益。

(二) 早播育大苗

提前在温床培育壮苗，适宜苗龄为30~35天，具有3~4片真叶，育苗时应采用营养钵护根。

(三) 选择地块

选地应选背风向阳、地势高燥、土层深厚、肥沃疏松、排灌方便的沙质壤土。沙土容易漏肥水，应加强中后期肥水管理；黏土地加强冬前深翻，增施有机肥。西瓜忌连作，应注意轮作，一般旱地轮作期为8年，水旱轮作6年，水田轮作为4年。前茬作物以水稻、小麦、油菜等为宜，葱蒜茬更好。

(四) 整地、施肥

应在冬前深耕20~25厘米，进行晒垡和加深熟化土壤，开春后施基肥、耙平土壤、打细、做畦做垄。应做到深沟相通，瓜地不应积水。基肥应以有机肥为主，加适量速效性化肥。施肥方法可采用全园撒施、耕翻入土混匀，也可沿瓜行开沟集中施肥、70%施于20厘米以上的熟土层，还可将全部有机肥与部分化肥全园撒施，耕翻混入土壤，沿瓜行开约30厘米深的施肥沟集中施剩余的化肥。每亩可施鸡肥1 000千克，磷酸二铵20~30千克，硫酸钾30千克。

(五) 整畦

1. 宽高畦

畦面宽3.2~3.6米，畦沟宽30厘米左右，瓜苗栽在瓜畦的两边，瓜苗伸蔓后，两行瓜蔓向畦内对爬。小拱棚扣盖于两相邻瓜行上，一棚可覆盖2行瓜苗。

2. 低畦

低畦由浇水畦和爬蔓畦两部分构成。浇水畦宽50厘米左右，每畦栽2行瓜苗，伸蔓后分别向相反的方向爬。爬蔓畦位于浇水畦的两侧，畦宽1.5~1.8米。小拱棚扣盖在浇水畦上，一棚可覆盖两行瓜苗。

3. 垄畦

垄畦由垄背、浇水沟和爬蔓畦三部分构成。垄背也叫瓜行畦，一般宽30~50厘米，上栽2行瓜苗。伸蔓后，相邻两行瓜蔓分别伸向相反的方向，浇水沟开于垄背两侧，宽25~30厘米，爬蔓畦位于浇水沟外，宽1.3~1.5米。小拱棚扣盖在瓜行畦上，一棚可覆盖单行或两行瓜苗。

(六) 覆地膜、扣拱膜和定植

定植前至少提前7~10天盖好地膜和小拱棚，提高地温。当拱棚内气温稳定在5℃以上，地温在12℃以上时为安全期。在早春气温不稳定，常出现回寒现象的地区，应避开最后一次强寒流，当外界气温稳定在10℃以上时定植。定植应选晴天。

(七) 温度管理

棚温管理以保温促进生育为原则，定植后5天内一般密封不通风，以提高气温和地温，促进缓苗。此后随天气变暖，棚温升高，应逐渐通风，棚温应控制在30~35℃，夜间保持15℃以上，不低于12℃，如遇寒流应加盖草苫保暖防寒。开始通风时，应在背风一端揭开，随着温度的上升，两端开启；有大风天气只在一端开启。当两端通风棚温仍不能下降时，间隔一定距离揭开底膜通风，通风量应根据气温的变化，掌握由小到大、时间渐长、变换开口位置等原则。

(八) 瓜田管理

1. 及时整枝，合理留蔓

整枝方式主要采用双蔓整枝。采用高密栽植（1 000株/亩以上）的应单蔓整枝。尽量保证结瓜部位在拱棚的中间。坐瓜后要经常剪除弱枝、老叶,通风透光。

2. 提早留瓜,人工授粉

以主蔓第二雌花结瓜为主。采用人工辅助授粉,提高坐瓜率。

3. 肥水管理

双膜覆盖前期以保温为主,水分蒸发量较少,一般不浇水,如底水不足,发现旱情可在坐果前浇 1 次小水,以促进生长。拆棚或引蔓出棚前施 1 次肥,一般开浅沟距根 60 厘米处,亩用腐熟饼肥 45 千克、复合肥 15 千克。如拆棚时植株尚未坐瓜,则应在坐瓜后再施膨瓜肥。

4. 瓜果管理

为防止病害和畸形瓜,应加强病虫害防治以及垫瓜、翻瓜、顺瓜等。瓜发育后期,应盖草护瓜,防日灼病。

(九) 选留二茬瓜

小拱棚西瓜成熟期早,在第一茬瓜采收后,气候条件仍较适宜西瓜的生长发育,可以选留二茬瓜。若想获得较高的二茬瓜产量,必须具备以下几个条件:一是头茬瓜熟期必须早;二茬瓜应赶在多雨的季节前成熟,否则二茬瓜产量将受影响。二是防止瓜秧茎叶损伤,一方面是要加强病虫害的防治,另一方面是不要造成人为的损伤,在采收头茬瓜时,田间作业一定要小心。三是加强肥水管理。

选留二茬瓜的具体方法是:在头茬瓜基本定个时(在采收前 7~10 天),在西瓜植株未坐果的侧蔓上选留一朵雌花坐瓜。若头茬瓜坐在侧蔓上,那么,二茬瓜可在主蔓上选留。

第五节　病虫害防治

一、枯萎病

这是一种严重影响西瓜生产发展的土传病害,重茬种植发病严重。

(一) 发病症状

(1) 伸蔓以后发病,病株叶片自下而上逐渐萎蔫,似缺水状,中午明显,早晚尚能恢复,如此反复数日后整株叶片呈褐色枯萎下垂,不能恢复,叶片干枯,全株死亡。

(2) 病株根部呈褐色腐烂,稍缢缩,病蔓基部皮纵裂,裂口处有时溢出琥珀色胶状物,从茎纵裂面看,木质部碎裂,根部维管束呈黄褐色。在潮湿条件下,病部表面常产生白色及粉红色霉状物,即病菌分生孢子。

(二) 防治方法

1. 选用抗病品种

这是目前最简便有效的预防方法,如西农 8 号、新墨玉、花冠 908-1、郑抗 1 号、豫艺 2008、豫艺新 2 号无籽等品种具有一定的抗病能力。

2. 嫁接育苗栽培

嫁接育苗栽培有较好防病效果。

3. 避免重茬，实行轮作制

提倡水旱轮作，间隔期旱地7年以上。水田3~5年。

4. 种子消毒处理

用55~60℃的温水浸种20分钟，或40%甲醛150倍液浸种30分钟。

5. 种植前土壤消毒

重茬灵施于种植穴内，每亩用药量2千克。酸性土壤可施用消石灰。

6. 药剂防治

在发病初期用重茬灵或甲基托布津500~1 000倍药液或石灰水灌根，每株用药250毫升左右。

二、病毒病

（一）发病症状

病毒病又称小叶病、花叶病，是华中、华北西瓜区域的主要病害之一，高温干旱气候条件下容易发生，一般分花叶和蕨叶两种。

1. 花叶型症状

叶片黄绿相间，叶形不整齐，叶面不平，病蔓细弱，节间变短，果实畸形。

2. 蕨叶型症状

心叶黄化。新叶皱缩变形，呈小叶和鸡爪叶，植株矮化，花器发育不良，坐果困难。被病毒病为害的果实果皮有瘤状凸起，畸形，不开个，果肉硬有黄块。

（二）防治方法

1. 重点防治蚜虫

要及时防治蚜虫、甲虫、飞虱、蓟马、斑潜蝇、根结线虫等，并及时铲除田间地边杂草，防止昆虫传播。河南省每年5月底6月初小麦成熟前后，是西瓜病毒病大发生时期，此期除用吡虫啉等喷洒除虫外，提前半月用健植宝、丰多收喷洒叶面2次，可减少或预防病毒病的大发生。

2. 加强种子消毒

播种前用10%磷酸三钠液浸种30分钟，清水洗净后再催芽播种，对种子表面病毒进行处理。

3. 加强田间肥水管理

施足基肥，及时追肥，加强灌溉，提高土壤和空气湿度，促进植株健壮生长，提高抗病能力。

4. 适时早播或采用简易小拱棚栽培

使果实成熟采收期提前，避开病毒病发病高峰。

5. 田间发病时立即药剂防治

每20千克水加康润2号2片，健植宝30毫升喷洒，或喷15%植病灵乳剂1 000倍液。同时，及时拔除病株，以免在人工整枝打杈时交叉感染。

6. 选用抗病耐病品种

豫艺金花、黄珍珠具有较强的抗病毒能力。

三、猝倒病

(一) 发病症状

该病是西瓜及多种作物苗期的主要病害，瓜苗出土到一片真叶期间发病最为严重，我国各地瓜区均有发生。苗床温度低、土壤湿度大、通风不良是其发病条件，高温干燥不利于此病的发生和蔓延。

1. 瓜苗

发病先在茎基部近地面处出现水浸状病斑，接着变褐、干枯、缢缩、倒伏，幼苗一拔就断。该病害发展很快，常常是子叶尚未凋萎，幼苗就突然猝倒死亡，并以病苗为中心成片茎基部腐烂而猝倒。在高湿条件下，被害瓜苗表面和附近地表可布满絮状菌丝体。

2. 果实

侵染该病时会导致绵腐病，初现水浸状斑点，后迅速扩大呈黄褐色水浸状大病斑，在病果外面长出一层白色茂密的棉絮状菌丝。

(二) 防治方法

应采取以加强苗期管理为主、药剂防治为辅的综合防治方法。

(1) 严格选择无病新土作苗床土，减少病原菌数量。苗床肥料要充分腐熟灭菌，并用地旺、多菌灵喷洒苗床。

(2) 选择地势高、排水好的地块作苗床。

(3) 提高苗床温度、降低苗床湿度，最好用温床育苗，催芽播种时要选择至少有1周晴好天气时再育苗，苗床土施足底肥、浇足底水，出苗后到1片真叶期间尽量不浇水，培育壮苗，提高瓜苗的抗病力。

(4) 当苗床发现病株时要及时拔除，每周喷1次特立克600倍液，或露速净、高乐尔600倍液及健植宝500倍液。

四、疫病

(一) 发病症状

疫病一般侵害瓜根颈部，还可侵害叶、蔓和果实。多雨潮湿、排水不良、栽培过密、通风不良是发病条件。气候干燥、雨水少，则发病轻。

①根茎部发病初期产生暗绿色水浸状病斑，病斑迅速发展环绕茎基呈软腐状、缢缩、全株萎蔫枯死，叶片呈青枯状，维管束不变色。有时在主根中下部发病，产生类似症状，病部软腐。地上部青枯。

②叶部发病时产生暗绿色水浸状斑点，并迅速扩大为近圆或不规则大型黄褐色病斑，湿度大时呈全叶腐烂，干后病叶呈淡褐色，极易破碎。

③茎部被害时呈水浸状暗绿色纺锤形凹陷，病部以上枯死。

④果实受害表现为水浸状暗绿色圆形凹陷，迅速蔓延至整个果面，果实软腐，病斑表面长出一层稀疏的白色霉状物。

（二）防治方法

①实行5年以上的轮作制度，减少土壤中残留的病原菌。

②选择排水通畅的地块栽培，或采取短畦、沟浇暗灌等栽培措施，降低土壤含水量。切忌漫大水。

③勤中耕，及时整枝打杈，防止叶蔓生长过密，通风不良。还可采取铺草或全覆盖栽培。

④每5~7天喷1次600~800倍大生药液，连续喷2~3次，预防效果明显，如遇雨应补喷。治疗常用药剂有露速净、高乐尔、霜疫清、杀毒矾等。

五、叶枯病

（一）发病症状

（1）幼苗期子叶受害，多发生在叶缘，初为水浸状小点，后扩展成浅褐色、圆形或半圆形的水浸状病斑，在高温条件下，病斑可扩展到整个子叶，引起子叶枯死。

（2）真叶上病斑多发生在叶缘和叶脉间，初为水浸状小点，在高温条件下，病斑扩展并迅速合并，使叶片失水青枯。

（3）茎蔓上的病斑为椭圆形至菱形，略凹陷，浅褐色。

（4）果实上病斑周围略隆起，中间凹陷，圆形，暗褐色，可深入果肉，引起果实腐烂。

（5）在各受害部位的表面，均长出黑色霉状物。

（二）防治方法

1. 轮作

西瓜与禾本科作物轮作应在1年以上。

2. 选用无病种子或种子消毒

种子用特立克或农力托浸种消毒。在25℃条件下浸种5小时，杀菌效果可达到94%以上。

3. 及时清除病株残体，集中深埋或烧毁

秋收后，及时清洁田园，耕翻土地，深埋或烧掉病株残体，减少越冬菌源。

4. 药剂防治

在发病初期，选用惠生、代森锰锌、农力托等5~6天喷1次，连喷2~3次。为了防止病菌产生抗药性，要不同药剂交替使用。

六、霜霉病

（一）发病症状

主要为害叶片。

1. 子叶发病

正面不均匀退绿、黄化，逐渐转为不规则的枯黄斑，在潮湿情况下，反面为一层疏松的灰色或紫黑色霉层，子叶很快变黄枯干。

2. 苗期以后发病

在叶片正面隐约可见淡黄色病斑，无明显边缘，黄色病斑的反面出现圆形到多角形病斑，边缘水渍状，在清晨露水未干时观察尤其明显。病斑继续发展，正面为黄褐色至褐色病斑，反面形成一层灰黑色至紫黑色霉层；遇高温干燥时病斑停止发展而枯干，背面不产生霉层。

（二）防治方法

1. 西瓜较耐高温，短期内闷棚

适当提高棚室温度至40～42℃，将明显抑制霜霉病发生。

2. 药剂防治

露速净、高乐尔、克露、普力克可湿性粉剂600倍液喷雾防治，或用甲霜灵混用代森锰锌防治，单用甲霜灵，病菌易产生抗药性，防效不好。在发病初期就开始防治效果更好。在保护地内也可选用百菌清烟剂熏蒸防治。

七、白粉病

（一）发病症状

该病可侵染叶片、茎部和叶柄。发病初期叶片产生淡黄色小粉点，扩大后为白色圆形霉斑，一般见于叶片正面，在环境条件适宜时霉斑迅速扩大连成一片，使全叶布满白色粉状物，严重时叶片枯黄卷缩，但不脱落。后期霉斑变灰，其上长出许多小黑点。

（二）防治方法

1. 合理密植

及时整枝打杈，增施磷钾肥，促使植株健壮生长。

2. 药剂防治

发病初期喷50%硫悬浮剂300～500倍液、惠生粉剂500倍液。液剂中可分别加入"天达－2116"。

八、细菌性叶斑病

（一）发病症状

整个生育期都能发病，该病主要为害叶片、茎蔓和果实。

1. 子叶发病

初期为圆形或不规则形浅黄褐色、半透明斑点，以后病斑扩大。

2. 叶片发病

初期为水浸状小点，扩大后，因受叶脉限制，病斑呈多角形或不规则形，病斑背面可溢出黄白色"菌脓"，后期病叶干枯，呈黄褐色，病斑处易开裂脱落。

3. 茎蔓受害

病斑为褐色，病斑扩展围茎1周后，可引起病斑以上茎蔓枯死。

4. 果实发病

果皮上出现绿色水渍状斑点，以后发展为不规则形中央隆起的木栓化病斑，病斑周围水渍状，病斑可发生龟裂，向果内扩展引起烂瓜，并引起种子带菌。

（二）防治方法

①选无病种子、种子用55℃温水浸种20分钟或40%福尔马林150倍液浸种1.5小时，

捞出后用清水洗净，或用0.3%拌种双、敌可松拌种。

②与非瓜类作物轮作。

③加强田间管理，保护地栽培注意通风换气，降低棚内温湿度。

④药剂防治。发病初期喷细菌立克粉剂800倍液、新植霉素4 000倍液等。

九、蔓枯病

（一）发病症状

蔓枯病又叫斑点病，为害叶、茎、果，但以叶片受害最重。

①叶片初受害时出现褐色小斑点，逐渐发展为直径1~2厘米有同心轮纹状不规则圆斑，以叶缘为多。老病斑出现小黑点，干枯后呈星状破裂。

②茎蔓受害开始也为水浸状病斑，中央部分变褐枯死，而后呈星状干裂成为木栓状干腐。蔓枯病与炭疽病的区别是病斑上无粉红色分泌物；与枯萎病区别的是发病慢，全株不枯死且维管束不变色。

（二）防治方法

①种子消毒。

②发现病株要及时清除、烧掉。

③通过整枝、排水等栽培措施创造干燥和通风透光的植株生长环境。

④发病后可用根友或惠生700倍液每周喷1次，连喷3~4次。

十、炭疽病

（一）发病症状

炭疽病又叫黑斑病，在整个瓜类生长期均可发生，但以生长中后期发病为主，造成茎叶枯死，果实开裂腐烂，也是西瓜运输中和贮藏期的重要病害。

1. 幼苗发病

子叶边缘出现褐色半圆形或圆形病斑。

2. 茎基部受害

病部缢缩，变色，幼苗猝倒。

3. 叶片发病

初期为圆形淡黄色小斑，呈水浸状，逐渐扩大成圆褐斑，有同心轮纹和小黑点，叶片干枯，引起穿孔。

4. 枝蔓和叶柄发病

初期，也为近圆形水浸状黄褐斑，后期为圆褐凹斑，病斑若绕茎蔓或叶柄1周，即引起整蔓或全叶枯死。

5. 果实发病

初为水浸状暗绿色圆形或椭圆形深褐色凹陷溃疡斑，凹陷处常龟裂，上生许多小黑点，潮湿环境下溃疡斑上产生粉红色黏状物。严重时病斑连片，整瓜腐烂。

（二）防治方法

1. 种子消毒

55~60℃温水浸种15分钟或40%福尔马林100倍液浸种30分钟。清水洗净后催芽播种。

2. 深沟排水

降低地下水位和田间空气湿度；注意合理密植，保持良好通风透光条件。

3. 喷药防治

喷好生灵可湿性粉剂600倍液、惠生可湿性粉剂600倍液或甲基托布津800倍液，每隔7~10天喷1次，连续3~4次。

4. 选用耐病抗病品种

十一、果实腐斑病

（一）发病症状

腐斑病是一种毁灭性细菌病害。主要为害西瓜果实、幼苗，叶片也可被害，病斑多发生在果实的上表面。

（1）果实发病初期表面出现许多水渍状暗绿色小斑点，后扩大为边缘不规则的深绿色水渍状大斑，严重时果实龟裂、腐烂。

（2）叶片上的病斑呈水渍状斑点，并带有黄色晕圈，先出现在叶背面，幼苗受害后会干枯死亡。

（二）防治方法

1. 加强检疫

严禁病区的种子传入，播种前可对种子进行消毒，用福尔马林100倍液浸种30分钟或用次氯酸钠300倍液浸种30分钟，然后用清水冲洗干净，再催芽播种。

2. 农业防治

与非瓜类作物实行2年以上轮作，及时排除积水，合理整枝，减少伤口，发现病株应立即拔除深埋。

3. 药剂防治

发病初期喷洒14%络氨铜水剂300倍液，或77%可杀得500倍液，或50%甲霜铜可湿性粉剂600倍液，连续防治3~4次即可控制。

十二、根结线虫

（一）为害症状

线虫寄生在植物的根上，形成许多根瘤状物，即根结。被寄生的植株，严重时地上部分表现为营养不良，生长势弱，结瓜少而小，甚至不结瓜。瓜类整个生育期可多次重复被侵染，根结线虫还可传播病毒病。

（二）防治方法

1. 农业防治

与禾本科作物或葱、蒜等实行3年以上的轮作或水旱轮作，用鸡粪或棉籽饼作基肥，对线虫有一定的抑制作用。作物收获后可大水漫灌浸淹1个月,杀灭线虫。采瓜后,在炎热季节,翻耕浇灌并覆膜,晒5~7天,杀虫效果很好。

2. 药剂防治

在播种和定植前,每亩用98%棉隆(必速灭)颗粒剂6千克,拌在50千克干细土中,撒入田中,深耙20厘米,用塑料薄膜覆盖6天,再通风5天;或每亩用根友6千克,或米乐尔颗粒剂3千克处理土壤。因杀线虫剂多为高毒农药,一定要注意用药安全。施药方法,可参看产品使用说明书。

十三、种蝇

(一) 为害症状

种蝇俗称地蛆、根蛆,为世界性害虫,主要为害幼苗。幼虫从下胚轴蛀入,由下向上为害,被害苗倒伏死亡,而后转株为害。所以,在苗床上的幼苗有时表现成片被害。幼虫还能为害种芽,引起腐烂。

(二) 防治方法

1. 农业防治

施用充分腐熟的粪肥,而且要早施、深施,不要曝露在地面,以免种蝇产卵,也可在粪肥上覆盖一层毒土。采用浸种催芽,早出苗,可减轻受害。虫害发生严重的地块,可勤浇水,抑制地蛆的活动,而且不要施粪水而要施化肥。

2. 诱杀成虫

在田间设置诱蝇器,内放糖醋液,糖、醋、水的比例为1:1:2.5,并加入少量敌百虫。每天检查蝇数并鉴别种类。当蝇量突增,雌雄比例接近1:1时,为盛发期,应进行防治。

3. 药剂防治

可用毒死蜱1 000倍液,或百福乳油1 000倍液灌根,每7~10天灌1次。防治成虫可用毒死蜱1 000倍液,每隔7天喷1次,连喷2~3次。

十四、蝼蛄

(一) 为害症状

蝼蛄俗称拉拉蛄、地拉蛄等,主要生活在土中,以成虫、若虫为害作物。蝼蛄能在表土中串挖隧道,喜食刚萌芽的种子及幼根和嫩茎,同时隧道通过处,种子不易发芽,或发芽后因土壤落干而死亡。

(二) 防治方法

1. 灯光诱杀

黑光灯或普通灯光均能诱杀,在高温闷热天气的夜晚效果最好。

2. 药剂拌种

播种前用50%辛硫磷乳油,按种子重量的0.1%~0.2%拌种,堆闷12~24小时后再播种,也可用瓜类种子包衣剂包衣。

3. 毒饵诱杀

用50%辛硫磷100克加水2.5千克,喷在炒香的5千克麦麸或豆饼或玉米糁上,拌匀,傍晚撒于地面，每亩用量2千克，受害严重地块可连撒两次。

十五、蛴螬

(一) 为害症状

蛴螬是金龟子幼虫的通称，以咬食植物的幼苗、萌发的种子及幼根为害，咬断处切口整齐。成虫金龟子也可为害作物的嫩芽、叶片及果实。蛴螬个体肥大弯曲，春、秋两季为害最重。施用未充分腐熟肥料的地块，或前茬为马铃薯、甘薯、花生等地块发生严重。

(二) 防治方法

1. 农业防治

选用地块时要考虑到前茬作物的影响；通过秋翻，可翻出一部分蛴螬；进行秋灌，能有效地减少土壤中蛴螬的发生数量；不施用未腐熟的有机肥，施用化肥如腐殖酸氨、氨化过磷酸钙等，其散发出的氨对蛴螬等地下害虫有一定驱避作用。

2. 药剂防治

土壤施药，每亩用5%乐斯本颗粒剂1~1.5千克顺垄撒施，浅锄覆土，均具有很好的防治效果。还可兼治金针虫和蝼蛄等地下害虫。防治成虫每亩用乐斯本800倍液喷雾防治。

十六、蚜虫

(一) 为害症状

为害西瓜的蚜虫主要为棉蚜。成蚜和若蚜群集叶背刺吸叶片汁液使叶片卷缩、卷曲成团等皱缩畸形，严重时造成植株生育迟缓，开花坐果不良，果实变小，含糖量降低。蚜虫为害时也传染病毒病，造成损失更大。

(二) 防治方法

(1) 清洁田园及周围杂草，消灭越冬蚜虫。

(2) 瓜蚜"点片"发生时，用毒丝本加水10倍液涂瓜蔓，挑治"中心蚜株"，能有效控制瓜蚜的扩散。

(3) 当瓜蚜普遍发生时用毒死蜱800倍液，或33%千祥1 000倍液或杀虫素800倍液等药剂防治，将药液尽可能喷射到蚜虫体上。

(4) 保护地可用杀蚜烟剂，每亩每次400~500克，分散放4~5堆，点燃冒烟，密闭3小时。

思考与实践

1. 西瓜在河南为什么播种面积较大？
2. 西瓜生产为什么要进行换根生产？

第八章 大 葱

第一节 大葱优良品种

一、豫艺中华巨葱

河南农业大学选育的优良大葱品种。其生长速度快、品质好，不分葱，株高150厘米，葱白长70~80厘米，粗4~5厘米，单株重0.5~1千克，最大单株可达1.6千克，比章丘大葱增产30%左右，亩产可达到1万千克。

二、豫艺墨玉巨葱

河南农业大学豫艺种业经多年系统选育而成。葱叶墨绿，葱茎如玉，生长速度快，抗病性能好，株高140~160厘米，葱白长80~90厘米，单株重0.5~1.5千克，比章丘大葱棵大、白长、产量高，是目前综合性状表现最好的大葱品种之一。

三、FS大葱

由河南农业大学豫艺种业引进，台湾第一种苗推出的耐低温抗病大葱新品种。其最大优点是抗寒性好，抗病性强，葱白硬实，严冬季节不易回秧，产量增加20%以上，易储存、易运输，室内存放1个月葱白不打弯，表现极佳，比其他品种更受市场欢迎。

四、掖选1号

植株高大挺直，株高130~160厘米，单株重0.9千克。葱白长70厘米，直径4厘米，叶色绿，叶片上冲，叶鞘集中，叶肉厚，葱白质地细嫩，辣味适中，适应性广，可在华北区至长江流域种植，抗风，抗病性强，每亩产量6 000千克左右。

五、大梧桐29系

植株高130~150厘米，生长期间具有功能叶5~7片，叶尖向上或斜生，叶肉厚韧，叶面蜡粉厚，葱白长55~70厘米。直径约4厘米，圆柱形，基部不膨大，葱白洁白，质地光滑，脆嫩多汁，纤维少，品质极佳，适应性广，适宜在全国各地栽培，植株直立，不分蘖，长势强,抗寒,抗风,耐高温,较耐紫斑病、霜霉病和菌核病,每亩产量5 000千克。

六、辽葱1号

株高110厘米,最高可达150厘米,葱白长45厘米,直径3~4厘米。叶肉厚,叶片表面蜡粉多,叶身浓绿色,叶片上冲,生长期间有4~6片功能叶,植株不分蘖,平均单株鲜重0.25千克,最大可达0.75千克左右,干葱率达70%,抗寒,抗风,耐热,耐贮藏,抗病性强,质地细嫩,甜辣适中,口感较好,每亩产量4 000千克。

七、夏黑2号甜葱

从日本引入,株高100厘米,管状叶深绿,表面有蜡粉,葱白长45厘米,洁白,粗细均匀,包合紧密,品质好,葱白干物质和碳水化合物含量高,抗逆性强,耐旱,耐寒,较耐热,不易腐烂,适合微冻保鲜出口,是主要出口品种。

第二节　茬次安排

大葱的播种期在9月下旬或翌年3月,定植期在6月下旬至7月上旬,收获期在10月下旬至11月上旬。

大葱忌重茬,有"辣怕辣"之说,不仅葱与葱不能连作,而且也不与其他葱蒜类作物连作。一般需要进行3~4年的轮作,前茬可以种植瓜类、叶菜类、豆类和粮食作物。大葱对光照要求不高,故可与其他作物如甘蓝、茄子、番茄等间作套种。

第三节　大葱栽培技术

一、品种选择

选择抗逆性和抗病虫能力强、适应性好、产量高、耐贮藏、品质好的品种,如章丘大葱、大梧桐系29等,并选用当年收获的粒大饱满的新种子,用这样的种子出苗整齐、长势好、抗逆性强。

二、播种育苗

(一)播种期

大葱对温度适应性广,春、夏、秋均可播种。北方的大葱以夏播、秋播为主,第二年入冬收获。春播大葱主要以小青葱供应市场,产量较低。

春播大葱与秋播大葱的差异主要表现在幼苗期。秋播大葱幼苗期要经过冬前苗期、越冬期、返青期,而后进入葱苗旺盛生长期,要求幼苗在越冬前的叶数不超过3叶,否则春季会出现先期抽薹的现象。春播大葱不经历越冬期,发芽出土后,很快进入旺盛生长期。

（二）整地施肥

苗床地块要选择旱能浇、涝能排、地势平坦、土质疏松、肥力中等、土层深厚的中性土壤，并且3年内没有种过葱蒜类蔬菜。基肥以优质有机肥、常用化肥、复混肥为主。在中等肥力条件下，每亩撒施有机肥2 000～3 000千克，缺磷地块。还可施加过磷酸钙40千克。施肥后耕翻。

（三）间苗定苗

除弱苗、病苗、密苗，间开双苗，保持株距2～3厘米。当苗高20厘米时，再间苗1次，保持株距7～8厘米。

（四）秧苗管理

秋播苗在浇过返青水后，蹲苗10～15天，使幼苗生长粗壮，为下一阶段生长打下基础。蹲苗后幼苗进入生长旺季，要增加浇水次数，保持土壤见干见湿。

在幼苗旺盛生长开始时，应顺水施肥，每亩施尿素20千克，并浇水2～3次。为了增强葱的抗病能力，可将草木灰液过滤后进行叶面喷施，以补充钾肥，能有效地减少葱干尖、黄叶的发生。

春播育苗，要保持出苗期间土壤湿润，以利于出苗。如果播种后全畦用地膜覆盖，出苗效果更好，但出苗整齐后要及时撤除地膜。苗齐后及时浇水。到3片真叶时控制浇水，促进根系发育。当幼苗高30厘米，8～9片叶时，要停止浇水，以锻炼幼苗，使叶片老健，利于移栽。

三、定植

（一）定植期

大葱的定植时间一般在芒种（6月上旬）到小暑期间（7月上旬）进行。当大葱长到30～40厘米，横径粗1～1.5厘米时，正适合移植。移植过早，幼苗较小，生长缓慢；移植过晚，秧苗徒长，栽苗困难，易倒伏，且缓苗期正逢高温多雨，葱沟积水，易感染病害，发生沤根腐烂死亡。

（二）整地开沟

种植大葱的地块，前茬作物收获后。应立即清除枯枝落叶和杂草，施用农家肥5 000千克左右，并深翻，使土肥充分混合，耙平后开沟栽植。栽植沟宜南北向，使受光均匀，并可减轻秋冬季节的北向强风造成的大葱倒伏。

（三）起苗和选苗分级

起苗前1～2天要浇水1次。起苗时抖净泥土，选苗分级，剔除病、弱、伤、残苗和有薹苗，将葱苗分为大、中、小3级，分别栽植。栽植时大苗略稀，小苗略密。葱苗起出后应立即栽植。若必须放置时，应放在阴凉处，避免阳光直晒，根朝下立放，以防止秧苗发热、捂黄或腐烂。

（四）定植

大葱的栽植方法有排葱法、插葱法等。栽植长葱类型多用插葱法，方法是一手拿葱秧，一手拿葱杈或木棍，用葱杈下端压住葱根基部，将葱秧垂直插入沟底松土内，深度为外叶分杈处，而后灌水，此称干插葱；或先引水灌沟，水深3~4厘米，水渗下后插葱，趁水插葱。插葱时，叶片的分杈方向要与沟向平行，便于田间管理时少伤叶。

四、田间管理

（一）水分管理

水分管理是大葱重要的生产环节。及时补充水分，不仅能满足大葱正常生长对水分的需要，调节大葱生长的生态环境，而且能更好地发挥肥料的作用。大葱定植后正值炎热多雨的季节，植株根系的生理功能减弱，植株生长缓慢。一般情况下，不是特别干燥不必浇水，如遇大雨要及时排水，切忌积水。如果雨水灌沟，淤塞葱眼，会使根系缺氧腐烂。因此，葱眼一般要保留。

立秋以后，大葱生长缓慢，对水分的要求不高。此时宜少浇水，浇小水，保持土壤湿润即可。要选择早晨浇水，避免中午浇水，否则会导致土壤剧烈降温而影响根系生长。白露前后，大葱进入旺盛生长期，是葱白形成的重要时期，需要大量的水分和养分。一般4~5天，浇水1次。浇水的时间在早晨。寒露以后，大葱基本长成。此时需水量较少，浇2次水即可。但要保持土壤不见干，如果缺水，则叶片软，葱白松软，产量低，品质劣。收获前7~10天停止浇水，防止植株体内水分过多而不利于贮藏运输。

水分对大葱的产量和品质至关重要。水分充足时，大葱叶色深，蜡粉厚，叶内充满透明黏液，葱白也显得洁白而有光泽，平滑细腻；水分不足时，叶细发黄，产量和品质随之下降。

（二）适时追肥

适时追肥可满足大葱生长发育的需要，是获得大葱高产优质的重要措施。大葱追肥应分期进行。

1. 葱白生长初期

夏季过后，天气转凉，大葱生长加快，应追1次攻叶肥，每亩施1 500千克腐熟农家肥、100千克草木灰、20千克过磷酸钙于沟脊上，中耕混匀，而后浇水1次，可促进大葱生长，供给叶片生长的需要。

2. 葱白生长期

该阶段是大葱产量形成的关键时期，葱株迅速长高，葱白加粗，需要大量的水分和养分。此时应追攻棵肥，分2~3次追入。氮磷钾并重，第一次可施腐熟农家肥加硫酸钾20千克，可施于葱行两侧，中耕以后培土成垄，浇水。后两次追肥可在行间撒施硫酸氨或尿素20千克，浅中耕后浇水，以满足大葱迅速生长的需要。

（三）培土

培土是软化叶鞘、防止倒伏、提高葱白产量和品质的一项重要措施。当大葱进入旺盛生长期后，随着叶鞘加长，及时通过行间中耕，分次培土，使原来的垄脊成沟，葱沟成脊。每次培土的高度根据假茎生长高度而定，为3~4厘米，将土培到叶鞘和叶身的分界处，即只埋叶鞘，勿埋叶身，以免因其叶片腐烂。从立秋到收获，一般培土3~4次。

培土要注意以下几点：取土宽度不要超过行距宽度的1/3和开沟深度的1/2，以免伤到根系，影响根系发育和伸展；培土后要排实葱垄两肩的土，防止雨水冲刷或浇水后引起塌落；

培土应在土壤水分适宜时进行,过湿容易成泥浆,过于土面板结,不利于田间操作;培土应在下午进行,避免早晨露水过大,湿度大时因假茎、叶片容易折断而造成腐烂。

五、收获

可根据市场的需要随时收获大葱上市,9~10月鲜葱可以上市。这时的大葱叶绿质嫩,不能久储。一般越冬于储大葱要在晚霜后收获。冬储大葱收获过早,心叶还在生长,葱白没有充分长成而产量低,同时呼吸作用还比较旺盛,消耗养分过多,使葱白容易松软、空心而不耐贮藏;收获过晚,假茎容易失去水分而松软,影响葱白的产量和品质。特别是不能让大葱受冻,以免引起腐烂。

第四节 病虫害防治

一、大葱霜霉病

(一)发病症状

大葱霜霉病主要危害叶和花梗,叶和花梗发病,初生白色或乳黄色纺锤形或椭圆形较大的病斑,病斑稍凹陷,边缘不明显,湿度大时,病斑上有霜状霉层,干燥时变为枯斑。叶片中部染病时,病部以上叶片常干枯下垂。

(二)病原及发病规律

病原菌为大葱霜霉菌,主要以卵孢子随病残体在田间或混杂在种子中越冬。越冬后的卵孢子经雨水飞溅传播,萌发后产生芽管,从气孔侵入。播种带菌的种子或栽植带菌的葱苗,其所带病菌可随葱叶的生长而蔓延。在生长季节,病部产生的孢子囊可经风雨传播,引起多次再侵染。多雨多雾的气候条件,有利于病害的发生;秋季昼夜温差大,叶面易结露,病害发生较重;土质黏重、低洼积水的田块,发病严重。

(三)防治方法

1. 农业防治

(1) 选用抗病品种 抗病品种对霜霉病有明显的抗性。

(2) 选用无病种子 留种时从无病株上选留种子。播种时对种子进行消毒处理,方法是在50℃的温水中浸种25分钟,捞出后浸入冷水,再晾干播种;或用种子重量0.3%的35%雷多米尔拌种后播种。

(3) 清洁田园 收获后,及时清除病残体,带出田外深埋或烧毁。

2. 化学防治

发病初期开始,选用下列药剂之一进行喷洒:90%三乙膦酸铝可湿性粉剂500倍液,75%百菌清可湿性粉剂600倍液,50%甲霜铜可湿性粉剂800倍液,64%杀毒矾可湿性粉剂500倍液,72.2%普力克水剂800倍液,50%琥乙膦铝可湿性粉剂500倍液等,应交替用药。每7~10天喷药1次,根据病情喷2~3次。

二、大葱紫斑病

(一) 发病症状

葱紫斑病主要危害叶片和花梗,叶和花梗受害,多从叶尖和花梗的中部开始,然后向下蔓延。发病初期,呈水渍状白色小点,后变淡褐色圆形或纺锤形稍凹陷斑,扩大后呈褐色或暗褐色,其上有同心轮纹,周围常具黄色晕圈,病部长出深褐色或黑灰色霉状物,此为病菌的分生孢子梗和分生孢子。

(二) 病原及发病规律

病原菌为葱链格孢菌。越冬的病菌,在适宜的条件下,产生分生孢子,经风雨传播,从气孔、伤口或直接穿透表皮侵入。

病害发生的适温为25~27℃,低于12℃发病较轻。该病的病菌对环境的适应性较强,要求不严,因此分布较广,发生普遍。一般温暖潮湿的条件和季节发病较重。沙质地、旱地、缺肥和葱蓟马为害重的地块发病也重。

(三) 防治方法

1. 农业防治

(1) 选用无病种子 并用40%甲醛300倍液浸种3小时,浸后应洗净播种。

(2) 栽培管理 施足底肥,氮、磷、钾肥配合施用,提高植株抗病力。雨后及时排水,降低田间湿度,注意防治蓟马。

(3) 清除病残体 收获后及时清除田间病残体,集中烧毁或深埋。重病田可实行2~3年的轮作。

2. 化学防治

发病初期开始,选用下列药剂之一进行喷洒:75%百菌清可湿性粉剂500倍液,64%杀毒矾可湿性粉剂500倍液,40%大富丹可湿性粉剂500倍液,50%扑海因可湿性粉剂1 500倍液,70%代森锰锌可湿性粉剂500倍液,每7~10天喷药液1次,根据病情喷2~3次。

三、葱蓟马

(一) 为害特点

葱蓟马是一种食性很杂的害虫,葱蓟马成虫、若虫均以刺吸式口器刺破寄主植物的表皮,然后吸食汁液。为害大葱时,形成许多细密的长形灰白色斑点,严重时叶片细胞因失去膨压而下垂或扭曲枯黄。它为害其他蔬菜时,可在幼嫩叶片背面呈现银白色斑点,造成组织失水,植株生理代谢失调,严重时可使生长点枯死。此外,葱蓟马还是多种植物病毒病的传播媒介。

(二) 生活习性

葱蓟马在翌年春季日平均温度达4℃时即开始活动,先在越冬寄主上活动一段时间,于3~4月迁移到早春蔬菜、杂草上取食活动。旬平均气温达12.5℃时开始产卵繁殖,5月中下旬进入严重为害期。在大葱、大蒜、韭菜上几乎可全年危害，大发生总是出现在温度较高而少雨的季节。10月下旬随着气温的下降，葱蓟马便陆续进入越冬状态。

葱蓟马耐低温能力较强，在-4℃下经96小时后，并不影响其后的发育，成虫在日平均温度4℃时开始活动，10℃以上成虫取食活跃，旬平均温度16～20℃，葱蓟马可迅速繁殖。多雨季节，葱的叶腋积水，可使若虫死亡；雨后或浇水后地面板结，则若虫不能入土，已在土中的蛹也不能羽化出土。

一般田间管理粗放、杂草丛生的田块蓟马发生重；葱、蒜类连作或与葱、蒜邻作的地块，蓟马的发生也较重；前茬为豆科蔬菜的田块，蓟马发生较轻；及时灌溉可抑制蓟马的发生。

(三) 防治方法

1. 农业防治

秋末及时清除田间的残株败叶，减少其越冬场所；早春及时清除田间、地头杂草，以减少其野生寄主。

2. 物理防治

利用成虫善飞且趋白色、蓝色的习性，在田间设置白色、蓝色粘虫板，可大量诱杀葱蓟马成虫。

3. 化学防治

可选用10%氯氰菊酯乳油2 000倍液或4.5%高效氯氰菊酯乳油1500～2 000倍液或25%快杀灵乳油1 500～2 000倍液或20%康福多可溶剂4 000倍液或10%吡虫啉可湿性粉剂1 000～2 000倍液或灭杀毙（21%增效氰马）乳油1 000～2 000倍液等喷洒。

思考与实践

1. 大葱怎样进行露地育苗？
2. 怎样防治葱蓟马？

第四篇 食用菌栽培

中国北方万名农村技术人员培训教材

第一章 平 菇

第一节 平菇的生活条件

一、营养

平菇是一种木腐性真菌,能利用多种碳源,如醇、糖、淀粉、半纤维素、纤维素、木质素等。这些碳源均可以从蔗糖,棉籽壳,玉米芯,作物秸秆,木屑中获得。平菇所需要的氮源主要有蛋白质、氨基酸、尿素等。平菇生长过程中还需要少量的维生素和无机盐。在人工栽培平菇时,可以加入麸皮、米糠、玉米粉、碳酸钙、磷酸二氢钾、尿素等。

二、温度

平菇属低温型类真菌。菌丝体生长温度是4~33℃,最适温度是24~28℃;子实体形成温度在6~28℃,最适为12~18℃(不同生态类型的种类有明显的差异),变温刺激有利于子实体形成。孢子形成的温度是5~30℃,最适温度在13~14℃,其萌发温度在13~28℃。

三、水分和湿度

在菌丝体生长阶段培养料中的水分以60%左右为宜,而空气相对湿度应保持在70%左右。在子实体生长发育阶段,空气相对湿度要求在85%~95%,空气相对湿度低于80%,则子实体发育缓慢,易干枯;若湿度大于95%,菌蕾,菌盖易软化腐烂。

四、光线

菌丝体生长不需要光线,光对菌丝生长有抑制作用;而子实体生长需要有散射光刺激。

五、空气

平菇是好气性真菌,需要新鲜的空气。菌丝体生长阶段,若通气不良,菌丝体生长缓慢或停止。出菇阶段氧气不足,菌柄细长,菌盖变薄变小,畸形菇多。因此,栽培时,要给平菇以足够的新鲜空气。

六、酸碱度

平菇喜偏酸性环境,最适 pH 值为 5.5~6.0,一般 pH 值在 3~10 范围内均能生长。在栽培时,加入 2%~3% 石灰粉,可以抑制培养料中杂菌的生长,而随平菇菌丝生长,环境 pH 值逐渐降至微酸性,平菇在偏碱性范围内也能生长。

第二节 平菇栽培技术

一、栽培料的配方

①棉籽壳 93%,麸皮 5%,石膏粉 1%,蔗糖 1%,克霉灵 0.1%,料水比为 1:1.2。

②粉碎成蚕豆大小的玉米芯 85%,麦糠 10%,麸皮 5%,克霉灵 0.1%,石膏粉 1%,料水比为 1:1.2。

③玉米芯 85%,麸皮 10%,过磷酸钙 1%,石灰 3%,尿素 0.5%,料水比 1:(1.55~1.65)。

④玉米芯 61%,杂木屑 10%,豆秸 10%,麸皮 10%,米面 2%,过磷酸钙 1.05%,石灰 5%,蔗糖 0.55%,尿素 0.5%,料水为 1:(1.50~1.60)。

二、栽培料的处理

首先把栽培原料暴晒几天,借助太阳光杀死部分虫卵及杂菌。先将棉籽壳玉米芯,麦糠,麸皮,石膏粉,水搅拌均匀,再进行堆积发酵。把该培养料做成高 1 米,宽 1.5 米,长度不限的堆,用铁锨柄打些气孔后盖上薄膜保温。

制作平菇发酵料的几个重要环节如下。

平菇发酵料栽培具有生料栽培的工艺简单,投资少和熟料栽培的安全可靠等特点,只要掌握了发酵技术,就可以在不消耗能源,不增加灭菌设备的前提下,以任意规模堆积发酵。发酵料堆积时产生的高温能杀死料中大部分杂菌害虫,而且发酵更利于平菇菌丝发菌,所以利用发酵料栽培是近期平菇生产的发展方向。制作好平菇发酵料,应掌握以下重要环节。

1. 拌料建堆

建堆场所最好是紧靠菇房的水泥地面,并且排水良好,避风向阳,水源干净,便利。建堆时,先将料混合均匀,加足水分至培养料含水 65%~70%(将发酵过程中的水分损失计入其中),然后将料堆成宽 1.0~1.3 米,高 1.0~1.5 米,长度不限,料堆四周尽可能陡一些,建堆时将料抖松抛落。建堆后,用木棒(直径 5 厘米左右)在料堆上插通气孔,每隔 0.2 米插一孔,以利通气发酵,然后用塑料薄膜或草帘,稻草等覆盖。

2. 适时翻堆

平菇发酵多在春秋堆制,建堆后 48~72 小时待料温升至 65℃应进行翻堆。菌直接装袋接种;发酵期间翻三次堆(上翻下,内翻外),在第三次翻堆后加入克霉灵搅拌均匀即可。翻堆时必须将料松动,以增加料中含氧量,同时把堆中心的料翻出来,四周的料翻入中心,以便培养料均匀发酵,全部发酵过程大约 6~8 天,翻堆 3~4 次。时间不应过长,否则会大量消耗养分;当然,时间太短发酵不充分,达不到发酵目的。

3. 发酵料质量的检查

在预定时间内（建堆 48 小时左右）若能正常升温 60℃以上，开堆时可见适量白色菌丝，表示含水适中，发酵正常。如建堆后迟迟达不到 60℃，可能培养料过紧过实或因未插通气孔等原因造成堆料通气不良，不利于放线菌生长繁殖。遇此情况应及时翻堆，将料堆摊开晾晒或增加干料至含水适量，再重新建堆发酵。如果堆料升温正常，但开堆时培养料呈白化现象，水分散失过多，可用 80℃以上的热水，拌匀后重新发酵。发酵好的料有芳香味，pH 值在 6.5～7。

三、装料接种

平菇是一种好氧性较强的大型真菌，如果氧气不足，会造成袋内缺氧导致菌丝生长慢，易感染杂菌。因此，需要给菌丝生长创造良好的条件——给菌袋大量供氧。具体做法是：栽培袋规格为 28 厘米×45 厘米，采用两头出菇的方法，装 4 层料接 5 层菌种，接种量为 15%～20%，边装边压实，装满扎口后，在袋表面打若干孔便于通气。

四、发菌管理

袋栽平菇在温室内具有保温性能好，发菌快等特点，但若管理不当，易造成杂菌感染和烧菌。正如菇农们说的："能否成功在发菌，产量高低在管理。"因此，搞好发菌期管理是取得稳产高产的重要基础。必须把菌袋放在 20～25℃，空气湿度在 65%～75% 的条件下发菌。气温低时，菌袋可堆高 5～7 层；气温高时，堆高为 2 层或单个摆放。菌袋总体积应掌握在有效空间的 20% 左右。10 天翻一次菌袋，翻袋时应注意把上下层翻到中间，中间的放到上下层，同时要将每个菌袋翻转 180°。如菌袋内温度上升到 35℃，则要及时翻袋，并同时打开门窗通风散热，以防烧菌。精心管理 25～30 天即可发好菌丝，其标准是：一拍即响，菌丝浓白，手掰成块，大多出现菇蕾。

五、出菇管理

将菌袋两头松开，适量通风，以供给菇蕾新鲜空气，并每天向地面，墙壁，空间喷少量雾状水，湿度应保持在 85%～90%。湿度低时，子实体易干，损失料内水分，影响出菇产量。湿度过大，子实体易腐烂，喷水时切记不要直接喷洒在子实体上面。随着菇体的生长，要适当加大通风量。

采取以下措施可提高产量：

1. 温差刺激法

在平菇子实体形成阶段，每天给予 7～12℃ 的温差刺激，可早出菇，子实体发育整齐。方法是：白天盖膜保温，晴天傍晚或早晨揭膜露床，通过降温，加大温差，并结合高温浇水诱导出菇。

2. 高湿刺激法

先将菌床（或菌袋）敞开干燥 1～2 天，然后连续进行重喷水，使菌面上有大量的积水存在，让菌床（或菌块）慢慢吸收，每天喷水 2～3 次，连续 2～3 天，在此期间，一般可敞膜通风。菌床表层培养基含水量以手握有水滴下时为适宜，最后用棉布吸干料面上的积水，盖上地膜保温，几天后便可现蕾。采取高湿刺激法要具备两个条件：一是菌丝体必须吃透整个培养基,而且必须达到生理成熟,主要标志为吐黄水,结菌膜,菌丝体略呈黄褐色,甚至出现个别菇蕾;二是培养基结块要好,不能过于松散。

3. 光照诱导法

菇房种植平菇,子实体在形成时,需要一定的散射光。平菇播种后宜在黑暗条件下发菌,待菌丝发好后再曝光可诱导出菇。在缺少光照时,可用电灯加光代替,也有很好的刺激作用。

4. 覆土出菇

采完头潮菇后,清除老菌皮,脱去塑料袋,把菌袋切成两段,截面朝上放入深40厘米,宽100厘米,长度不限的坑内。菌块间的空隙用营养土填实,用1%的复合肥,1%的磷酸二氢钾,0.5%的尿素,97%的水配成营养液浇入菌块通气孔内,并浇透土壤,达到存水不渗为宜。然后盖上薄膜和草帘,保温保湿。菌丝恢复生长后,又可长出新菇蕾。采完二潮菇后,补充营养液和水分,盖薄膜和草帘,还可收3~4茬潮菇。玉米芯栽平菇生物转化率一般在180%以上。

思考与实践

1. 平菇对环境条件有哪些要求?
2. 如何栽培平菇?

第二章 金针菇

第一节 金针菇的生活条件

一、营养

金针菇是腐生真菌,只能通过菌丝从现成的培养料中吸收营养物质。在栽培中,培养料的选择对产量和质量有很大的影响。金针菇菌丝生长和子实体发育所需的营养包括氮素营养、糖类营养、矿质营养和少量的维生素类营养。

氮素营养是金针菇合成蛋白质和核酸的原料,在栽培配料中麦麸、大豆粉等原料含有大量的氮素养料。糖类主要指碳水化合物,它是金针菇生命活动的能源和构成细胞的主要成分。金针菇可利用培养料中的淀粉、纤维素、木质素。在菌丝生长阶段,培养料的碳氮比以20:1为好,子实体生长阶段则以(30~40):1为好。金针菇需要的矿质元素有磷、钾、钙、镁等,所以,在培养中应加入一定量的磷酸二氢钾、硫酸钙、硫酸镁等矿质养料。金针菇也需要少量的维生素类物质,由于在培养料中如麦麸、豆粉中含有的维生素量基本可以满足金针菇生活需要,因而在栽培中常不再添加维生素类物质。

二、温度

金针菇属低温结实性真菌,菌丝体在5~32℃范围内均能生长,但最适温度为22~25℃,菌丝较耐低温,但对高温抵抗力较弱,在34℃以上停止生长,甚至死亡。子实体分化在3~18℃的范围内进行,但形成的最适温度为8~10℃。低温下金针菇生长旺盛,温度偏高,柄细长,盖小。同时,金针菇在昼夜温差大时可刺激子实体原基发生。

三、水分

菌丝生长阶段,培养料的含水量要求在65%~70%,低于60%菌丝生长不良,高于70%培养料中氧气减少,影响菌丝正常生长。子实体原基形成阶段,要求环境中空气相对湿度在85%左右。子实体生长阶段,空气相对湿度保持在90%左右为宜。湿度低子实体不能充分生长,湿度过高,容易发生病虫害。

四、空气

金针菇为好气性真菌,在代谢过程中需不断吸收新鲜空气。菌丝生长阶段,微量通风即可满足菌丝生长需要。在子实体形成期则要消耗大量的氧气,特别是大量栽培时,当空气中二氧化碳浓度的积累量超过0.6%时,子实体的形成和菌盖的发育就会受到抑制。

五、光线

菌丝和子实体在完全黑暗的条件下均能生长,但子实体在完全黑暗的条件下,菌盖生长慢而小,多形成畸形菇,微弱的散射光可刺激菌盖生长,过强的光线会使菌柄生长受到抑制。以食菌柄为主的金针菇,在其培养过程中,可加纸筒遮光,促使菌柄伸长。

六、酸碱度

金针菇要求偏酸性环境,菌丝在pH值为3~8.4范围内均能生长,但最适pH值为4~7,子实体形成期的最适pH值为5~6。

第二节　金针菇栽培技术

金针菇栽培方法有熟料栽培和生料栽培两种。

一、熟料栽培

熟料栽培金针菇,是指将培养料通过常压或高压灭菌,在无菌条件下接种培菌的栽培方法。此法成功率高,出菇整齐,产量高。

1. 栽培季节

人工栽培应以当地自然气温选择。南方以晚秋,北方以中秋季节接种,可以充分利用自然温度,发菌培养菌丝体。

2. 栽培场所

金针菇栽培分为发菌、出菇两大步。发菌阶段要求场所保温、通风、干净。出菇阶段最好选择在室外建半地下式菇房,即往地下挖1米深,再在四周用土垛起1米高的墙,上盖塑料膜及草帘。

3. 原料配比

(1) 棉籽壳100千克、麦麸20千克、玉米面5千克、石膏粉2千克、过磷酸钙1千克、白糖1千克。

(2) 玉米芯(粉碎)75千克、麦麸20千克、玉米面3.5千克、石膏粉2千克、黄豆面1.5千克、过磷酸钙1千克、白糖1千克。

高粱壳、锯末、花生壳、豆秆、玉米秆、油菜秆等大多数农作物秸秆粉碎后均可代替配方中的玉米芯,但无论选用何种原料,都要求新鲜、干净、无霉变。按比例称量好各原料,除白糖需加水溶化外,其余均应拌均匀。加水充分搅拌并使含水量达到65%左右,再闷2~

4小时，即可装袋。

4. 装袋灭菌

选用宽15~17厘米、长33厘米的塑料袋一头出菇，或15~17厘米宽、55厘米长的塑料袋两头出菇。装袋时边装料边压实，装好后两端用细绳扎成活结。按常规方法高压或常压灭菌。

5. 接种培菌

灭菌好的塑料袋，冷却至室温后即可进行接种。接种箱按每立方米用甲醛10毫升、高锰酸钾5克进行灭菌30分钟。接种时严格操作规程，两端接种，一般每瓶种料（750克/瓶）可接25~30袋。接种后及时将袋移入培养室，在温度适宜的条件下，约24小时菌丝开始萌发，在20~25℃室温下生长40~50天即可满袋。9月中旬接种，大部分10月底发透菌丝，叫全期发菌。以后接种由于温度低，发菌半袋后便边爬料边出菇，叫做半期发菌出菇。

6. 出菇管理

袋栽金针菇的栽培方式多种多样，归纳起来有5种。

①满袋装料，套袋出菇。

②满袋装料，套袋倒卧出菇。

③半袋装料，盖纸站立出菇。

④半袋装料，披膜倒卧出菇。

⑤中间装料，倒卧两头披膜出菇。

全期发菌的栽培袋出菇期的管理工序为解开袋口→翻卷袋口→堆袋披膜→通风保湿催蕾→掀膜通风1天→披膜促柄伸长→采收→搔菌灌水→保温保湿催蕾。管理方法同前，直至收获4茬菇。

半期发菌的栽培袋，在培菌期内，菌丝发满半袋后，两端即有幼菇形成，此时应及时按全期发菌的管理方法将菌袋移入栽培场。

（1）堆袋披膜　堆袋披膜是近年来在生产中探索出的新技术，采用这项技术可提高场地利用率，提高产量，提高金针菇质量。具体方法是将两端袋口解开，将料面上多余塑料袋翻卷至料面。可根据袋的长短决定一端解口或两端解口，一端解口摆放方法是将两个袋底部相对平放在一起，高度以5~6袋为宜，长度不限。在出菇场内地面及四周喷足水分，然后用塑料膜覆盖菌袋。此法保温保湿良好，后期又可积累二氧化碳，有利于菌柄生长。

（2）保湿通风催蕾　披膜后保持膜内小气候，空气相对湿度85%~90%，每天早上掀膜通风30分钟，至7~10天可相继出菇，出菇后可适当加大通风，保证湿度，但不可把水洒到菇体上。

（3）掀膜通风抑制　当柄长到3~5厘米时要进行降湿降温抑制。具体措施为停止向地面洒水，掀去塑料膜，通风换气，冬天保持2天，春秋保持1天，使料面水分散失，不再出菇，已长出的菇也因基部失水而不再分枝。

（4）培育优质菇　抑制完成后，进入柄伸长阶段，要培养柄长、色白、盖小的优质金针菇，必须控制好温度、湿度、光照、二氧化碳浓度这四因素之间的关系。

①温度：控制在6~8℃。

②湿度：空气相对湿度85%~90%。

③光照：极弱光，光源位置不能改变，否则子实体散乱。

④二氧化碳：浓度达 0.11%～0.15% 可促使菌柄伸长，超过 1% 抑制菌盖发育，达到 3% 抑制菌盖生长而不抑制菌柄生长，达到 5% 就不会形成子实体。通过控制通风量维持高二氧化碳浓度。

一般温度在 10～15℃ 条件下，进入速生期 5～7 天菇柄可从 3 厘米长到 12～15 厘米，10 天后可长到 15～20 厘米，这时可根据加工鲜销标准适时采收。

（5）搔菌灌水　第一茬菇采收后，要进行搔菌，即用铁丝钩将菇根和老菌皮挖掉大约 0.5 厘米左右，并将料面整平。若菌袋失水，应往袋内灌水，可将塑料袋口多余的塑料膜拉起往料面上灌水，6～10 小时后将水倒出，然后再进行催蕾育菇管理。一般情况下，金针菇种一次可采收 3～4 茬，生物转化率可达 80%～120%。

二、生料栽培

金针菇生料栽培的关键是控制好温度，严防杂菌污染，而控制好温度主要是掌握好栽培季节。生料栽培播种时间不宜过早，气温稳定在 15℃ 左右为适宜的播种期，河南地区以 11 月栽培为最适宜期。

1. 菌床制作

菌床上先铺上用 0.2% 高锰酸钾水溶液消毒过的塑料膜，塑料膜要比菌床宽 2.5 倍，薄膜上先撒少许菌种，再铺上一半的料，料面上再撒一层菌种。菌种分布是中下层少，四周及表层多，菌种量占投料总量的 10%～15%，床料厚 5～8 厘米，播种后将床面稍压实，再用塑料膜覆盖料面，以利保温保湿。生料栽培金针菇原料最好选择棉籽壳，在拌料时加入 0.1% 的 50% 多菌灵，加水量不可过大，一般含水量要求 60%～65%。

2. 发菌管理

播种后在 10℃ 温度下，约 15 天菌丝长满料面并向深层发展。若播种 10 天后，发现个别地方菌种不萌发，可掀起薄膜 10～15 分钟。发菌 40 天左右，菌丝可基本发透料。当床料菌丝发透后，每天揭膜通风 10～20 分钟，当菌床表面呈白色并有琥珀色液滴出现时，将塑料膜撑高 20 厘米，上面铺放报纸，每天在报纸上喷雾保湿，雾粒要细、少、匀、勤，维持报纸湿润，不可直接喷雾在菇床上，否则易引起烂菇。子实体不同发育阶段要求不同的空气相对湿度，当菌柄长达 2 厘米时，膜内空气相对湿度应保持在 90%，当菌柄长达 10 厘米时，减少喷水次数，使菇床小区空间空气相对湿度降至 80%～85%。在出菇期，要注意加大菇房通气量，待菇长至 12～15 厘米时，及时采收，并清理料面，干燥 1 天后，再补足水分，盖上薄膜，保温保湿，促使二茬菇形成。采菇后，管理方法同前，共采菇 3～4 茬。

三、采收与加工

1. 采收

采收的标准是菌盖轻微展开，鲜销的金针菇应在菌盖 6～7 分开时采收，不宜太迟，以免柄基部变褐色，基部绒毛增加而影响质量。

2. 分级

①一级菌盖呈半圆球形，直径 0.5～1.3 厘米，柄长 14～15 厘米，整齐度 80% 以上，无褐根，无杂质。

②二级菌盖未开伞，呈半圆球形，直径 1.2～1.5 厘米，柄长 13～15 厘米；柄基部浅黄

至浅褐色，有色长度不超过1.5厘米，无杂质。

③三级菌盖直径1.5~2厘米，柄长10~15厘米，柄基部黄褐色占1/3，无杂质。

3. 干制

把鲜金针菇晒干或烘干至含水量10%~12%。晒干的金针菇色较深，不耐久藏。烘干的金针菇色泽好，质量高，耐久藏但成本高。

思考与实践

1. 金针菇熟料栽培方法和生料栽培方法的关键技术有哪些？
2. 金针菇的采收与分级技术要求有哪些？

第三章 双孢蘑菇

第一节 双孢蘑菇的生活条件

双孢蘑菇的生活条件包括营养条件和环境因素两方面,而蘑菇的不同发育阶段所要求的生活条件又有所差异。

一、营养

双孢蘑菇能利用的碳源很广,各种单糖、双糖、纤维素、半纤维素、果胶质和木质素等。单糖类可直接被菌丝吸收利用,复杂的多糖类需经微生物发酵,分解为简单糖类才能被吸收。双孢蘑菇可利用有机态氮(氨基酸,蛋白胨等)和铵态氮,而不能利用硝态氮。复杂的蛋白质也不能直接吸收,必须转化为简单有机氮化合物,才可作为氮源利用。

双孢蘑菇生长不但要求丰富的碳源和氮源,而且要求两者的配合比例恰当,即有适宜的碳氮比(C/N)。实践证明,子实体分化和生长适宜的碳氮比(C/N)为(30~33):1,因此,堆肥最初的 C/N 要按(30~33):1 进行调制,经堆制发酵后由于有机碳化物分解放出 CO_2,使 C/N 比下降,发酵好的培养料 C/N 约为(17~18):1,正适于蘑菇生长的要求。

双孢蘑菇所需的无机盐营养种类很多,其中,有大量元素磷、钾、钙、镁、铁。也有微量元素铜、锌、钼、硼、钴等。

除以上主要营养成分外,菌丝生长和子实体形成还需生长素类物质,如维生素,刺激素等。试验证明,维生素 B_1,α-萘乙酸,三十烷醇都有刺激菌丝生长和子实体形成作用。

微量元素和生长素类物质,虽是蘑菇生长不可缺的物质,但因需要量极少,在培养料主辅料中的含量即可满足需要,不必另外添加。

二、环境条件

1. 温度

温度是最活跃的影响因素,但蘑菇不同品种和菌株,不同发育阶段要求的最适温度范围有很大差异。一般而论,菌丝生长阶段要求温度偏高,菌丝生长的温度范围 6~34℃,最适生长温度 24~26℃。因品种温型不同,最适温度有所不同。温度偏高,菌丝生长快,但菌丝稀疏,细弱,易早衰。在培养菌种过程中,若温度过高,出现菌丝吐黄水现象。但温度也不能太低，低于3℃菌丝便不能生长。10℃左右菌丝生长缓慢，生长周期长，菌龄不一致。只有在最适温度范围内，菌丝长速适中，健壮，生活力强。

子实体发生和生长的温度范围6~24℃，以13~16℃最适宜（温型不同有一定差异）。温度高于18℃子实体生长快，出菇密，但朵形小，组织松软，柄细而长，易开伞。温度低于12℃，子实体生长慢，出菇少，个体大，质量好，但产量低。温度低于5℃子实体便不能形成。但孢子萌发温度18~27℃，以20~24℃最适宜。

2. 水分和湿度

水分指培养料的含水量和覆土中的含水量，而湿度是指空气中的相对湿度。培养料的含水量以60%~65%为宜，若低于50%，菌丝常因水分供应不足而生长缓慢，菌丝稀疏，纤细。子实体也因得不到足够水分而形成困难。若培养料含水量过大，导致通气不良，菌丝体和子实体均不能正常生长，并易感染病虫害。

菌丝生长阶段要求环境空气适当干燥，空气湿度75%左右。超过80%，易感染杂菌。子实体发生和生长要求适宜湿度80%~90%。湿度长期超过95%可引起菌盖上积水，易发生斑点病。若湿度低于70%，菌盖上会产生鳞片状翻起，菌柄细长而中空。低于50%停止出菇，原有幼菇也会因干燥而枯死。

3. 空气

双孢蘑菇是好气性菌，在生长发育各个阶段都要通气良好。对空气中二氧化碳浓度特别敏感。菌丝生长期适宜的二氧化碳浓度为0.1%~0.3%；菌蕾形成和子实体生长期，二氧化碳浓度0.06%~0.2%为宜。当二氧化碳浓度超过0.4%时，子实体不能正常生长，菌盖小，菌柄长，易开伞。二氧化碳浓度达0.5%时，出菇停止。因此，在双孢蘑菇栽培过程中，一定要保证菇房空气流通而清新。

4. 光线

双孢蘑菇与其他菇类不同，它整个生活周期都不需要光线。在黑暗的条件下，菌丝生长健壮浓密，子实体朵大，洁白，肉肥嫩，菇形美观。

第二节 双孢蘑菇栽培技术

（一）培养料配制

培养料的好坏直接关系到蘑菇栽培的成败和产量高低。蘑菇培养料目前有粪草培养料和合成培养料两大类。

1. 粪草培养料

我国目前栽培的蘑菇多数采用粪草培养料，铺料厚度以15厘米计，则每100平方米的栽培面积需要4 500千克培养料，可采用粪草比例1.5:1或1:1两种配方。

（1）干牛粪58%，干稻麦草39%，过磷酸钙1%，尿素0.5%，硫酸铵0.5%，石膏1%。

按此配方约需干牛粪2 600千克，稻麦草各半共1 800千克，过磷酸钙45千克，尿素23千克，硫酸铵23千克，石膏45千克，C/N约为31.6:1。

（2）干牛粪47.5%，干稻麦草47.5%，菜籽饼4.5%，尿素0.5%，石膏1%。

按此配方需干牛粪约 2 100 千克，干稻麦草各半共 2 100 千克，菜籽饼 200 千克，尿素 25 千克，100 石膏 45 千克，C/N 为 33:1。

2. 合成培养料

合成培养料是不用粪肥或少用粪肥配制的培养料。目前，合成培养料在日本、美国、韩国、英国及我国台湾已相当普及，成为蘑菇生产的主要培养料。合成培养料以稻草或麦秆为主要材料，配以含氮量高的尿素、硫酸铵或饼肥等。在配制合成培养料时，不宜只采用一种氮肥，因为堆肥的腐熟是多种微生物共同发酵的结果，不同种微生物需要不同的氮源。在配制培养料时还需添加一定量的磷、钾、钙等营养元素。

由于合成培养料的腐熟比粪草培养料慢，尤其是小麦秆、玉米芯等不易腐熟，还需添加微量元素加速麦秆等的腐熟，也为培养料增加营养成分。

我国采用合成培养料的配方较多，下面举例说明。

(1) 每 100 平方米栽培面积用稻草 2 250 千克，尿素 18.5 千克，过磷酸钙 22.5 千克，石膏粉 45 千克，碳酸钙 22.5 千克，C/N 为 33:1，经二次发酵后，播种前 C/N 为 18:1，pH 值由 8.3 左右降至 7.3 左右。

(2) 稻草 100 千克，尿素 1 千克，硫酸铵 2 千克，过磷酸钙 3 千克，碳酸钙 2.5 千克。

(二) 培养料堆积发酵

堆积发酵将配方中的各种材料混合在一起，让其腐熟发酵的过程。其目的为：使各种好热性微生物在堆料中繁殖，把培养材料中的纤维素，半纤维素，木质素分解为蘑菇菌丝可以利用的化合物；所加入的氮素营养物质被各种微生物利用后，变成微生物的蛋白质，当微生物死亡后，菌体也就成了蘑菇可利用的有机氮；发酵过程中释放的热可以杀死料中的病虫杂菌；经过发酵，堆料变得柔软、疏松、通气，具有优良的物理状态。

1. 堆料前的准备

粪肥应晒干，不要淋雨，若来不及晒干，则可挖坑倒入，拍紧，密封。用干粪堆积效果好，牛粪最好晒干至半干时粉碎成粉状，再晒干透。稻草，麦秆等材料需选用新鲜，无霉烂的，使用前须切割成 20~30 厘米长的小段，以便其吸水，也便于翻堆。

2. 培养料的二次发酵

蘑菇培养料堆积腐熟发酵一般分两个阶段进行，前发酵，又称一次发酵或室外发酵；后发酵，或称第二次发酵，因其通常在室内进行，又称为室内发酵。

(1) 前发酵　采用粪草培养料的，前发酵时间较长，需 15~20 天；采用以稻草为主的合成培养料的，前发酵时间需 10~15 天；以麦秆为主的发酵时间较长。麦草吸水力差，应浸泡 2~3 天，稻草吸水快，只浸泡 1 天即可。干粪在堆制时用水调湿润。使用的粪和草均需先预湿。堆料时，先铺一层厚 20 厘米的草料，草上铺 5~6 厘米厚的粪肥，其上再铺 20 厘米厚的草，再铺 5~6 厘米厚的粪。这样一层草一层粪层层相间地堆积起来。第一层粪草不需浇水，以后每铺一层粪一层草后，补浇清水或人畜粪尿。下层少浇，上层多浇。料堆不要过宽，否则操作不便，且透气性差，料温难以提高；料堆过窄，则可能使料温过高，将一些微生物杀死，对发酵不利。

堆料最好在阴棚下，免受日晒雨淋。培养料堆积后也应覆盖草帘，以利于保温保湿。但一般不宜用塑料薄膜紧贴培养料覆盖，否则，料堆通气不良，会造成厌氧状态，使堆内材料变黏，在露天堆料，下雨前需用薄膜作为临时避雨棚。

(2) 培养料堆积发酵后，需经几次翻堆　翻堆是定时将堆积的粪草抖松拌和，把位于料上面的和周围的粪草翻到下面或中间去，而把下面或中间的材料翻到上面或外围来，使堆积的培养料发酵均匀一致。有条件的地方也可采用翻堆机翻堆。在不同部位的粪草发酵很不均匀，料堆最外层氧气虽然充足，但水分散失多，培养料分解较差；在料堆中心部位，由于缺氧，培养料不能很好地分解；在料堆底层的培养料积有较多的 CO_2，培养料呈酸性，会发黏发臭。只有外层至中心部分发酵最好。因此，通常应进行 3 次以上的翻堆。

翻堆的作用是：改善料堆各部位的发酵条件，防止料堆中央部位特别是中央底层长期处于厌氧状态；排除堆内废气，增加新鲜氧气，缩短发酵时间；调节水分；检查发酵状况；便于分次加入添加材料。

堆料后，次日堆温便开始上升，开始 40~50℃，是一些嗜温性微生物（主要是一些细菌）活动；4~5 天后温度上升到 65~75℃时，此时是一些嗜热性微生物（主要是嗜热性放线菌）活动。一般当堆温上升到最高点并开始下降时，即应进行一次翻堆。二次发酵，当第三次翻堆 2 天后，堆温上升到 70℃左右时，将培养料搬入菇房。铺料厚度为 30~50 厘米，培养料堆放完毕后，关闭所有门窗。通过加温，在 1~2 天内将料温上升到 60℃，保持 6~10 小时，适当通风使料温降至 50℃左右，维持 4~6 天，继续降至 45℃时，打开门窗使之降至常温。发酵好的培养料要有弹性，一拉即断，棕褐色，手紧握培养料指缝间有水溢出却不滴为宜，pH 为 7.0 左右。培养料在进房前应进行消毒，在进房前 1 天左右，先将料堆用塑料膜覆盖 4~5 小时，使害虫从料内爬至表面，再在料堆周围喷 0.5% 敌敌畏和 800 倍的多菌灵，熏蒸 24 小时。

（三）播种

播种前应对栽培种进行严格地检查，选择菌丝生长有力、粗壮洁白、无病虫害、菌龄适中的菌种。播种前通风并检查室温和料温，一般室温在 20~25℃以下，料温在 28℃以下，且无再升温现象时即可播种。播种完应关闭门窗，5 天后可适量通风。采用穴播法进行播种，穴深 3~5 厘米，穴距 8~10 厘米。将菌种块逐穴填入，轻拍使料与种紧贴，注意种块不可揉搓，轻捏成团放入穴中即可。

（四）播种后管理

发菌阶段如果料不干，水分充足，菌丝生长良好，没有污染，料面可以不喷水，只是在菇房地面、空间、墙壁喷雾、洒水，保持湿度。如有的料面比较干，水分不够，可适当在料面喷水，喷水时喷雾器头朝上，以防止损伤菌丝。在正常情况下播种 15 天左右，菌丝在培养料面两穴之间均相互联接，并深入料内 2~3 厘米即可覆土，先覆盖粗土粒，厚度为 2~3 厘米，土湿即可，再关闭门窗。当粗土与料面接触的部分已布满菌丝时，即可覆细土，厚度为 1.5 厘米左右，喷水至细土能被捏扁，润湿即可。覆土 10 天后，覆土层表面有大量菌丝出现时即转入出菇期，当有白色粒状原基出现时，即可喷出菇水，以土层吸足水分又不漏到培养料面为宜。3~4 天后原基长到黄豆大小时，喷 1 次重水，即为出菇水，每平方米喷水量 25 千克，在 1~2 天内分多次喷完，5~7 天出现幼菇，并注意温度、湿度、通风保持空气新鲜。越冬时清理床面，剔除菇床上的老根、死菇或菌皮；床面补细土；加强通风换气，着重中午通风；每周喷水 1 次。菌床越冬后，到翌年的 4 月末气温逐渐回升，当菇房温度稳定在 6℃以上时，进入春菇管理，其管理过程与秋菇基本相同，控制好温度、湿度，达到采收条件即可进行采收。

（五）采收

采菇前不能喷水，当双孢蘑菇直径到 3 厘米以上且未开伞时即可采收，采菇时要进行旋转采菇，并及时清理采收后的菇床，用土补平孔洞。一般可采收 4~5 潮菇，生物学效率达 80%。

思考与实践

试述双孢菇的栽培管理技术。

第四章 香菇

第一节 香菇的生活条件

一、营养

香菇是木生菌,以纤维素、半纤维素、木质素、果胶质、淀粉等作为生长发育的碳源,但要经过相应的酶分解为单糖后才能吸收利用。香菇以多种有机氮和无机氮作为氮源,小分子的氨基酸、尿素、铵等可以直接吸收,大分子的蛋白质、蛋白胨就需降解后吸收。香菇菌丝生长还需要多种矿质元素,以磷、钾、镁最为重要。香菇也需要生长素,包括多种维生素、核酸和激素,这些多数由料中自我满足,只有维生素 B_1 需补充。

二、温度

香菇菌丝生长的最适温度为 23~25℃,低于 10℃ 或高于 30℃ 则有碍其生长。子实体形成的适宜温度为 10~20℃,并要求有大于 10℃ 的昼夜温差。目前,生产中使用的香菇品种有高温型、中温型、低温型 3 种温度类型,其出菇适温高温型为 15~25℃,中温型为 7~20℃,低温型为 5~15℃。

三、水分

香菇所需的水分包括两方面,一是培养基内的含水量,二是空气湿度,其适宜量因代料栽培与段木栽培方式的不同而有所区别。

(1) 代料栽培 长菌丝阶段培养料含水量为 55%~60%,空气相对湿度为 60%~70%;出菇阶段培养料含水量为 40%~68%,空气相对湿度 85%~90%。

(2) 段木栽培 长菌丝阶段培养料含水量为 45%~50%,空气相对湿度为 60%~70%;出菇阶段培养料含水量为 50%~60%,空气相对湿度 80%~90%。

四、空气

香菇是好气性菌类。在香菇生长环境中,由于通气不良、二氧化碳积累过多、氧气不足,菌丝生长和子实体发育都会受到明显的抑制,这就加速了菌丝的老化,子实体易产生畸形,也有利于杂菌的孳生。新鲜的空气是保证香菇正常生长发育的必要条件。

五、光照

香菇菌丝的生长不需要光线,在完全黑暗的条件下菌丝生长良好,强光能抑制菌丝生长。子实体生长阶段要散射光,光线太弱,出菇少,朵小,柄细长,质量次,但直射光又对香菇子实体有害。

六、酸碱度

香菇菌丝生长发育要求微酸性的环境,培养料的 pH 值在 3~7 都能生长,以 5 最适宜,超过 7.5 生长极慢或停止生长。子实体的发生、发育的最适 pH 值为 3.5~4.5。在生产中常将栽培料的 pH 值调到 6.5 左右。高温灭菌会使料的 pH 值下降 0.3~0.5,菌丝生长中所产生的有机酸也会使栽培料的酸碱度下降。

第二节 香菇栽培技术

香菇的栽培方法有段木栽培和代料栽培两种。段木栽培产的菇商品质量高,投入产出之比也高,可达1:(7~10),但需要大量木材,仅适于在林区发展。代料栽培投入产出比仅为1:2,但代料栽培生产周期短,生物学效率也高,而且可以利用各种农业废弃物,能够在城乡广泛发展。代料栽培一次性投入量大,成本较高。本章重点介绍代料栽培技术。

1. 播种期的安排和菌种的选择

目前,我国北方地区香菇生产多采用温室作为出菇场所,受气候条件的影响大,季节性很强。各地香菇播种期应根据当地的气候条件而定。北京地区香菇生产多采用夏播,秋、冬、春出菇,由于秋季出菇始期在 9 月中旬,所以,具体播种时间应在 7 月初,6 月初制作生产种。应选用中温型或中温型偏低温菌株。但由于夏播香菇发菌期正好处在气温高、湿度大的季节,杂菌污染难以控制,所以,近年来冬播香菇有所发展。一般是在 11 月底、12 月初制作生产种,12 月底、1 月初播种,3 月中旬进棚出菇。多采用中温型或中温偏高温型的菌株。

2. 栽培料的配制

(1) 几种栽培料的配制 其配料以 100 千克计,视生产规模大小增减。

①木屑 78%、麸皮(细米糠)20%、石膏 1%、糖 1%,另加尿素 0.3%,料的含水量 55%~60%。

②木屑 78%、麸皮 16%、玉米面 2%、糖 1.2%、石膏 2%~2.5%、尿素 0.3%、过磷酸钙 0.5%,料的含水量 55%~60%。

③木屑 78%、麸皮 18%、石膏 2%、过磷酸钙 0.5%、硫酸镁 0.2%、尿素 0.3%、红糖 1%,料的含水量 55%~60%。

上述 3 种栽培料的配制:先将石膏和麸皮干混拌匀,再和木屑干混拌均匀,把糖和尿素先溶化于水中,均匀地泼洒在料上,用锨边翻边洒,并用竹扫帚在料面上反复扫匀。

④棉籽壳 50%、木屑 32%、麸皮 15%、石膏 1%、过磷酸钙 0.5%、尿素 0.5%、糖

1%，料的含水量60%左右。

⑤豆秸46%、木屑32%、麸皮20%、石膏1%、食糖1%，料的含水量60%。

⑥木屑36%、棉籽壳26%、玉米芯20%、麸皮15%、石膏1%、过磷酸钙0.5%、尿素0.5%、糖1%，料的含水量60%。

上述3种栽培料的配制：按量称取各种成分，先将棉籽壳、豆秸、玉米芯等吸水多的料按料水比为1:(1.4~1.5)的量加水、拌匀，使料吃透水；把石膏、过磷酸钙与麸皮、木屑干混均匀，再与已加水拌匀的棉籽壳、豆秸或玉米芯混拌均匀；把糖、尿素溶于水后拌入料内，同时，调好料的水分，用锨和竹扫帚把料翻拌均匀。不能有干的料粒。

（2）配料时应注意的几个问题 木屑指的是阔叶树的木屑，也就是硬杂木木屑。陈旧的木屑比新鲜的木屑更好。配料前应将木屑过筛，筛去粗木屑，防止扎破塑料袋，粗细要适度，过细的木屑影响袋内通气。在木屑栽培料中，应加入10%~30%的棉籽壳，有增产作用；但棉籽壳、玉米芯在栽培料中占的比例过大，脱袋出菇时易断菌柱。栽培料中的麸皮、尿素不宜加得太多，否则易造成菌丝徒长，难于转色出菇。麸皮、米糠要新鲜，不能结块，不能生虫发霉。豆秸要粉成粗糠状，玉米芯粉成豆粒大小的颗粒状。

香菇栽培料的含水量应比平菇栽培料的含水量略低些，生产上一般控制在55%~60%。含水量略低些有利于控制杂菌污染，但出过第一潮菇时，要给菌柱及时补水，否则影响出菇。由于原料的干湿程度不同，软硬粗细不同，配料时的料水比例也不相同，一般料水比为1:(0.9~1.3)，相差的幅度很大。所以生产上每一批料第一次用来配料时，料拌好后要测定一下含水量，确定一个适宜的料水比例。

①手测法。将拌好的栽培料，抓一把用力握，指缝不见水，伸开手掌料成团即可。

②烘干法。将拌好的料准确称取500克，薄薄地摊放在搪瓷盘中，放在温度105℃的条件下烘干，烘至干料的重量不再减少为止，称出干料的重量。料的含水量（%）=（湿料重量-干料重量）/湿料重量×100。

配料时，随水加入干料重量的0.1%多菌灵（指有效成分）有利于防止杂菌污染。

3. 香菇袋栽技术

袋栽香菇是香菇代料栽培最有代表性的栽培方法，各地具体操作虽有不同，但道理是一样的。

（1）夏播香菇温室畦内排袋出菇方法

①塑料筒的规格。香菇袋栽实际上多数采用的是两头开口的塑料筒，有壁厚0.04~0.05厘米的聚丙烯塑料筒和厚度为0.05~0.06厘米的低压聚乙烯塑料筒。聚丙烯筒高压、常压灭菌都可，但冬季气温低时，聚丙烯筒变脆，易破碎；低压聚乙烯筒适于常压灭菌。生产上采用的塑料筒规格也是多种多样的，南方用幅宽15厘米、筒长55~57厘米的塑料筒，北方多用幅宽17厘米、筒长35厘米或57厘米的塑料筒。

②装袋灭菌。先将塑料筒的一头扎起来。扎口方法有两种，一是将采用侧面打穴接种的塑料筒，先用尼龙绳把塑料筒的一端扎两圈，然后将筒口折过来扎紧，这样可防止筒口漏气；二是有的生产者采用17厘米×35厘米短塑料筒装料，两头开口接种，也要把塑料筒的一端用力扎起来，但不必折过来再扎了。扎起一头的塑料筒称为塑料袋，装袋前要检查是否漏气。检查方法是将塑料袋吹满气，放在水里，看有没有气泡冒出。漏气的塑料袋绝对不能用。用装袋机装袋最好5人一组，1个人往料斗里加料；2个人轮流将塑料袋套在出料筒上，

一手轻轻握住袋口，一手用力顶住袋底部，尽量把袋装紧，越紧越好，另外2个人整理料袋扎口，一定要把袋口扎紧扎严，扎的方法同袋的另一端。手工装袋，要边装料、边抖动塑料袋，并用粗木棒把料压紧压实，装好后把袋口扎严扎紧。装好料的袋称为料袋。在高温季节装袋，要集中人力快装，一般要求从开始装袋到装锅灭菌的时间不能超过6小时，否则料会变酸变臭。

料袋装锅时要有一定的空隙或者"#"字形排垒在灭菌锅里，这样便于空气流通，灭菌时不易出现死角。采用高压蒸汽灭菌时，料袋必须是聚丙烯塑料袋，加热灭菌随着温度的升高，锅内的冷空气要放净，当压力表指向1.5千克/平方厘米时，维持压力2小时不变，停止加热。自然降温，让压力表指针慢慢回落到0位时，先打开放气阀，再开锅出锅。采用常压蒸汽灭菌锅，开始加热升温时，火要旺要猛，从生火到锅内温度达到100℃的时间最好不超过4小时，否则会把料蒸酸蒸臭。当温度到100℃后，要用中火维持8~10小时，中间不能降温，最后用旺火猛攻一会儿，再停火焖一夜后出锅。出锅前先把冷却室或接种室进行空间消毒。

出锅用的塑料筐也要喷洒2%的来苏水或75%的酒精消毒。把刚出锅的热料袋运到消过毒的冷却室里或接种室内冷却，待料袋温度降到30℃以下时才能接种。

③香菇料袋的接种。香菇料袋多采用侧面打穴接种，要几个人同时进行，所以在接种室和塑料接种帐中操作比较方便。具体做法是先将接种室进行空间消毒，然后把刚出锅的料袋运到接种室内一行一行、一层一层地垒排起，每垒排一层料袋，就往料袋上用手持喷雾器喷洒一次0.2%多霉灵；全部料袋排好后，再把接种用的菌种、胶纸，打孔用的直径1.5~2厘米的圆锥形木棒、75%的酒精棉球、棉纱、接种工具等准备齐全。关好门窗，打开氧原子消毒器，消毒40分钟；关停15分钟后开门，接种人员迅速进入接种室外间，关好外间的门，穿戴好工作服，向空间喷75%酒精，消毒后再进入里间。接种按无菌操作（同菌种部分）进行。侧面打穴接种一般用长55厘米塑料筒作料袋，接5穴，一侧3穴，另一侧2穴。3人一组，第一个人先将打穴用的木棒的圆锥形尖头放入盛有75%酒精的搪瓷杯中，酒精要浸没木棒尖头2厘米，再将要接种的料袋搬一个到桌面上，一手用75%的酒精棉纱擦抹料袋朝上的侧面消毒，一手用木棒在消毒的料袋侧面打穴3个。1个穴位于料袋中间，其他2个穴分别靠近料袋的两头。第二人打开菌种瓶盖，将瓶口在酒精灯上转动灼烧一圈，长柄镊子也在酒精灯火焰上灼烧灭菌；冷却后，把瓶口内菌种表层刮去，然后把菌种放入用75%的酒精或2%的来苏水消过毒的塑料筒里；双手用酒精棉球消毒后，直接用手把菌种掰成小枣般大小的菌种块迅速填入穴中，菌种要把接种穴填满，并略高于穴口。注意，第二人的双手要经常用酒精消毒，双手除了拿菌种外，不能触摸任何地方。第三人则用3.5厘米×3.5厘米方形胶黏纸把接种后的穴封贴严，并把料袋翻转180°，将接过种的侧面朝下。第一人用酒精棉纱擦抹料袋朝上的侧面，等距离地在料袋上打2个穴，然后把打穴的木棒尖头放入酒精里消毒，再搬第二个料袋。第二人把第一个料袋的2个接种穴填满菌种，第三人用胶黏纸封贴穴口，并把接完种的第一个料袋（这时称为菌袋）搬到旁边接种穴朝侧面排放好。接完种的菌袋即可进培养室培养。用35厘米长的塑料筒作料袋，可用侧面打穴接种，一般打3个穴，一侧2个，一侧1个，也可两头开口接种。

用接种箱接种，因箱体空间小，密封好，消毒彻底，所以接种成功率往往要高于接种室。但单人接种箱只能一个人操作，只适用于在短的料袋两头开口接种。如果是侧面打穴接种，最好采用双人接种箱，由两个人共同操作，一个人负责打穴和贴胶黏纸封穴口，另一个人将菌种按无菌程序转接于穴中。

④菌袋的培养。指从接完种到香菇菌丝长满料袋并达到生理成熟这段时间内的管理。菌袋培养期通常称为发菌期，可在室内（温室）、阴棚里发菌，发菌地点要干净、无污染源，要远离猪场、鸡场、垃圾场等杂菌滋生地，要干燥、通风、遮光等。进袋发菌前要消毒杀菌、灭虫，地面撒石灰。夏季播种香菇发菌期正处在高温季节，气温往往要高于菌丝生长的适温（24～27℃），所以，发菌期管理的重点是防止高温烧菌。刚接完种的菌袋，3个袋码一层呈三角形垒成排，接种穴朝侧面排放，每排垒几层要看温度的高低而定，温度高可少垒几层，排与排之间要留有走道，便于通风降温和检查菌袋生长情况。发菌场地的气温最好控制在28℃以下。开始7～10天内不要翻动菌袋，第13～15天进行第一次翻袋，这时每个接种穴的菌丝体呈放射状生长，直径在8～10厘米时生长量增加，呼吸强度加大，要注意通气和降温。在翻袋的同时，用直径1毫米的钢针在每个接种点菌丝体生长部位中间，离菌丝生长的前沿2厘米左右处刺微孔3～4个；或者将封接种穴的胶黏纸揭开半边，向内折拱一个小的孔隙进行通气，同时，挑出有杂菌污染的袋。这时由于菌丝生长产生的热量多，要加强通风降温，最好把发菌场地的温度控制在25℃以下。这在夏季播种是很难做到的，但要设法把菌袋温度控制在32℃以下，超过32℃菌丝生长弱，35℃时菌丝会停止生长，38℃时菌丝能烧死。降温的方法很多，可灵活掌握。如减少菌袋垒排的层数，扩大菌袋间距，利于散热降温；温室和阴棚发菌，白天加厚遮盖物，晚上揭去遮盖物；室内和温室发菌，趁夜间外界气温低时，加强通风降温，有条件的可安装排风扇；气温过高，可喷凉水降温，但要注意喷水后要加强通风，不能造成环境过湿，以防杂菌污染。菌袋培养到30天左右再翻一次袋。在翻袋的同时，用钢丝针在菌丝体的部位，离菌丝生长的前沿2厘米处刺第二次微孔，每个接种点菌丝生长部位刺一圈4～5个微孔，孔深约2厘米。为了防止翻袋和刺孔造成菌袋污染杂菌，装袋时一定要把料袋装紧，料袋装的越紧杂菌污染率越低。凡是封闭式发菌场地，如利用房间、温室发菌，在翻袋刺孔前要进行空间消毒，可有效地减少杂菌污染。发菌期还要特别注意防虫灭虫。

由于菌袋的大小和接种点的多少不同，一般要培养45～60天菌丝才能长满袋。这时还要继续培养，待菌袋内壁四周菌丝体出现膨胀，有皱褶和隆起的瘤状物，且逐渐增加，占整个袋面的2/3，手捏菌袋瘤状物有弹性松软感，接种穴周围稍微有些棕褐色时，表明香菇菌丝生理成熟，可进菇场转色出菇。

⑤转色的管理。香菇菌丝生长发育进入生理成熟期，表面白色菌丝在一定条件下，逐渐变成棕褐色的一层菌膜，叫作菌丝转色。转色的深浅、菌膜的薄厚，直接影响到香菇原基的发生和发育，对香菇的产量和质量关系很大，是香菇出菇管理最重要的环节。

菌丝转色方法很多，常采用的是脱袋转色法。要准确把握脱袋时间，即菌丝达到生理成熟时脱袋。脱袋太早了不易转色，太晚了菌丝老化，常出现黄水，易造成杂菌污染，或者菌膜增厚，香菇原基分化困难。脱袋时的气温要在15～25℃，最好是20℃。脱袋前，先将出菇温室地面做成30～40厘米深、100厘米宽的畦，畦底铺一层炉灰渣或沙子，将要脱袋转色的菌袋运到温室里，用刀片划破菌袋，脱掉塑料袋，把柱形菌块按5～8厘米的间距立排在畦内。如果长菌柱立排不稳，可用竹竿在畦上搭横架，菌柱以70°～80°的角度斜靠在竹竿上。脱袋后的菌柱要防止太阳晒和风吹，这时温室内的空气相对湿度最好控制在75%～

80%，有黄水的菌柱可用清水冲洗净。脱袋立排菌柱要快，排满一畦，马上用竹片拱起畦顶，罩上塑料膜，周围压严，保湿保温。待全部菌柱排完后，温室的温度要控制在17~20℃，不要超过25℃。如果温度高，可向温室的空间喷冷水降温。白天温室多加遮光物，夜间去掉遮光物，加强通风来降温。光线要暗些，头3~5天尽量不要揭开畦上的罩膜，这时畦内的相对湿度应在85%~90%，塑料膜上有凝结水珠，使菌丝在一个温暖潮湿的稳定环境中继续生长。应注意在此期间如果气温高、湿度过大，每天还是要在早、晚气温低时揭开畦的罩膜通风20分钟。在揭开畦的罩膜通风时，温室不要同时通风，将二者的通风时间要错开。在立排菌柱5~7天时，菌柱表面长满浓白的绒毛状气生菌丝时，要加强揭膜通风的次数，每天2~3次，每次20~30分钟，增加氧气、光照（散射光），拉大菌柱表面的干湿差，限制菌丝生长，促其转色。当7~8天开始转色时，可加大通风，每次通风1小时。结合通风，每天向菌柱表面轻喷水1~2次，喷水后要晾1小时再盖膜。连续喷水2天，至10~12天转色完毕。在生产实践中，由于播种季节不同，转色场地的气候条件特别是温度条件不同，转色的快慢不大一样，具体操作要根据菌柱表面菌丝生长情况灵活掌握。

（2）冬播香菇袋栽方法　香菇在夏季播种，正值高温高湿季节，接种和培菌难度大，易出现杂菌污染或高温烧菌。香菇在冬季播种，宜采用中温型和中偏高温型香菇菌株，10月下旬开始作母种，11月初作原种，11月底和12月初制作栽培种，1月份播种。采用17厘米×35厘米的塑料筒作为栽培袋，拌料、装袋、灭菌、接种的操作方法基本同夏播。选用便于增温、保温的房间或温室作为菌袋培养场所，培菌场所要空间消毒后才能进菌袋，菌袋"#"字形一行一行接种穴侧向排垛起来，每行可垛6~7层，4行为一方，长度不限，方与方之间留有走道。开始要把室温控制在25~26℃，每3天在中午气温高时通一次风。菌袋培养到13~15天，接种穴的菌丝体生长直径达8厘米以上时，进行第一次翻袋、刺微孔。翻袋前要喷洒2%的来苏尔水或者用氧原子消毒器进行空间消毒，要把每方的中间两行温度高的菌袋调换到两边，把两边的菌袋调换到中间，这样使每个菌袋温度差异不大，菌丝生长整齐。在翻袋时，把杂菌污染的菌袋去除，同时对无杂菌污染的菌袋，在有菌丝体的部位距离菌丝生长前沿2厘米处刺微孔，微孔深1厘米，每个接种穴的菌丝体上刺3~4个。第一次翻袋扎孔后，菌丝生长量加大，这时要把室温控制在24℃左右。这时每2天中午通一次风。再过12~13天进行第二次翻袋，并在每一片菌丝体上距离菌丝生长前沿2厘米处刺一圈微孔，约5~6个，孔深2厘米左右，这时要把室温控制在23℃左右。整个培养过程都要注意遮光。规格为17厘米×35厘米的菌袋，如果4点式接种，一般45天左右长满袋，再继续培养，待菌袋内菌柱表面膨胀，2/3的面积上出现瘤状体时，即可进出菇棚，脱袋转色出菇。一般在3月中下旬菌袋可进温室出菇。应先在温室内做畦，畦宽1~1.2米，深15~20厘米，温室要用硫磺或甲醛进行空间消毒，地面撒石灰粉，在畦面上铺一层炉灰渣或者沙子，把长好的菌袋在温室内脱去塑料袋，将菌柱间距2厘米立排在畦内，菌柱间隙填土（园田土60%+炉灰渣40%，晒干，再用5%的甲醛水调至手握成团，落地即散，堆起来盖膜闷2天再用，也可用地表10厘米下的肥沃的壤土）。每个菌柱顶端露出土层2厘米，并用软的长毛刷子将露出土层的菌柱部分所沾的土刷掉，畦上用竹片拱起，罩上塑料膜，保温保湿，转色。冬播香菇的转色是在3月下旬，气温偏低，空气相对湿度小，多风，管理的重点是保温、保湿、轻通风。出菇管理同前。第一潮菇采收后，温室大通风1小时，停止喷水4~5天后，再向畦内喷一次大水，以补充菌柱的含水量。4月份以后的管理要注意遮光降温和防虫。这种栽培方法的优点是菌柱在土里可随时补充水分和部分养分，省去了浸袋补水过程。同时还要注意，由于菌柱只是顶端出菇，因此，出菇面积较小，如果出菇密度大时，常因菇体的相互拥挤变形，造成质量下降，所以，菇蕾太密时要及时疏蕾，以保证菇的质量。另外，菇体距离地面很近，很易沾上沙土，也会影响菇的商品质量，喷水时要轻喷、细喷，不能使菌体溅上土。

第三节　加工与保鲜

香菇采收时，要轻轻放在塑料筐中，且不可挤压变形，然后清除菇体上的杂质，挑出残菇，剪去柄基，并根据菌盖大小、厚度、含水量多少分类，排放在竹帘或苇席上，置于通风处。应及时加工，长时间堆放在一起会降低质量。

1. 香菇的干制

（1）晒干　采收前2~3天内停止向菇体直接喷水，以免造成鲜菇含水量过大。菇体七八成熟，菌膜刚破裂，菌盖边缘向内卷呈铜锣状时应及时采收。最好在晴天采收，采收后用不锈钢剪刀剪去柄基，并根据菌盖大小、厚度、含水量多少分类，菌褶朝上摊放在苇席或竹帘上，置于阳光下晒干。一般要晒3天左右才可以达到足干。香菇晒干方法简单，成本低，但在晒干的前期，菇体内酶等活性物质不能马上失去活性，存有一定的"后熟"作用，影响商品质量。遇有阴雨天就难晒出合格的商品菇。另外，晒干的香菇不如烘干的香菇香味浓郁，对商品价值有所影响。

（2）烘干　刚采收下的香菇马上进行清整，剪去柄基，根据菌盖的大小、厚度分类，菌褶朝下摊放在竹筛下，筛的孔眼不小于1厘米。先将烘干机预热到45℃左右，降低机内湿度，然后将摊放鲜菇的竹筛分类置于烘干架上。小的厚菇，含水量少的菇放于架的上层，薄菇、菌盖中等的菇置于架的中层，大且厚的菇或含水量大的菇置于架的下层。机内温度逐渐下降，烘烤的起始温度，较干的香菇为35℃，较湿的香菇为30℃。这时菇体含水量大，受热后表面水分迅速蒸发，为了加速水分蒸发，烘干机的进气口和排气口全开，加大通风量，排出水蒸气，促使直立的菌褶固定下来，防止倒伏。此时烘烤的温度不易高，否则菇体易烘黑、蒸熟。要及时排出水蒸气，防止菇表出现游离水，以免影响香菇色泽和香味，也不易烘干。烘烤时，每3小时温度升高5℃，当烘烤温度升到45℃时，菇体水分蒸发减少，此时可关闭1/3的进气口和排气口。烘烤进入菇体干燥期，维持3小时后，打开箱门将烘筛上下层的位置调换一下，使各层的菇体干燥程度一致。以后每1小时升温5℃，当温度升到50℃时，关闭1/2的进气口和排气口。温度升到55℃时，菌褶和菌盖边缘已完全烘干，但菌柄还未达足干，这时要停止加热，使烘烤温度下降到35℃左右。由于此时菇内温度高于菇体表面温度，加速了菇内水分向菇体表面扩散。4小时后重新加热复烘，温度升到50~55℃时，打开1/2的进气口和排气口，维持3~4个小时后，关闭进气口和排气口，控制烘烤温度在60℃，维持2小时，即可达到足干。

（3）晒烘结合　干制刚采收的鲜香菇经过修整后，摊在竹筛上，于阳光下晒6~8小时，使菇体初步脱水后再进行烘烤。这样能降低烘烤成本，也能保证干菇的质量。

（4）干香菇的贮藏　干制后的香菇含水量在13%以下，手轻轻握菇柄易断，并发出清脆的响声。但也不易太干，否则易破碎。干香菇易吸湿回潮，应按分类等级装在双层大塑料袋里，封严袋口，也可根据客户要求，按等级、重量分装在塑料袋里，封严袋口，再装硬纸箱，放在室温15℃左右和空气相对湿度50%以下的阴凉、干燥、遮光处，要防鼠、防虫，经常检查贮存情况。

2. 香菇的保鲜

香菇保鲜方法很多，有速冻、冷藏、化学、气调、微波等方法。

（1）脱水冷藏保鲜　香菇采收前10小时停止喷水，七八成熟时采收，精选去杂，切除柄基，根据客户要求标准分级，然后将香菇菌褶朝下摆放在席上或竹帘上，置于阳光下晾晒，秋、春季节晾晒约3～4小时，夏季阳光强晾晒1～1.5小时。晒后的香菇脱水率为25%～30%，即100千克鲜香菇晒后为70～75千克。这时手捏菇柄有湿润感，菌褶稍有收缩。分级、定量装入纸盒中，盒外套上保鲜袋，再装入纸箱中，于0℃下保藏。

（2）密封包装冷藏保鲜　鲜香菇经过精选、修整后，菌褶朝上装入塑料袋中，于0℃左右保藏。一般可保鲜15天左右，适合于自选商场销售。

思考与实践

1. 香菇配料时应注意的哪些问题？
2. 香菇如何加工和保鲜？

第五章 鸡腿菇

第一节 鸡腿菇的生活条件

一、营养

碳源是鸡腿菇最重要的营养源。鸡腿菇所需碳源主要来自于棉籽壳、玉米芯、稻草、麦草、食用菌废料、鲜果渣等。大面积生产时常添加麸皮、玉米面、饼肥、干牛粪粉、尿素等来补充氮素，同时应注意要有适宜的 C/N，营养生长阶段 C/N 以 20:1 为好，子实体生长阶段以 40:1 为好。另外，可加入石膏、磷肥、肥土等辅料来补充矿质元素，培养料基质中含有大量的维生素，一般不另外加入。

二、温度

鸡腿菇属于中温偏高型菌株，菌丝生长温度 3~35℃，最适温度 20~28℃，子实体生长发育温度 8~30℃，最适温度 16~25℃。

三、湿度和水分

菌丝生长阶段，培养料含水量 60%~65%，室内或棚内空气相对湿度以 70% 左右为宜。子实体生长阶段，室内或棚内空气相对湿度以 85%~90% 为宜，覆土含水量 20%~30%，应掌握捏之成团，触之即散为限度。

四、空气

鸡腿菇属好氧性腐生菌。在菌丝生长阶段，需氧量与平菇基本一样，而在子实体生长阶段，以平菇需氧量为基准，则要提高 2~4 个百分点。氧含量是鸡腿菇增产的重要因素。

五、光照

鸡腿菇菌丝生长不需要光线，菇蕾分化及生长阶段需要 500~1 000 勒克斯的光照。在这样的光照下生长的鸡腿菇，出菇快，产量高、品质好，而且生长期间不易感染其他杂菌，商品价值高。

六、酸碱度

鸡腿菇喜欢近中性环境，最适 pH 值为 7 左右，可用石灰调节培养料 pH 值做小幅度变动。

七、覆土

鸡腿菇子实体的形成，需要覆土及微生物代谢产物的刺激，才能形成健壮的子实体。

第二节 鸡腿菇栽培技术

一、栽培季节

野生鸡腿菇自然发生在气温 10℃ 以上的春末 3 月至晚秋 10 月，适应范围比较广泛。人工栽培时，一般安排在春季 3~6 月，秋季 8~10 月出菇，夏季温度高，子实体难保存，不宜栽培。冬季如采用加温措施，也可以栽培，特别是温室、大棚、棚内温度高湿度大，有利于鸡腿菇的生长，采收后棚外温度低，可抑制菇体继续成熟老化，解决了保鲜难的问题，具有推广价值。

二、培养料配方

（一）熟料栽培

（1）棉籽壳 100 千克、尿素 0.5 千克、磷肥 1 千克、石灰 2~3 千克、水 120~140 千克。

（2）麦秸、稻草、玉米秸、玉米芯等都粉碎成粗糠状，单一或混合后，每百千克料加麦麸 10 千克、或玉米粉 5 千克、尿素 0.5~1 千克、石灰、磷肥各 2 千克、水 130~150 千克。

（3）棉籽壳、草粉、菇类下脚料各 30%，麸皮或玉米粉、或棉籽饼 10 千克，尿素 0.5~1 千克，石灰、磷肥各 2 千克，水 130~150 千克。

（4）棉籽壳，草粉，菇类下脚料各 30%，麸皮或玉米粉、或棉籽饼 10 千克，尿素 0.5~1 千克，磷肥、石灰各 2 千克，水 130~150 千克。混合拌匀，常规发酵（45~65℃），发酵 3 天。

（二）生料栽培

（1）棉籽壳 50 千克、菇类菌糠 30 千克、干马粪 20 千克、尿素 0.5 千克、磷肥 1 千克、石灰 3~4 千克、水 140~150 千克。

（2）平菇废料 60%、棉皮 28%、玉米粉 10%、尿素 0.5%、石灰 1.5%。

（3）白灵菇或猴头菇废料 500 千克、玉米粉 50 千克、磷酸二氢钾 1.5 千克、石灰 20 千克、含水量 65%，堆积 24 小时。

三、发酵料

将料拌匀后，堆成高 100 厘米，宽 150 厘米，长不限的堆，上覆破麻袋，四周压实，日晒升温。如气温低晚上加盖草帘保温。一般 2 天左右料温可达 50~60℃，保持 12 小时后翻堆，翻堆后升温快，几小时料温可达60℃。再度保持12小时，即可停止发酵，将堆摊晾。其间注意控制料温不要超过60℃，更不要高温持续时间太长，否则培养料失去太多，营养消耗太大，出菇后劲不足，严重影响产量。

四、栽培方法

（一）熟料栽培

将发酵好的培养料，调整含水量为65%左右，用人工或装袋机装料，塑料袋规格宽17~20厘米，长35~40厘米，厚4~6丝厚的塑料袋，稍压实，两头扎口后灭菌，高压1.5千克/平方厘米，保持2小时，常压来菌100℃后保持8~10个小时，灭菌后将料袋取出，放洁净室冷却。无菌条件下两头接种，一般每瓶生产种接栽培袋30~40袋左右。然后移入24~26℃室内培养。一般30~35天菌丝可长满袋。脱袋排畦。选择土壤肥沃，排水良好的场地。挖成宽100厘米，深20~30厘米，长不限的畦，用竹片搭成弓形小棚，将脱袋的菌柱横排畦上，袋间留3~5厘米距离填入肥土，每平方米放25~30个，排放完毕放上3~5厘米肥沃沙壤土，如土干可喷少量水，并盖塑料薄膜保持土壤湿润，湿度控制在22~26℃，如温度过高可设置阴棚，避免强光照射，十几天后菌丝可布满床面，洒以冷水，湿度提高到85%~90%。温调节到16~22℃每天揭膜通风，刺激菌丝扭结，形成菇蕾。鸡腿菇子实体喜湿好氧，菇蕾破土后，管理上以通风，增湿为好，尤其在子实体成熟节段，每天都需要通风，喷水数次，才能满足生长需求。经7~10天精心管理，子实体迅速长大，7~8天成熟，即可采收。

（二）生料栽培

铺料发菌，常规挖畦，设置阴棚。室内栽培可参考蘑菇床架式或箱式，下铺薄膜。将发酵好的培养料铺于畦，床或箱内，料厚15~20厘米，分三层播种，用种量10%~15%。最后整平料面并稍压实，盖3~5厘米肥沃沙质壤土。20~30天菌丝可覆土层。出菇管理。菌丝进入生殖生长阶段，管理上以降温，增湿，通风为主，并给于适当光照，刺激出菇。鸡腿磨是中温出菇的菌类，性喜阴暗潮湿，出菇温度以16~22℃为适宜，每天洒水，通风数次，以保持环境湿度85%~90%。并保持空气新鲜，促使菌盖肥大，菌柄粗短。条件适宜。菌丝扭结到形成菇蕾，一般需要6~10天，菇蕾破土为3~7天，子实体成熟为7~12天，品种不同，略有差异。

大棚栽培时一般要求坐北朝南，宽8米，长40~60米，水泥立柱支撑棚体，铁丝横向拉紧，坚固且抗风耐压。为方便操作，一般南北向挖畦，畦宽1~1.5米，长7米，深20~30厘米，畦间留30厘米行道，高出地面10厘米左右，贴北墙东西向留1米宽作人行道。选择耐低温品种，将发好菌的袋子脱袋，或生料铺畦上，接种覆土，常规管理，安排冬季出菇。棚内温度一般能保证10℃以上，湿度能保持85%~90%，光氧都能人为调控，不需要加温设施，棚体高阔，栽培管理方便，比较适宜鸡腿菇的生长发育，鸡腿菇的子实体成熟快，开伞后很快就会自溶变黑，失去食用价值。因此，要求必须适时采收。采收的方法，用手握住菌柄下部，轻轻摇动即可拔起，丛生品种应注意不要碰伤幼菇，以免小菇菌丝自动断裂产生枯萎死亡，某些品种潮间生长速度不一致，这是品种的特性。

思考与实践

试述鸡腿菇的栽培技术。

第六章 草菇

第一节 草菇的生活条件

一、营养

草菇属草腐菌类,在草菇的生长发育过程中,它既需要碳素营养,也需要氮素营养,还需要一些无机盐类。

(1) 碳素营养 草菇能很好地利用葡萄糖、蔗糖、麦芽糖、纤维素、半纤维素以及淀粉等,甚至木质素在某些情况下也能被利用。稻草、麦秸、棉籽壳、废棉、甘蔗渣以及其他许多作物的秸秆,都是培养草菇的好原料。

(2) 氮素营养 氮素养分应以有机氮为主,蛋白质是最理想的,各种牲畜和禽类的干粪粉也是很好的氮源,大豆饼粉,花生饼粉,也是很好氮素。对碳素营养和氮素营养的用量都有一定比例。一般说,在营养生长阶段碳氮比,C/N 为 (30~40):1 生殖生长阶段为 20:1 为好。氮素不能过高,过高会引起菌丝徒长。推迟出菇,产量下降,氮素太少,会使菌丝长得弱,又对生殖生长不利。

此外,还需要加入一定量的矿质元素,如钾、磷、钙等。它们不仅对菌丝体的生长和子实体的产量有关,而且与子实体的香味有密切关系。注意,硫酸镁不能过量,否则会给产品带来苦味。

二、温度

(1) 菌丝体在 15~40℃均可生长。低于 15℃菌丝生长慢,几乎不长。低于 8℃菌丝很快死亡。超 40℃,菌丝受抑制,超过 45℃,菌丝很快死亡。

(2) 子实体发生所需温度为 28~33℃,低于 20℃或高于 35℃,均难形成子实体。

(3) 但孢子发育的温度在 25~45℃,30℃有少数萌发,40℃发生最多,适宜的孢子萌发在 35~40℃。

三、水分要求

(1) 培养料的含水量 料中的水分以 60%~70%适量。过少易造成干旱,营养物质不能被输送到菌丝和子实体内,若过湿,则呼吸作用受阻,新陈代谢难以进行,同时会造成杂菌大量生长。

(2) 空气相对湿度　草菇生长一般要求空气相对湿度在85%~90%。

四、空气

草菇在栽培过程中,要经常通风换气,尽最大努力,供以新鲜空气。若 CO_2 浓度过大,出菇期就会造成烂菇致使大量杂菌孳生。

五、光线

光照对草菇的生长发育是绝对必要的,但是不需要直射光,直射光有紫外线,同时,温度过高,对菌丝生长有抑制作用。散射光能促使菌丝纽结,促进原基形成,在完全黑暗的条件下,就是黑色草菇也能变成白色的子实体。一般认为,每天有50个勒克斯的散射光照6~8小时,可基本上满足生长发育的需要。

六、酸碱度

目前,已栽培的食用菌种类中,除草菇以外,其他均喜略偏酸性环境。大部分杂菌也是如此。草菇特喜偏碱性,一般 pH 值 7~8.5 为好,实际上以棉籽壳为原料调的更高,达到 pH 值 10~11,但是到第二天可降到 7.5~8.5,刚好适合草菇生长。所以,在配制草菇培养料时,每50千克培养料,加生石灰1.5~2.5千克。

第二节　草菇栽培技术

一、培养料配方

(1) 棉籽壳培养料:棉籽壳50千克,石灰1.5千克,敌敌畏50~75克,水70~80千克。

(2) 麦秸棉籽壳培养料:麦秸25千克,铡成1~2寸,棉籽壳25千克,石灰1 500克,敌敌畏50~75克,加水70~80千克。

(3) 稻草培养料,将稻草加入2%的石灰水中浸泡4~6小时,摊开沥干水,挽成每捆500克的小把,用于露地栽培。

(4) 麦秸培养料:麦秸35千克,稻草15千克,麦麸1.5~2.5千克,石灰0.5~1千克,过称后将麦秸与稻草浸入石灰水中浸泡4~6小时,沥干水之后与麦麸混合播种。

(5) 木屑培养料:木屑50千克,麸皮5千克,石灰1千克,敌敌畏50~75克,水75~80千克。

(6) 玉米秸培养料:玉米秸铡成5~9寸,放入1%~2%石灰水中浸泡6~8小时,沥干。

二、栽培时间

6~8月均可栽培。

三、栽培方法

1. 露地草把堆码式栽培法

（1）场地选择与整理　应选择坐北朝南，空气流通，水源充足，排水方便，土质沙壤，并有适当的遮阴条件，如荫棚、树荫下。菇场的土壤最好先翻晒，整成60～70厘米尺宽的畦，畦面整成龟背形，畦高8～20厘米，畦两边的沟宽40厘米，以供排水和作人行道，在未播种前把畦面淋湿，并薄薄撒一层石灰，以调酸碱度和驱赶害虫。

（2）建堆和播种　所用的栽培料，必须选择新鲜，干燥，未经雨水淋，未发霉变质的为好。因为高质量的草料营养丰富。选择麦秸和稻草，可放入1%～2%石灰水中浸泡4～6小时，捞起沥干水后，挽成一头光滑，另一头毛草重约500～750克的草把，堆码时将光滑一头朝畦沟，一个人整齐紧密地靠拢横排在畦面上。当第一层草铺完，然后在料面四周撒一层菌种，注意只能在四周，不能在中间，因中间温度高，以免烧死菌种，为了提高产量可在每一层中间撒一层米糠或麸皮，棉籽壳之类，用量不能超过10%。铺好第一层，再铺第二层，并稍向内缩1～2厘米，如此类推，堆码五、六层，第六层上要普遍撒菌种，覆盖一层，已调好的米糠和棉籽壳。再纵向铺一层经1%石灰水浸泡过的稻草和麦秸，即草被，约1寸左右。经常保持湿润。最好再搭成人字形，以防雨水冲淋。不能覆盖薄膜，以免嫌气发酵，闷死草菇菌。堆码时不能用脚踩，否则会影响产量。

（3）发菌管理　播种完，盖好草被，到第二天或第三天，就要进行观察，若刮大风，或大晴天，第二天就应向草被上喷水或淋水，阴雨天不必淋水。一般来说，在早晚进行，以免冷热刺激太大，对菌丝生长不利，不过要具体情况，具体分析，具体对待。播种后3～4天，掀开草把看一看菌块，检查发菌的情况，若菌丝浓白，粗状，"吃料"很快，说明正常，如菌种不萌发，或发菌很慢，就要认真查找原因，一般不外乎下列几种原因：①菌种本身有问题；②料温问题；③草料堆过紧过湿。

（4）原基形成期的管理　发菌期若各方面正常，8～10天后就可以看到原基，原基的水分管理特别重要，要尽可能使小气候的空气相对湿度保持在85%～90%之间，而幼菇又不能粘有明显水滴。由于幼菇生命力比较弱，当有水膜包住时，呼吸作用受阻，加上空气不流通，高温，将严重影响新陈代谢作用，则幼菇很快会萎蔫死亡。

具体管理：形成原基后，仍保持每天早晚向草被上喷水，使草被略呈湿润状态，不能太湿否则易烂菇，为了增加光照和加速通风换气，要经常将草被抖散放松，为此管理4～6天，就可以采收。采收完停止喷水2天，并将草被重新盖好，以利菌丝恢复。然后每天早晚各淋一次水，其他管理方法同上。这样可连续收二三茬菇。

2. 波浪式栽培法

该法栽培多以棉籽壳等颗粒为原料。用平面压块法栽培时，料厚超过20厘米以上，料的中心温度可升到50℃以上，在管理中稍不注意会发生因温度而烧死菌丝的现象。波浪式栽培可以克服这一点。波浪式栽培在铺料时有厚有薄，厚的地方产生较高的温度，以适宜菌丝生长，薄的地方产热少，通气好，适宜子实体形成。堆料时先在床面上铺上一层塑料布，然后将料堆成有厚有薄的波浪式料面，波峰处料厚20厘米。波谷处料厚12厘米，波峰到波谷长25厘米。播种可采用层播法，播种量为15%，播种后用木板将料面压平，用2%的石灰水浸泡麦草覆盖，发菌时要注意料温的变化，波峰料温在38～40℃属正常，超40℃要揭膜通风，低于30℃要覆盖保温，播种后5天左右菌丝以长满料面，要加强通风管理，应揭开薄膜在覆盖的麦草上喷雾洒水，保持麦草湿润，每次洒水不可太多，防止水大渗入料面，影响菌丝生长，同时增大空气中湿度，8天后草菇原基开始形成，不久会长出草面。

思考与实践
1. 草菇对生活条件有哪些要求？
2. 能独立进行草菇的栽培与管理？

第七章 猴头菇

第一节 猴头菌对生活条件的要求

一、营养

猴头菌是一种木腐真菌，分解纤维素、木质素的能力相当强，能使朽木变白色，称为白腐。猴头菌在生长发育过程中能利用纤维素、木质素、有机酸、淀粉等做碳素营养，通过分解蛋白质、氨基酸等有机物质，吸收利用硝酸盐、铵盐等无机氮化物作氮素营养。同时，还需要一定量的钾、镁、钙、铁、铜、锌等矿质营养。目前，棉籽壳、甘蔗渣、锯木屑、稻麦秆、酒糟、棉花秆等，已被用作碳素营养的来源。猴头菌的氮源来自蛋白质等有机氮化物的分解。锯木屑、棉秆、甘蔗渣等蛋白质含量较低，必须添加含氮量较高的麸皮、米糠等物质。在猴头菌营养生长阶段碳氮比25:1，在生殖生长阶段碳氮比（35~45）:1为宜。

二、温度

猴头菌属低温型真菌。但适应范围较广，菌丝正常生长的温度为10~34℃，最适生长温度为20~26℃。子实体属低温结实型和恒温结实型，最适温度为16~20℃。菌丝体在0~4℃温度下保存半年仍能生长旺盛。

三、水分与湿度

菌丝体和子实体生长要求培养料的含水量为60%~70%；子实体生长发育的最适空气相对湿度一般为85%~90%。在这种条件下，子实体生长迅速，颜色洁白；如相对湿度低于60%，子实体很快干缩，颜色变黄，生长停止；如相对湿度长期高于95%以上，会生长长刺，很易形成畸形的子实体，产量低。

四、空气

猴头菌是一种好气性真菌。菌丝体生长阶段对空气的要求并不严格，而子实体的生长对二氧化碳特别敏感，当通气不良，二氧化碳浓度过高时，子实体生长受到抑制，生长缓慢，常出现畸形。在栽培时，子实体生长阶段要特别加强通风换气，空气中二氧化碳含量以不超过 0.1% 为宜。

五、光照

菌丝体可以在黑暗中正常生长，不需要光线。子实体需要有散射光才能形成和生长。在栽培上必须注意控制光照条件，避免阳光直射。

六、酸碱度

猴头菌是喜偏酸性菌，在酸性条件下菌丝生长良好，最适 pH 值为 4～5。所以在人工栽培时，培养料内加入适量的柠檬酸对菌丝的生长有促进作用。

人工栽培猴头菌有瓶栽、袋栽、菌砖栽、段木栽培等多种方法。但目前应用较多，且周期短，管理方便，成功率高的是栽瓶和袋栽。

第二节 猴头菇栽培技术

一、猴头菌的袋栽技术

（一）培养料的配方

（1）木屑 78%，米糠或麸皮 20%，糖 1%，石膏 1%，含水率 60%～65%，pH 值 5.5。
（2）棉籽壳 98%，石膏粉 1%，糖 1%。
（3）玉米芯 78%，麸皮或米糠 20%，糖 1%，石膏粉 1%，含水率 60%～65%。

（二）装袋灭菌

将配好的培养料装入规格为 35 厘米长，15 厘米宽，0.05～0.06 厘米厚的聚丙烯塑料袋内。装料时边装边用手压紧，使料上下一致，装好料后用棉线扎紧袋口。每袋打一个接种穴，并用 3.5 厘米×3.5 厘米的胶布封口。按常规进行高压灭菌或常压灭菌，冷却后迅速将袋移入无菌箱或无菌室进行接种。

（三）接种发菌

待料温降到 25℃时，按无菌操作规程撕开胶布，接入菌种后再将胶布封好，移入培养室培养。发菌时室内温度应控制在 21～26℃，空气相对湿度在 60%～70%，培养 5 天后将胶布撕开一角以利通气，促进菌丝生长，30～35 天菌丝可长满袋。

（四）出菇管理

菌丝长满袋后将袋散开排放，袋间留二指间距，室温降至 20～22℃，空气相对湿度控制在 85%～90%，在袋两端用刀开一小口，并适当通风和给散射光，经 7～10 天料面出现黄豆大小菌蕾时，把室温降至 16～20℃，空气相对湿度保持在 90% 以上。约经 15 天子实体成熟即可采收。一批菇采完后要开窗通风，停水 3 天，然后关窗喷水管理又可出菇。二潮收后也要停水 3 天，再把袋浸在水中进行补水，一般温度在 20℃ 以上浸 4 小时，低于 20℃ 浸 6～8 小时。浸后取出沥去多余水分，再行出菇管理，还可收第三批菇。

二、猴头菌的瓶栽技术

将配好的培养料装入培养瓶（菌种瓶或用广口瓶代替），边装边用木棒捣实，使料上下松紧一致，料装至瓶肩再将斜面压平，并在中央用捣木向下打一洞穴，以便接种。装好料后用清水将瓶口内外及瓶身洗干净，塞上棉塞，进行灭菌。灭菌后待料温降至25℃时，移入接种箱在无菌操作下接种，送进培养室培养。发菌出菇管理与袋栽相同，只是当料面出现黄豆大菌蕾时，要拔去瓶塞，并将瓶子横放架上，架层间瓶口反方向放置，喷水要防止流入瓶内。

三、猴头菌发生畸形的原因与防治

畸形猴头菌，影响其商品价值，必须尽力防止。

常见的畸形类型有珊瑚丛集型、光秃型和色泽异常型等。出现以上畸形的原因主要是在栽培过程中，由于管理不当所致。若生长中湿度大，通气差，二氧化碳浓度超过0.1%时，就会刺激子实体基部产生分枝，形成珊瑚状，致使不能形成球状子实体；若温度高25℃以上，加上空气湿度低，会出现不长刺的光秃子实体；若温度低于14℃时，子实体即开始变红，并随温度下降而加深。

防治方法：当出现珊瑚状子实体时，应加强通风透气，促进子实体健壮生长。产生光秃型子实体时，要加强水分管理，向空间喷雾状水或地面洒水，以降温补水。当子实体出现红色时，加强温度管理，此外，若因菌种传代次数较多，种性退化而产生畸形猴头时，应提纯复壮，培育优良菌种，若因感染菌造成子实体变黄，则应及时连同培养基一并挖除。

思考与实践

1. 猴头菇对生活条件有哪些要求？
2. 能独立进行猴头菇的栽培与管理。

第八章 白灵菇

第一节 白灵菇生活条件

一、营养

白灵菇是一种腐生兼寄生的菌类。野外常生伞形科大型草本植物上，如阿魏、刺芹、拉瑟草等的根茎上。人工栽培其培养料要比一般侧耳窄得多。经不断驯化菌株的选育，现在可利用杂木屑、棉籽壳、甘蔗渣等主料和麸皮、蔗糖、酵母膏、马铃薯、磷酸二氢钾、硫酸镁、石膏粉等辅料来栽培白灵菇。

二、温度

白灵菇属中低温型菇类。菌丝生长温度为5~32℃，最适温度24~26℃，野生白灵菇子实体发生在新疆维吾尔自治区早春化雪后的4~6月，这时温度0~15℃，人工栽培时，子实体生长发育温度是8~20℃，最适为12~16℃。

三、湿度

白灵菇虽然比较耐旱，但是它的生命活动最活跃期——子实体生长期，是在雨季条件下进行的。没有雨水，菌丝则处于休眠状态。人工栽培白灵菇时，菌丝生长的培养料含水量为60%左右。子实体生长发育阶段。尽管空气湿度60%左右子实体也能发生，但长速慢，菇体小，盖易龟裂，产量低。最适易的空气相对湿度为85%~95%。

四、光线

菌丝生长期不需要光线，在黑暗条件下生长良好。菇蕾分化期则需要一定的散射光。一般在200~500勒克斯光照条件下子实体可正常发育生长。

五、酸碱度

白灵菇在自然界主要生长在阿魏的根上。阿魏根系土壤属微碱性的棕钙土、pH值5~9都可生长，但pH值5~6.5为最适宜。

六、空气

白灵菇属好氧性的菇类。无论菌丝体培养阶段或子实体生长发育阶段都需要新鲜空气，尤其是子实体形成期，代谢旺盛，对氧气需求量大，通风不良二氧化碳浓度大，不但会导致出现畸形菇，而且如遇高温，还会引起子实体死亡腐烂。

第二节 白灵菇栽培技术

一、栽培季节

白灵菇栽培季节要根据出菇温度而定。子实体在 8~22℃ 都可以生长，但以 12~16℃ 为最适宜。在我们在豫东地区以阳历的 8 月中下旬至 9 月中旬栽培最为适宜。

二、栽培工艺

备料—培养料配制—发酵—装袋—灭菌—接种—菌丝体培养—出菇管理—采收。

三、栽培原料

许多农副产品下脚料都可以用来栽培白灵菇。如阔叶树木屑、棉籽壳、甘蔗渣、农作物秸秆等。但以棉籽壳栽培白灵菇最好。不论你采用哪一种原料栽培，都要求培养料必须不发霉、不变质、不生虫，比较新鲜为最好。

四、培养料的配方与配制

①棉籽壳 78%、麸皮 20%、石灰 1%、红糖 1%、克霉灵 0.1%。
②棉籽壳 90%、玉米粉 8%、石灰 1%、石膏 1%、克霉灵 0.1%。
③阔叶树木屑 78%、麸皮 20%、石灰 1%、红糖 1%、克霉灵 0.1%。
④甘蔗渣 78%、麸皮 20%、石灰 1%、红糖 1%、克霉灵 0.1%。

配制配方时，要把不溶解的充分混合均匀；可溶解的要放在水里充分溶解，配料时，力求达到干混均匀，干湿均匀。

五、堆制发酵

气温在 20℃ 以上是堆制的最佳条件。料堆至少 200 千克以上，若堆料太少，不易发酵升温。将配制均匀的培养料堆成梯形，堆宽 1~1.5 米，高 1.2~1.5 米，长不限。堆好后打通气孔，孔距 30~50 厘米，孔径 8~10 厘米。堆上方中间的一排，每侧各打 2~3 排，发酵 6~7 天。翻堆是发酵的关键环节，一般隔天翻堆一次，堆中心温度 65~75℃。堆上方可盖麻袋遮阳。堆下方 30~50 厘米不盖以利通气。发酵好的料呈现棕褐色、不黏、不朽、不酸、不臭、无氨味。装袋前调水使含水量为 55%~60%，宁干勿湿。调 pH 值为 7.5~8.5。

六、装袋

袋的规格要求为：17 厘米 × 35 厘米 × 0.04 厘米，高密度聚乙烯或聚丙烯塑料袋。要求塑料袋宽窄一致，厚薄均匀。用绳折扎一端袋口，制成塑料袋。口扎紧，以不漏气为准，以免灭菌时散口。用装袋机装袋或手工将发酵好的培养料装袋。每袋装湿料0.9~1千克。松紧度适中，搬袋及操作过程都要轻拿轻放，以免破袋。

七、灭菌

装好的袋子最好能在6小时之内装锅灭菌，以免培养料发热变酸。常压灭菌温度达100℃，需保持12小时以上以保证灭菌彻底。袋子灭菌后，出锅冷却至30℃以下开始接种。

八、接种

接种可采用接种箱或接种室、接种帐等接种。

九、发菌管理

①接过种的菌袋，运入发菌室或日光温室大棚内发菌。装卸、搬运、摆放菌袋时都要轻拿轻放。根据气温高低决定摆放层数。一般4~6层，气温高时层与层之间放两根细竹竿以利通风降温。

②发菌场所进袋前10天打扫干净，用高锰酸钾和甲醛熏蒸消毒或气雾消毒盒消毒。

③菌袋放入后，每周用金星消毒液或克霉灵水溶液空中消毒一次。

④以后每10天翻一次堆，发生杂菌及时处理。轻则治疗，重者清出场地烧掉或深埋以免传播、扩散。

⑤整个发菌期要注意调节温度、湿度、空气和光线四大因素。温度一般在24~26℃，空气湿度在70%以下，保持空气新鲜，暗光培养。

⑥发菌期一般35~40天，白灵菇菌丝可长满袋。

⑦发满菌丝的袋子不能马上出菇，还要经过30~40天的时间培养积累营养菌丝才能达到生理成熟。这一过程也叫后熟培养。达到生理成熟的菌袋，菌丝浓白，菌袋坚实，养分充足才能出菇。

十、出菇管理

(1) 袋式出菇 ①对长满菌丝的袋子要分批催菇管理，长100米，宽6.5米的日光温室大棚可放入3.5万个菌袋，一般顺码式堆放4~6层。②调节日光温室大棚温度8~20℃，晚上揭开草苫和棚膜，温差达到10℃以上，变温刺激，白天给予散射光照，约经10天即可出菇。③当发现袋口处料面上有黄豆大小的原基时，去掉袋口扎绳即可解口，到蚕豆大的菇把袋口薄膜伸开叫放口，长至乒乓球大小时进行挽口，即把薄膜挽到袋上，露出原基。此时温度保持在13~15℃，空气湿度保持在85%~90%，并给予散射光照射，加强通风，保持空气新鲜。

(2) 菌墙出菇 ①先在菇棚内的菌墙下面铺1米宽、0.1米厚的肥土，再将达到生理成熟的白灵菇菌袋脱去袋膜成菌棒，把菌棒横排在菌墙底层排满后，上面中间用营养土（菜园土或大田肥土100千克、菌糠废料50千克、复合肥1千克、石灰1千克、5%的甲醛0.1千克，料拌匀后随即用塑料布盖严堆闷1周后使用）填实，用营养水浇透。再放第二层菌棒。一层菌棒一层泥，棒与棒之间用泥抹严，以防漏水，两边逐层内缩2~3厘米，这样防止菌墙倒塌。垒成的菌墙自然成阶梯形，形似等腰三角形。最后一层菌棒上面营养土加厚到 5~6 厘米，外高中低成水池，在水池内补足营养水。水池中如出现漏洞，要及时用营养土填补，边填边浇水，使土随水进入洞内，直至填满为止，最后菌墙两边用塑料薄膜覆盖。

②棚内温度应保持在 8~20℃ 之间。8℃ 以下很难出菇，20℃ 以上很难形成子实体。同时给予散射光照，加强棚内通风换气，保证空气新鲜。促使菇蕾形成。

③当菌袋出现黄豆大小的菌蕾时，要揭开塑料薄膜，让其出菇，菇多时应疏蕾。

④出菇时，棚内温度最好保持在 13~15℃，湿度保持在 85%~90%，给予散射光，通风换气，保证菇棚内空气新鲜。

十一、采收

冬季低温季节白灵菇从幼菇到采收时间为 10~15 天，当菌盖展开，尚未散发孢子时，要及时采收。白灵菇一般只长一茬，偶尔也可出二茬。袋式出菇一般生物学效率在 40%~60%，菌墙出菇可达 70%~90%。

思考与实践

1. 白灵菇对生活条件有哪些要求？
2. 能独立进行白灵菇的栽培与管理。

第九章 食用菌杂菌及病虫害防治

第一节 食用菌杂菌及其防治

一、白色石膏霉

白色石膏霉又叫臭霉菌、面粉菌、粪生帚霉。常发生在蘑菇、平菇、草菇菌床上。

（一）症状

该菌多发生在培养料或覆土层表面，发病初期在料面上出现白色斑块状短而密的菌丝体，并逐渐变成白色石膏状的粉状物，最后变成桃红色粉状颗粒。菌丝自溶后，使培养料发黑、变黏，产生恶臭味，抑制蘑菇菌丝生长。当石膏霉干枯死亡后，蘑菇菌丝仍能正常生活。

（二）防治方法

（1）培养料堆制发酵　合理堆制培养料，掌握好料水比和发酵温度，使其充分发酵。

（2）调节培养料的 pH 值　适当增加过磷酸钙和石膏的用量，降低 pH 值，防止培养料偏碱。

（3）药剂防治　菇床上发生时，可用 1:7 的醋酸溶液、5% 的石炭酸液、2% 甲醛溶液喷雾。或用 50% 煤酚皂溶液涂抹，也可在发病部位撒施过磷酸钙。

二、棉絮状霉菌

棉絮状霉菌又名可变粉孢霉、蘑菇粉孢霉。常发生在蘑菇、平菇、草菇的菇床上。

（一）症状

该菌初期在菇床覆土层内出现白色毛状菌丝，以后逐渐形成很旺的气生菌丝，成为一团团形似棉絮状的白色菌丝团，严重时菌丝团可铺满覆土表面。菌丝萎缩后，呈粉状，灰白色，生长后期这些白色粉状菌丝产生橘红色颗粒状孢子，又变为橘红色。

（二）防治方法

（1）处理培养料及覆土　培养料要合理堆制，并使其充分发酵，覆土要进行消毒处理。

（2）药剂防治　用 800 倍 50% 可湿性多菌灵粉剂溶液进行喷洒，或用 1:1 000 倍多菌灵及 1:500 倍的金星消毒液拌料；用 1:600 倍的甲基托布津喷洒，也有较明显的效果。

三、胡桃肉状菌

胡桃肉状菌又名假块菌、菜花菌。该菌主要为害蘑菇、平菇等菇床，发展迅速，是蘑菇生产中有较大威胁的杂菌。

（一）症状

该菌多发生在秋菇覆土前和春菇后期，在高温、高湿、通风不良、培养料过湿、偏酸、透气性差的情况下，易大量发生，气温10℃以下难以发生。发病前培养料发出一种刺鼻的漂白粉气味，初发时在料内、料面或土层中出现短信而密的白色菌丝，继而形成似胡桃肉状的子囊果，奶油色至淡红色。子囊破裂则放出大量孢子，在病区产生子囊果，与蘑菇争夺营养，使蘑菇菌丝逐渐消退而不能出菇。

（二）防治方法

1. 培养料避开污染源

培养料要避免放在可能被胡桃肉状菌孢子污染的地方。为防止覆土传播病菌，可将泥土进行暴晒数日后再用。

2. 严格挑选菌种

不要在发病的菇房挑选种菇和分离菌种。同时，在播种前要对菌种进行严格检查，若发现菌种瓶内存漂白粉气味，菌丝短而浓密，或有一粒胡桃肉状的东西时，要及时予以销毁，以免扩散。

3. 培养料要进行两次发酵

培养料进行两次发酵，要防止过湿、过厚、过热，并注意菇房通气。同时，在培养料堆制时期，可加入一定量的石灰，防止过酸。

4. 消毒

用25%多菌灵400倍的水溶液对菇房及周围环境进行消毒，也可用25%可湿性多菌灵拌料，杀死潜伏的菌体。用药量为干料重的0.2%。

5. 水

菇床局部发生污染后，要立即停止喷水，并将污染的培养料和覆土挖去，再用2%的甲醛喷洒或用1%石灰水10千克，加碳酸钠25克，对病区喷洒1~2次，也有一定效果。

四、木霉

木霉又名绿霉，是食用菌栽培中极为常见、致病力强、为害最大的一种杂菌。

（一）症状

食用菌被木霉侵染后，先产生白色棉絮状菌丝，后从菌丝层中心向四周扩展至连缘呈浅绿色，最后转为深绿色且出现粉状物的分生孢子。食用菌菌丝被害后呈黄褐色死亡；子实体受害后，先在菌柄部位出现褐色水渍状病斑，再扩展到菌盖，菌盖病斑初期为褐色，有凹陷、较小。随着病斑的迅速扩展，菌盖表层出现霉层，并由白变绿，最后造成整个菇体腐烂。

（二）防治方法

1. 保持场地及工具洁净

经常对培养室、栽培场、工具等进行消毒，保持周围环境洁净。

2. 培养料消毒处理

配制培养料时，按其干重可加入0.1%的50%可湿性多菌灵，1%的生石灰，或另加0.2%的高锰酸钾混合液拌料；也可用0.1%的甲基托布津拌料，都有较好的效果。但多菌灵对木耳、猴头、银耳的菌丝有抑制作用，拌料时不宜使用。

3. 药剂防治

当木霉已侵染到料内，要轻轻将其挖掉，然后再喷洒、涂抹800倍的50%可湿性多菌灵、200倍的克霉灵或10%的浓石灰水；也可在患处撒石灰粉。

4. 清除污染的菌（料）袋

如果被木霉侵染特别严重，要深埋或烧掉，以防木霉菌孢子散发、蔓延。

五、青霉

青霉是食用菌制种和培养过程中常见的杂菌之一，它主要在食用菌的菌丝生长阶段进行危害。

（一）症状

该菌侵染培养料后，初期菌丝白色与食用菌菌丝相似。随着分生孢子的大量产生，颜色逐渐由白色转变为浅蓝色或绿色，形成粉末状菌落。在培养料上呈现覆盖层，隔绝空气，同时还分泌毒素。

（二）防治方法

可参考木霉防治方法。

六、链孢霉

链孢霉又称红色面包霉、脉孢霉、串珠霉。该菌在各类食用菌生长阶段都可发生，是制种和袋栽中最常发生的杂菌。

（一）症状

链孢霉是一种生长极快的气生霉，培养料被污染后，其菌丝生长很快，并长出分生孢子，迅速在料面形成橙红色或粉红色的霉层——分生孢子堆。霉层在料袋内可通过孔隙快速布满袋外，特别是在受潮的棉塞上，霉层厚有时可达1厘米左右。在高温、高湿下，可在1~2天内传播整个培养室。链孢霉菌丝侵染子实体后，能在短期内覆盖子实体，造成腐烂。

（二）防治方法

1. 菌种生产场地消毒

搞好菌种生产场地的环境卫生，定期进行消毒，不给链孢霉孳生和传播机会。

2. 严格灭菌、接种

培养料要灭菌彻底，棉花塞避免受潮，菌袋不可大破损。培养室、接种箱要严格消毒，接种人员严格进行无菌操作。

3. 注意排湿

在潮湿、闷热的雨季生产菌种，要注意培养室的通风、排潮，降低室内湿度，必要时还可在培养室内外及瓶塞上撒石灰粉除潮。

4. 药剂处理

当菌种瓶内及棉塞上出现链孢霉菌时，可用0.1%煤酚皂溶液蘸湿的纱布轻轻包住口及棉塞，并将其送出室外埋掉或烧毁。同时，对已清除链孢霉的培养室、菇房可用800倍的50%可湿性多菌灵药液进行喷洒消毒。若在塑料袋内出现链孢霉菌局部污染时，可用800倍甲基托布津或500倍的甲醛药液进行注射，可控制其病菌扩展。

5. 防止孢子扩散

当菌块或床面出现链孢霉时，可在污染部位撒上石灰粉，并用0.1%高锰酸钾溶液浸纱布或报纸覆盖，防止孢子扩散。

七、毛霉

毛霉又名长毛菌，是食用菌制种和栽培过程中经常发生的一种杂菌。

（一）症状

毛霉对环境的适应性较强，生长迅速。侵染培养料后，可与食用菌菌丝争夺养料和水分，从而使食用菌菌丝生长受到抑制。受污染的培养料，初期生长出灰白色粗壮稀疏的菌丝，其生长速度快于食用菌的菌丝。后期气生菌丝顶端形成很多圆形小颗粒体——孢子囊。孢子囊初为黄白色，后变为黑色。

（二）防治方法

可参考木霉防治方法。

八、曲霉

曲霉是食用菌制种和栽培过程中经常发生的一种杂菌。该菌的种类较多，最常发生的有黑曲霉、黄曲霉、亮白曲霉、烟曲霉等。

（一）症状

曲霉在培养基中形成的菌落不同，黑曲霉为黑色；黄曲霉呈黄色或黄绿色；烟曲霉呈蓝绿色至烟绿色；亮白曲霉为乳白色。曲霉侵染培养料后，不仅可与食用菌争夺养料和水分，还能分泌毒素，抑制食用菌的菌丝生长。受污染的菌种或菇床，很快在棉塞上或培养料表面长出黑色、黄绿色、蓝绿色等不同颜色的颗粒状霉层。

（二）防治方法

可参考链孢霉防治方法。

九、酵母菌

酵母菌也是食用菌制种、栽培过程中常见的杂菌之一。该菌是一类没有丝状菌丝结构的子囊菌。

（一）症状

酵母菌侵染后，试管培养基上可形成表面光滑、湿润、糨糊状或胶质状的菌落。不同种类的酵母菌，其菌落颜色及形状不同。有的呈乳白色，有的呈粉红色或黄色、淡褐色；有的具黏性，有的不具黏性；有的菌落边缘整齐，有的则不整齐；有些菌落表面光滑，有的则有皱褶。当培养料被该菌污染时，可引起培养料发酵变质，并散发出酒酸气味，从而抑制食用菌菌丝的生长。

(二) 防治方法

可参考链孢霉防治方法一节。同时，要注意培养料的通透性，一旦发现培养料温度过高并散发出酒酸气味时，可撒石灰粉或用 pH 值为 13~14 的石灰水喷洒，以中和酸性，使培养料的 pH 值变为中性至碱性。

十、鬼伞

鬼伞为草生类腐生菌，其生活条件和草菇极相似，在食用菌发菌阶段，如果培养料内温度过高，湿度过大，pH 值偏酸时易大量发生。特别是草菇的栽培中最为常见。

(一) 症状

鬼伞常发生在草菇、平菇、双孢蘑菇等食用菌的栽培中，也是危害最大的一种竞争性杂菌。鬼伞不分泌毒素，但生长速度快，可与食用菌争夺养分和水分，从而影响食用菌菌丝的正常生长发育，致使减产或绝收。

(二) 防治方法

1. 培养料要进行暴晒

选用新鲜、干燥、无霉变的稻草、麦秸、棉皮等栽培原料，并在使用前暴晒 2~3 天，以杀死残留在原料内的鬼伞类孢子和其他杂菌。

2. 调节培养料的碳、氮比和 pH 值

培养料的碳氮比和 pH 值要合理配制，在时行堆制发酵时，防水分过大。

3. 及时拔除菇床上的鬼伞

菌床上一旦发生，要在开伞前及时拔除，以防蔓延。

4. 用石灰水防治

每潮菇采摘后，可喷洒石灰水，以增加栽培料的碱性。

第二节 食用菌病害及其防治

一、真菌性病害

(一) 褐斑病

褐斑病又名轮枝霉褐斑病，干泡病。主要为害蘑菇、平菇、草菇等。

1. 症状

子实体染病后，所表现出的症状随染病的时期而不同。菇蕾初期感病，生长发育受阻，形成一团灰白色的组织块，质地紧密干燥，不腐烂。若在菌盖和菌柄分化期感病，则菌柄基部加粗，并呈褐色，菌盖斜歪。如果在子实体生长发育后期感病，在菌盖顶部长出丘疹状小凸起，或出现褐色病斑，且中部凹陷，在潮湿条件下，长出白色霉状物，后变为灰白色。

2. 防治方法

(1) 防止蚊、蝇及用药剂消毒　搞好菇房周围环境卫生，防止菇蝇、菇蚊进入菇房。菇房的用具等要有4%甲醛进行消毒；也可用200倍的金星消毒液进行喷洒消毒。

(2) 高温杀菌　培养料要进行二次发酵，以杀死病菌。也可将覆土用70℃的蒸汽消毒半小时。

(3) 合理调控水分　覆土的含水量要适宜。喷水量不易过多同时喷水后，要开门窗通风，使菇盖表面保持干燥。

(4) 拔除病菇及用药剂防治　一旦发生该病，应停止喷水，保证菇房空气流通，对病菇要及时摘除，并在病区周围覆土层喷洒2%甲醛、0.2%的50%可湿性多菌灵粉剂药液。也可用800倍的70%甲基托布津药液和0.3%的波尔多液时行喷洒，可减少发病。

(二) 褐腐病

褐腐病又称疣孢霉病、湿泡病、水泡病、白腐病。主要危害双孢蘑菇、平菇、草菇、银耳等食用菌，是菇房发生最普遍，危害较重的一种真菌病害。

1. 症状

该病原只侵染子实体，不侵染菌丝体。子实体不同发育时期，其症状表现不同。在蘑菇菌丝由营养生长转为生殖生长时，病菌可侵染菌丝形成菌索，感病后在菇床培养料表面形成一堆一堆的白色绒状物，有时直径可达15厘米以上，这种白色绒状物很快变成黄褐色，并出现褐色水珠，最后出现腐烂状，同时，散发出臭味。在蘑菇由原基形成的小菇蕾时，被病菌感染可形成一种菌块组织，不分化成菌柄和菌盖，这种菌块，初期为白色，后变成浅黄褐色，其表面渗出褐色水珠后而腐烂。这种病菇一般比正常菇可提前出菇2~3天。在幼蕾生长发育时期被病菌感染，可使菌盖发育受阻，造成菇柄膨大变质，歪斜畸形，并在菌盖菌柄结合处和菌柄的基部长出白色绒状菌丝，后渐变为深褐色，且渗出褐色汁液而腐烂，也散发出恶臭味。若蘑菇在中后期被感染，在其菌盖上产生许多瘤状凸起，使蘑菇失去商品价值。

2. 防治方法

(1) 严格消毒　菇房、菇床要进行消毒，并保持周围环境洁净。旧菇房和床架可用0.1%的甲基托布津和0.1%的50%可湿性多菌灵粉剂药液喷洒消毒。

(2) 高温杀菌及覆土消毒　培养料要进行二次发酵，以防培养料带菌；覆土要进行消毒，一般可用4%的甲醛或500倍的甲基托布津、800倍的50%可溶性多菌灵粉剂进行喷洒，喷后，用塑料薄膜闷盖12~24小时，然后将膜揭去，使药挥发1~2天再上床覆盖。

(3) 药剂处理床面　在覆土前可用500倍的甲基托布津、800倍的50%多菌灵可湿性粉剂喷洒床面。

(4) 加强菇房管理，进行药剂防治　一旦发生该病，要立即停止喷水，加大菇房通风，降低温度，使温度降至15℃以下。同时，在病区喷洒2%甲醛溶液或800倍的50%多菌灵可湿性粉剂药液，一般喷2~3次即可。

(三) 软腐病

该病主要由树枝状轮指孢霉引起，可为害双孢蘑菇、平菇等。

1. 症状

发生该病时，在菇床覆土表面先出现白色病原菌菌丝，若不及时处理，菌丝迅速蔓延，接触子实体后产生棉毛状白色菌丝，受感染的子实体渐变为褐色至腐烂，不发生畸形，在感病的中心部位可产生紫红色素。

2. 防治方法

（1）科学管理菇房　加强菇房通风，减少床面喷水，降低空气相对湿度。也可在病区撒生石灰治理。

（2）高温杀菌、覆土消毒　培养料进行高温堆积发酵，以杀死病原菌。覆土可进行消毒，其方法同褐腐病。

（3）药剂防治　该病局部发生时，可在床面喷2%~5%的甲醛；或0.1%的50%多菌灵可湿性粉剂；800倍的70%甲基托布津；5%的石炭酸，都有一定效果。

（四）猝倒病

猝倒病又称立枯病、枯萎病、镰孢霉萎缩病。主要危害双孢蘑菇、平菇、银耳等。

1. 症状

双孢蘑菇的子实体受侵染后，菇体不再长大，颜色淡黄。慢慢萎缩并渐变为"僵菇"或猝倒。若将病菇剖开，可见菇柄髓部变褐萎缩。同时，该病原菌分泌的毒汁还能影响下潮菇的生长，可引起小菇蕾枯死或不出菇。平菇受侵染后，幼菇生长停止，不再继续发育，呈黄褐色萎缩死亡。

2. 防治方法

（1）搞好菇房管理　菇房要通风良好，防止高温、高湿。

（2）覆土要进行消毒　其方法同褐腐病；覆土层不宜太厚。

（3）清除病菇　一旦发病，要及时清除病菇，并在菇床上喷洒药剂。药剂剂量、方法可参考褐腐病。

（五）褶霉病

褶霉病又称菌盖斑点病、头孢霉病。主要为害双孢蘑菇、香菇或平菇。

1. 症状

该病菌初侵染时，在子实体的菌褶上可出现少量的白色菌丝，并蔓延成团、覆盖整个菌褶，使菌褶黏合在一起成一团，不成片，菇体变软成畸形。菌盖上有暗色斑点。

2. 防治方法

（1）防高温高湿　要加强菇房通风，降低空气相对湿度，控制病害蔓延。

（2）及时拔除病菇　将病菇及时摘除，并在菇床喷洒药剂，其方法参考褐腐病。

（六）红粉病

红粉病又称粉红单端孢霉病。由粉红单端孢霉引起。主要为害银耳、平菇、双孢蘑菇。

1. 症状

该病菌侵染银耳子实体后，耳基僵缩不长，耳片不开，呈萎缩状，表面出现一层粉红色粉状霉层，子实体变色腐烂，不再形成新的耳基。双孢蘑菇受侵染后，菌盖初期有白色绒毛状菌丝，渐变为粉红色粉末状。严重时，红色粉状霉增厚，菌柄、菌褶也出现红粉。

2. 防治方法

（1）科学调控水分　培养料的水分要适宜，避免过大；控制好菇房温度和湿度，注意通风换气。

(2) 选用优质菌种　选用活力强的优良菌种。银耳菌丝和香灰菌丝比例要适当。

(3) 拔除患病子实体并用药剂防治　发现病耳、病菇要及时处理，防止蔓延。在病耳基部可涂抹 0.1% 的 50% 多菌灵可湿性粉剂或 0.1% 的 75% 甲基托布津。

二、细菌性病害

（一）细菌性斑点病

细菌性斑点病又称细菌性褐斑病、细菌性污斑病。主要为害双孢蘑菇、平菇。

1. 症状

该菌侵染菌盖和菌柄后，其上可出现圆形或梭形深棕色或暗褐色病斑。发病初期，病斑很小，淡黄色，后逐渐扩大，变为暗褐色，中间凹陷。一个菌盖上的病斑少则几个，多则几十个或更多。此菌只侵染菌皮，不深入菌肉，且病菇也不腐烂。

2. 防治方法

（1）覆土消毒　覆土可用甲醛熏蒸消毒，水用漂白粉消毒。也要防治菇蚊、菇蝇。

（2）控制温度和湿度　菇房要避免高温、高湿，菇体表面不能过湿，尤其不能积水。

（3）拔除病菇及消毒　菇床上一旦出现病菇，要及时清除，集中处理，并在菇床上喷洒 0.1% 的 50% 多菌灵可湿性粉剂、2% 的甲醛、600 倍的漂白粉药液、或 5%~10% 的浓石灰水；也可在覆土表面撒些生石灰。

（二）细菌性软腐病

细菌性软腐病又称细菌性腐烂病。由荧光假孢杆菌引起。主要为害双孢蘑菇、凤尾菇。

1. 症状

该病菌侵染后，发病部位多从菌盖开始，有时也先感染菌柄。发病初期，在菌盖上可出现淡黄色水渍状斑点，然后迅速扩展，当病斑遍及整个菌盖或延至菌柄后，使整个子实体变为褐色，最后引起子实体腐烂，并散发出恶臭味。

2. 防治方法

（1）改善菇房条件　搞好菇房及周围环境卫生，控制好菇房的温度和湿度，空气相对湿度不超过 95%；注意通风，并及时防治菇蝇、螨类。

（2）拔除病菇及药剂防治　要及时清除病菇，停止喷水 1 天后，再喷洒 0.2% 的漂白粉溶液；也可喷洒 800 倍的 50% 多菌灵或 65% 代森锌；还可喷洒每毫升含 100~200 单位的链霉素或喷 4% 甲醛溶液。

（三）菌褶滴水病

菌褶滴水病又名蘑菇假单孢杆菌病。主要为害双孢蘑菇。

1. 症状

双孢蘑菇被感染后，在开伞前没有明显的症状，菌膜破裂后，才可发现菌褶被感染，菌褶上有奶油色的液滴，最后大多数的菌褶腐烂，变成一种褐色的黏液团。

2. 防治方法

可参考细菌性斑点病的防治方法。

（四）干腐病

干腐病又称干僵病，主要为害双孢蘑菇，由一种假单孢杆菌所引起。

1. 症状

该病原菌侵染后,病菇畸形,菌柄基部膨大,菌盖歪斜,不腐烂,后渐变得枯干僵硬。

2. 防治方法

(1) 病区进行隔离　可将病区和非病区用塑料薄膜隔离开,防止菌丝相互接触,能控制传播扩展。

(2) 消除侵染源　菇房床架有4%五氯苯酚钠加1%苏打进行消毒,可消除侵染源。

第三节　食用菌虫害及其防治

一、眼蕈蚊

眼蕈蚊又名尖眼蕈蚊、菇蚊、菌蛆等。可危害所有食用菌,其中,以平菇、蘑菇、香菇、金针菇、黑木耳、银耳、猴头等受害重。它是一种食性杂、寄主广的害虫。

(一) 危害情况

该虫以幼虫危害食用菌的菌丝体与子实体。幼虫可在培养料内穿行觅食,能把菌丝咬断吃光,造成"退菌",并使料面发黑,成为松散渣状。子实体受害后,变黄、干枯死亡。危害子实体时,多从菌柄基部蛀入,逐步向上钻蛀。平菇菌柄被蛀食后,留下明显的孔洞,或将整个菌柄蛀空。然后,继续向上危害直至菌褶和菌盖。

(二) 防治方法

1. 改善菇房环境条件,注意熏蒸消毒

搞好菇房及周围的环境卫生,减少虫源。门窗和通气孔可安装60目的纱门,防止成虫飞进。同时,菇房在使用前用80%敌敌畏乳油1:800倍液喷洒;老菇房每立方米空间用80%敌敌畏乳油2~3毫升,加38%甲醛5~7毫升进行熏蒸消毒;也可用第立方米空间8~10克的硫磺点燃后熏蒸24小时,在熏蒸前最好在墙壁、地面、床架上面喷洒一定量的水,使其潮湿,熏蒸消毒杀虫效果较好。

2. 高温杀菌

培养料要进行堆制高温发酵,以便杀死料中的虫卵和幼虫;培养料的水分要适宜,不宜过高。

3. 药剂拌料

配制培养料时,可用1:1 000倍90%的敌百虫结晶或50%马拉硫磷乳油代替清水拌料;也可用1:800~1:900倍的20%二嗪农水溶液代替清水拌料。使用上述药剂拌料时,料不宜加入石灰。目前,国内生产的2%的灭幼脲乳油1:20 000~1:25 000倍水溶液代替清水拌料,可有效地防止菇蚊、菇蝇的发生。

4. 药剂防治

用2.5%溴氰菊酯2 000~3 000倍液、20%速灭杀丁和10%氯氰菊酯及80%敌敌畏1 000倍液或50%马拉硫磷1 500~2 000倍液进行喷雾可防治成虫;用40%乐果500倍液、90%敌百虫结晶800倍液进行喷洒床面、料面或覆土,可防治幼虫。施用上述药剂,应在采菇后进行喷洒,敌敌畏不可在出菇期喷洒,敌百虫在蘑菇菇床上慎用。

5. 诱杀

利用黑光灯或高压静电灭虫灯诱杀。可在室内安装一盏 3 瓦黑光灯，下放糖水盆，盆内加几点敌敌畏，可诱杀大量成虫。使用高压静电灭虫灯时，要注意安全，切勿触及高压电网。

6. 生物防治

可利用苏云金杆菌等生物农药进行生物防治。

二、瘿蚊

瘿蚊又名瘿蝇、菇蚋、小红蛆等，它是蘑菇、平菇等栽培中普遍发生、危害最重的一种害虫。同时，也为害黑木耳、银耳、金针菇等食用菌。

（一）为害情况

瘿蚊以幼虫为害食用菌。幼虫生长在培养料中，并在培养料及覆土中大量繁殖。它可取食食用菌的菌丝和培养料中养分，从而影响发菌，使菌丝衰退。在子实体发育生长阶段，可使菇蕾枯死或幼菇发育不良。子实体形成后，又为害菌柄、菌褶和菌盖，严重影响食用菌的产量和质量。

（二）防治方法

可参照眼蕈蚊的防治方法。

三、蚤蝇

蚤蝇俗称菇蝇、厩蝇、菌蛆等，可为害平菇、蘑菇、黑木耳、银耳等食用菌。

（一）为害情况

蚤蝇幼虫可为害食用菌的培养料、菌丝和子实体。菇蕾受害后，颜色变褐、枯萎、腐烂，并布满是蛀孔。幼虫为害子实体时，从基部蛀入，蛀食菌柄和菌盖，留下许多孔洞，从而使食用菌失去商品价值。

（二）防治方法

可参照眼菌蚊的防治方法。

四、螨类

螨类俗称菌虱，属蛛形纲，蜱螨目、螨类科、属繁多，分布广，食性杂。主要为害平菇、双孢蘑菇、黑木耳、银耳、香菇、草菇等食用菌。

（一）危害情况

螨类在食用菌生产的各个阶段均可造成危害。在菌种生产和栽培过程中，可直接取食菌丝，造成菌丝枯萎、衰退，严重时能把大部分菌丝吃光。在子实体形成阶段发生螨害，可咬食菇蕾，造成菇蕾枯死和子实体萎缩。同时，蝶类还可传播病菌。

（二）防治方法

1. 熏蒸杀虫

其防治方法参照眼菌蚊。

2. 高温杀虫

培养料要时行高温堆制或2次发酵,以杀死料中螨虫。也可将棉籽壳、稻草等原料暴晒2~3天。

3. 选用优质菌种

严格把好菌种关,勿使菌种带螨。

4. 诱杀

可将肉骨头烤香后,放置菌床各处,等害螨聚集在骨头上时将其投进开水中烫死。骨头捞出再用。也可在菌床上每隔一定距离放几片新鲜烟叶,利用烟叶的独特香味,将害螨诱上后取下烧掉,然后再放上新的烟叶。

5. 药剂杀虫

菇床未出菇时,可用克螨特500倍液或50%马拉硫磷乳油1 000倍液喷洒床面,或用40%三氯杀螨醇乳油1 000倍液喷洒菇房、床架、培养料（不能与碱性农药混用）。

五、线虫

线虫是微小的低等动物,属无脊椎动物的线形动物门,线虫纲。线虫分布广,种类多,体型细长,如线状,两头稍尖。危害食用菌的主要是蘑菇堆肥线虫和蘑菇菌丝线虫。

（一）危害情况

线虫主要危害蘑菇、平菇、香菇、草菇、金针菇。黑木耳。银耳等食用菌。有口针的线虫,以口针刺入菌丝内,吸食细胞液,使菌丝生长受阻,甚至萎消失。没有口针的线虫则有头部有力地快速搅拌,使食物断为碎片后进行吮吸和吞咽。

（二）防治方法

1. 高温杀虫

培养料要进行高温堆制或2次发酵,利用高温杀死线虫。在57~60℃的温度条件下,可杀死休眠阶段线虫和卵。

2. 熏蒸杀虫

搞好菇房清洁卫生,在使用前要彻底消毒。用500倍敌敌畏溶液喷洒墙壁、地面和床架,也可用每立方米空间用10毫升甲醛和敌敌畏（1:1）混合液熏蒸24小时。

3. 药剂耳木、菇床

用1%的石灰水上清澈或5%食盐水喷洒耳木,并在地面撒施石灰,有一定效果。蘑菇菇床料面可用1:500倍马拉硫磷乳剂喷洒。

六、蛞蝓

蛞蝓又名蜒蚰、鼻滴虫、黏黏虫,为一种软体动物。危害食用菌的蛞蝓有3种:野蛞蝓、黄蛞蝓和双线嗜黏液蛞蝓。蛞蝓体躯裸露、柔软、无外壳,呈灰红、灰、黄褐等色。成虫能分泌无色、乳白色或淡黄色黏液。卵生,1年繁殖1代。

（一）危害情况

蛞蝓可直接取食菇蕾、幼菇或成熟的子实体。被啃食后的菇蕾、幼菇、成熟的子实体或耳片,便留下明显的缺刻或凹陷斑块,并在受害部位附近留下粪便和白色的黏液带痕。菇蕾和幼菇被害后，影响生长发育，成熟的子实体被啃食后，失去商品价值。

（二）防治方法

搞好栽培场及周围的清洁卫生，清除砖瓦块、枯枝烂叶和杂草，使蛞蝓没有躲藏的场所；利用蛞蝓昼伏夜出，黄昏和阴雨天危害的规律，进行人工捕捉；在蛞蝓经常出入的地方撒石灰粉或喷食盐水，也可喷洒5%的煤酚皂溶液，均有一定防治效果。

思考与实践

1. 根据所学知识独立进行食用菌的病虫害识别。
2. 在不同季节和生长时期能独立进行食用菌的病虫害防治。

参考文献

[1] 郑智龙等. 果树栽培学(北方本). 北京:中国农业科学技术出版社,2011
[2] 张玉星. 果树栽培学各论(北方本). 第三版. 北京:中国农业出版社,2003
[3] 马骏,蒋锦标. 果树生产技术(北方本). 北京:中国农业出版社,2006
[4] 李道德. 果树栽培(北方本). 北京:中国农业出版社,2001
[5] 李秀根. 梨新优品种及实用配套新技术. 北京:中国劳动社会保障出版社,2001
[6] 黑龙江省佳木斯农业学校,江苏省苏州农业学校. 果树栽培学总论. 北京:中国农业出版社,1995
[7] 河北农业大学. 果树栽培学各论(北方本). 北京:农业出版社,1987
[8] 北京市农业学校. 果树栽培学各论(北方本). 北京:农业出版社,1991
[9] 中国农业百科全书总编辑委员会果树卷编辑委员会等. 中国农业百科全书,果树卷. 北京:农业出版社,1993
[10] 耿玉韬. 苹果优质高产关键技术. 郑州:河南科学技术出版社,1996
[11] 北京市果树产业协会. 苹果有机栽培新技术. 北京:科学技术文献出版社,2007
[12] 北京市果树产业协会. 梨有机栽培新技术. 北京:科学技术文献出版社,2007
[13] 曹家树,秦岭,谷建田等. 园艺植物种质资源学. 北京:中国农业出版社,2004
[14] 章镇,王秀峰. 园艺学总论. 北京:中国农业出版社,2003
[15] 吴光林. 果树整形与修剪. 上海:上海科学技术出版社,1986
[16] 朱国仁等. 主要蔬菜病虫害防治技术. 北京:农业出版社,1990
[17] 孙廷相等. 蔬菜高产高效栽培技术. 北京:农业出版社,1992
[18] 安致仪等. 蔬菜节能日光温室的建造及栽培技术. 天津:天津科学技术出版社,1994
[19] 中国农科院蔬菜研究所. 中国蔬菜栽培学. 北京:农业出版社,1989
[20] 苏崇森. 黄瓜新品种四季栽培. 西安:陕西科技出版社,1995